光 盘 说 明

一．打开光盘

1.将光盘放入光驱中，几秒钟后光盘会自动运行。如果没有自动运行，可通过打开【计算机】窗口，右击光驱所在盘符，在弹出的快捷菜单中选择 【自动播放】命令来运行光盘。

2.光盘主界面中有几个功能图标按钮，将鼠标放在某个图标按钮上可以查看相应的说明信息，单击则可以执行相应的操作。

二．学习内容

1.单击主界面中的【学习内容】图标按钮后，会显示出本书配套光盘中学习内容的主菜单。

2.单击主菜单中的任意一项，会弹出该项的一个子菜单，显示该章各小节内容。

3.单击子菜单中的任一项，可进入光盘的播放界面并自动播放该节的内容。

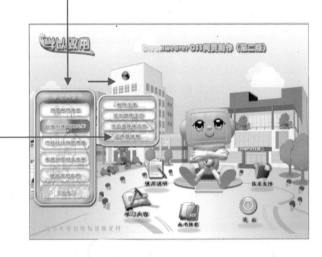

三．进入播放界面

1.在内容演示区域中，　　　　　　　　　　　合实例演示的形式，生动地讲解各章节的学习内容。

2.选中此区域中的按钮可自行控制播放，读者可以反复观看、模拟操作过程。单击【返回】按钮可返回到主界面。

3.像电视节目一样，此处字幕同步显示解说词。

四．跟我学

单击【跟我学】按钮，会弹出一个子菜单，列出本章所有小节的内容。单击子菜单中的任一选项后，可以在播放界面中自动播放该节的内容。

该播放界面与单击主界面中各节子菜单项后进入的播放界面作用相同。【跟我学】的特点就是在学习当前章节内容的情况下，可直接选择本章的其他小节进行学习，而不必再返回到主界面中选择本章的其他小节。

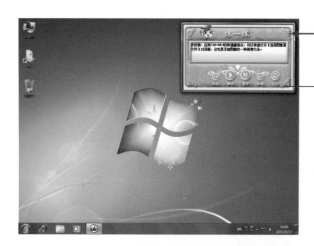

五. 练一练

单击播放界面中的【练一练】按钮，播放界面将被隐藏，同时弹出一个【练一练】对话框。读者可以参照其中的讲解内容，在自己的电脑中进行同步练习。另外，还可以通过对话框中的播放控制按钮实现快进、快退、暂停等功能，单击【返回】按钮则可返回到播放窗口。

六. 互动学

1.单击【互动学】按钮后，会弹出一个子菜单，显示详细的互动内容。

2.单击子菜单中的任一项，可以在互动界面中进行相应模拟练习的操作。

3.在互动学交互操作环节，必须根据给出的提示用鼠标或键盘执行相应的操作，方可进入下一步操作。

学以致用系列丛书

Dreamweaver CS5 网页制作(第二版)

科教工作室　编著

清华大学出版社

北　京

内 容 简 介

本书的内容是在仔细分析初、中级用户学用计算机的需求和困惑的基础上确定的。它基于"快速掌握、即查即用、学以致用"的原则，根据日常工作中的需要取材谋篇，以应用为目的，用任务来驱动，并配以大量实例，学习本书，可以轻松快速地掌握 Dreamweaver 的实际应用技能，从而得心应手地使用计算机来制作网页。

本书共分 21 章，详尽地介绍了认识 Dreamweaver CS5、站点的建立和管理、网站的整体规划、制作文本、添加图像文件、添加多媒体文件、应用超链接、应用表格、应用框架、应用层、应用 CSS 样式表、应用模板和库、应用表单、使用行为、认识网页代码、网站建设、JavaScript 入门、个人网站设计综合案例、企业网站设计综合案例、校园网站设计综合案例、网站论坛设计综合实例等内容，将 Dreamweaver 网页制作的方方面面统统传授给读者。

本书及配套的多媒体光盘面向初级和中级电脑用户，适用于希望快速掌握 Dreamweaver 网页制作的计算机爱好者和相关从业人员使用，也可以作为大中专院校师生学习的教材和培训用书。

图书在版编目(CIP)数据

Dreamweaver CS5 网页制作/科教工作室编著. --2 版. --北京：清华大学出版社，2011.6
(学以致用系列丛书)
ISBN 978-7-302-25576-5

Ⅰ. ①D… Ⅱ. ①科… Ⅲ. ①网页制作工具，Dreamweaver CS5 Ⅳ. ①TP393.092

中国版本图书馆 CIP 数据核字(2011)第 090660 号

责任编辑：章忆文　杨作梅
封面设计：子时文化
版式设计：北京东方人华科技有限公司
责任印制：杨　艳

出版发行：清华大学出版社　　　　　　　　　地　　址：北京清华大学学研大厦 A 座
　　　　　http://www.tup.com.cn　　　　　　邮　　编：100084
　　　　　社　总　机：010-62770175　　　　邮　　购：010-62786544
　　　　　投稿与读者服务：010-62776969，c-service@tup.tsinghua.edu.cn
　　　　　质　量　反　馈：010-62772015，zhiliang@tup.tsinghua.edu.cn
印 刷 者：北京密云胶印厂
装 订 者：三河市溧源装订厂
经　　销：全国新华书店
开　　本：210×285　　印　张：21.5　　插　页：1　　字　数：838 千字
　　　　　附 DVD 1 张
版　　次：2011 年 6 月第 2 版　　　　印　　次：2011 年 6 月第 1 次印刷
印　　数：1～4000
定　　价：48.00 元

产品编号：041234-01

出 版 者 的 话

第二版言 ★

首先，感谢您阅读本丛书！正因为有了您的支持和鼓励，"学以致用"系列丛书第二版问世了。

臧克家曾经说过：读过一本好书，就像交了一个益友。对于初学者而言，选择一本好书则显得尤为重要。"学以致用"是一套专门为电脑爱好者量身打造的系列丛书。翻看它，您将不虚此"行"，因为它将带给您真正"色、香、味"俱全、营养丰富的电脑知识的"豪华盛宴"！

本系列丛书的内容是在仔细分析和认真总结初、中级用户学用电脑的需求和困惑的基础上确定的。它基于"快速掌握、即查即用、学以致用"的原则，根据日常工作和娱乐中的需要取材谋篇，以应用为目的，用任务来驱动，并配以大量实例。学习本丛书，您可以轻松快速地掌握计算机的实际应用技能、得心应手地使用电脑。

丛书书目 ★

本系列丛书第二版首批推出 13 本，书目如下：

(1) Access 2010 数据库应用

(2) *Dreamweaver CS5 网页制作*

(3) Office 2010 综合应用

(4) Photoshop CS5 基础与应用

(5) Word/Excel/PowerPoint 2010 应用三合一

(6) 电脑轻松入门

(7) 电脑组装与维护

(8) 局域网组建与维护

(9) 实用工具软件

(10) 五笔飞速打字与 Word 美化排版

(11) 笔记本电脑选购、使用与维护

(12) 网上开店、装修与推广

(13) 数码摄影轻松上手

丛书特点 ★

本套丛书基于"快速掌握、即查即用、学以致用"的原则，具有以下特点。

一、内容上注重"实用为先"

本系列丛书在内容上注重"实用为先"，精选最需要的知识、介绍最实用的操作技巧和最典型的应用案例。例如，①在《Office 2010 综合应用》一书中以处理有用的操作为例(例如：编制员工信息表)，来介绍如何使用 Excel，让您在掌握 Excel 的同时，也学会如何处理办公上的事务；②在《电脑组装与维护》一书中除介绍如何组装和维护电脑外，还介绍了如何选购和整合当前最主流的电脑硬件，让 Money 花在刀刃上。真正将电脑使用者的技巧和心得完完全全地传授给读者，教会您生活和工作中真正能用到的东西。

二、方法上注重"活学活用"

本系列丛书在方法上注重"活学活用",用任务来驱动,根据用户实际使用的需要取材谋篇,以应用为目的,将软件的功能完全发掘给读者,教会读者更多、更好的应用方法。如《电脑轻松入门》一书在介绍卸载软件时,除了介绍一般卸载软件的方法外,还介绍了如何使用特定的软件(如优化大师)来卸载一些不容易卸载的软件,解决您遇到的实际问题。同时,也提醒您学无止境,除了学习书面上的知识外,自己还应该善于发现和学习。

三、讲解上注重"丰富有趣"

本系列丛书在讲解上注重"丰富有趣",风趣幽默的语言搭配生动有趣的实例,采用全程图解的方式,细致地进行分步讲解,并采用鲜艳的喷云图将重点在图上进行标注,您翻看时会感到兴趣盎然,回味无穷。

在讲解时还提供了大量"提示"、"注意"、"技巧"的精彩点滴,让您在学习过程中随时认真思考,对初、中级用户在用电脑过程中随时进行贴心的技术指导,迅速将"新手"打造成为"高手"。

四、信息上注重"见多识广"

本系列丛书在信息上注重"见多识广",每页底部都有知识丰富的"长见识"一栏,增广见闻似地扩充您的电脑知识,让您在学习正文的过程中,对其他的一些信息和技巧也了如指掌,方便更好地使用电脑来为自己服务。

五、布局上注重"科学分类"

本系列丛书在布局上注重"科学分类",采用分类式的组织形式,交互式的表述方式,翻到哪儿学到哪儿,不仅适合系统学习,更加方便即查即用。同时采用由易到难、由基础到应用技巧的科学方式来讲解软件,逐步提高应用水平。

图书每章最后附"思考与练习"或"拓展与提高"小节,让您能够针对本章内容温故而知新,利用实例得到新的提高,真正做到举一反三。

光盘特点 ★

本系列丛书配有精心制作的多媒体互动学习光盘,情景制作细腻,具有以下特点。

一、情景互动的教学方式

通过"聪聪老师"、"慧慧同学"和俏皮的"皮皮猴"3个卡通人物互动于光盘之中,将会像讲故事一样来讲解所有的知识,让您犹如置身于电影与游戏之中,乐学而忘返。

二、人性化的界面安排

根据人们的操作习惯合理地设计播放控制按钮和菜单的摆放,让人一目了然,方便读者更轻松地操作。例如,在进入章节学习时,有些系列光盘的"内容选择"还是全书的内容,这样会使初学者眼花缭乱、摸不着头脑。而本系列光盘中的"内容选择"是本章节的内容,方便初学者的使用,是真正从初学者的角度出发来设计的。

三、超值精彩的教学内容

光盘具有超大容量,每张播放时间达8小时以上。光盘内容以图书结构为基础,并对它进行了一定的延伸。除了基础知识的介绍外,更以实例的形式来进行精彩讲解,而不是一个劲地、简单地说个不停。

读者对象 ★

本系列丛书及配套的多媒体光盘面向初、中级电脑用户,适用于电脑入门者、电脑爱好者、电脑培训人员、退休人员和各行各业需要学习电脑的人员,也可以作为大中专院校师生学习的辅导和培训用书。

学以致用系列丛书

互动交流 ★

为了更好地服务于广大读者和电脑爱好者，如果您在使用本丛书时有任何疑难问题，可以通过 xueyizy@126.com 邮箱与我们联系，我们将尽全力解答您所提出的问题。

作者团队 ★

本系列丛书的作者和编委会成员均是有着丰富电脑使用经验和教学经验的 IT 精英。他们长期从事计算机的研究和教学工作，这些作品都是他们多年的感悟和经验之谈。

本系列丛书在编写和创作过程中，得到了清华大学出版社第三事业部总经理章忆文女士的大力支持和帮助，在此深表感谢！本书由科教工作室组织编写，陈迪飞、陈胜尧、崔浩、费容容、冯健、黄纬、蒋鑫、李青山、罗晔、倪震、谭彩燕、汤文飞、王佳、王经谊、杨章静、于金彬、张蓓蓓、张魁、周慧慧、邹晔等人(按姓名拼音顺序)参与了创作和编排等事务。

关于本书 ★

Dreamweaver 是由 Adobe 公司出品的网页制作软件，Dreamweaver CS5 是其最新版本。由于 Dreamweaver 使用起来有些"傻瓜式"，与办公自动化软件一样，为网页初学者提供了丰富的模板，并具有所见即所得的特点，因此目前 Dreamweaver 已逐渐成为最受欢迎的网页制作软件。

为了让大家能够在较短的时间内就能掌握 Dreamweaver 网页制作技能，我们编写了《Dreamweaver CS5 网页制作》一书。本书共 21 章，内容新颖、实例丰富、操作型强，详尽地介绍了 Dreamweaver 网页制作的基础知识和实例应用。从站点的建立、网站的规划讲起，阐述了网页制作中各元素的考虑和应用，包罗了 Dreamweaver CS5 的新增功能，并用实例讲解的方式教会读者最有用的知识和操作。

除此之外，每个章节都采用了分门别类的编写方式，方便您即时查询和使用。并在本书的最后几章设计了 4 个综合案例，让您真正用好 Dreamweaver，自己动手做出完美漂亮的网页。

科教工作室

学以致用系列丛书

目　录

学以致用系列丛书

第 1 章

初入茅庐——认识 Dreamweaver CS5

在当前这个信息时代,网站已经成为展示现代企业形象和文化的重要窗口,而网站又是由多个网页集合而成的。网页制作和组织的一流软件则非 Dreamweaver 莫属,通过它,您将能够迅速地在网上"安家"!

 学习要点

❖ Dreamweaver CS5 概述
❖ 认识 Dreamweaver CS5 新增功能
❖ Dreamweaver CS5 功能介绍
❖ 网页制作快速入门

 学习目标

通过本章的学习,读者不仅可以了解网页设计入门知识和 Dreamweaver CS5 的新功能,并对网站的设计有一个大概的认识,而且能够熟练地安装 Dreamweaver CS5 软件,熟悉界面结构的布局,进而掌握主菜单、工具栏和浮动面板的用途。

1.1 Dreamweaver CS5 概述

随着互联网的迅猛发展，越来越多的人想在网上构建属于自己的"家"。但以往由于创建网页需要较高的技术支持，导致大多数人的梦想无法实现。后来，越来越多的专业性网页设计软件开始进入人们的视野，在诸多的"所见即所得"的网页设计软件中，Dreamweaver无疑是使用最广泛，也是最优秀的一款软件。

Macromedia 公司推出的 Dreamweaver 系列软件经过几代的发展，最新的版本是 Dreamweaver CS5。Dreamweaver CS5 一经推出，就以其强大的网页设计功能吸引了所有人的眼光，得到用户的广泛好评。下面将详细介绍 Dreamweaver CS5 的安装、修复及其启动与退出。

1.1.1 安装 Dreamweaver CS5

安装 Dreamweaver CS5 软件，对计算机的软硬件要求如下。

❖ Intel(r) Pentium(r) 4 或 AMD Athlon(r) 64 处理器。

❖ Microsoft®Windows®XP Service Pack2 或 Windows Vista® Home Premium、Business、Ultimate 或 Enterprise 版的 Service Pack 1 或 Windows 7。

❖ 至少 512MB 的可用内存(推荐使用 1GB 或更大的内存)。

❖ 1GB 大小的空闲硬盘空间。安装过程中可能需要更多可用空间。

❖ 1280×800 像素显示分辨率的监视器，16 位显卡。

一般来说，现行的主流配置计算机都能够相当流畅地运行该软件。

Dreamweaver CS5 的安装方法和一般的应用程序类似，下面就以在 Windows 7 系统中安装该软件为例，介绍其操作步骤。

操作步骤

① 首先将 Dreamweaver CS5 的安装盘放入光盘驱动器，如果安装程序没有自动启动，请浏览位于光盘目录下的 Adobe Dreamweaver CS5 文件夹，双击 Dreamweaver CS5 安装程序图标，开始初始化安装程序，如右上图所示。

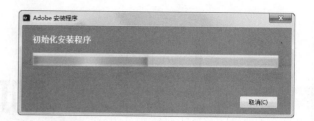

② 初始化完成后，进入 Dreamweaver CS5 安装程序，出现 Adobe 软件许可协议，单击【接受】按钮，如下图所示。

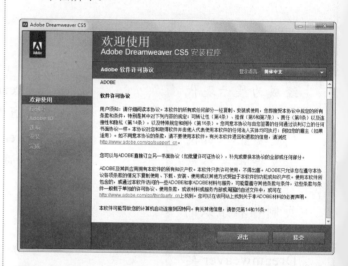

③ 进入第二步，输入产品的序列号，或者可以选择安装试用版，并选择所使用的语言，再单击【下一步】按钮，如下图所示。

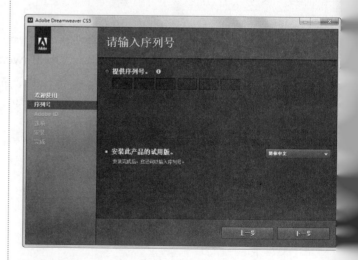

④ 第三步，可以输入 Adobe ID 进入下一步，也可以单击【跳过此步骤】按钮跳过这一步，如下图所示。

长见识　目前主流的计算机运行 Dreamweaver CS5 软件是非常顺畅的。但是如果创建的网站比较大，则要求计算机的内存等也要比较大。

学以致用系列丛书

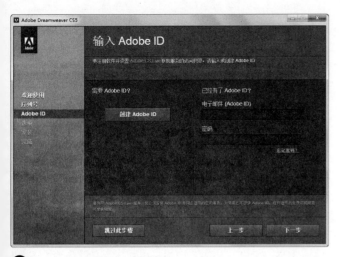

短，由电脑的运行速度决定，一般需要 2～3 分钟。若中途不想继续安装，可单击【取消】按钮强制退出安装程序，但建议不要如此操作。

5 进入选择安装选项对话框，可以选择是否安装其他组件，也可以重新设置软件的安装路径，若要重新选取安装程序的存储位置，可以单击【位置】文本框右侧的文件夹图标，如下图所示。

9 软件安装完毕后，弹出如下图所示的对话框，单击【完成】按钮即可。

6 弹出更改当前目的文件夹的对话框，可以重新设置软件的安装路径，然后单击【确定】按钮。

1.1.2　启动与退出 Dreamweaver CS5

下面介绍如何启动与退出 Dreamweaver CS5，具体步骤如下。

操作步骤

1 启动 Dreamweaver CS5，先单击【开始】按钮进入程序菜单，再单击 Adobe Dreamweaver CS5 程序图标，如下图所示。

返回选择安装选项对话框，选择完毕后，再单击【安装】按钮。

进入安装画面，开始安装程序，软件安装时间的长

在 Dreamweaver 中，可以定义动态内容的多种来源，其中包括从数据库提取的记录集、表单参数和 JavaBeans 组件。若要在页面上添加动态内容，只需将该内容拖动到页面上即可。

❷ 当第一次进入软件界面时会弹出输入 Adobe ID 的对
话框，如下图所示。可以单击【跳过】按钮直接进入
软件界面，也可以选择输入创建的 Adobe ID 并单击
【提交】按钮打开软件。

❸ 进入软件界面，会发觉该软件界面非常简洁，如下
图所示。

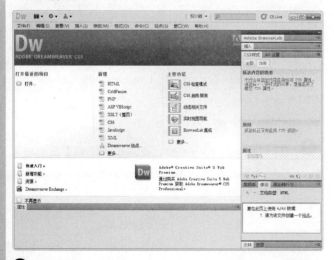

❹ 若要退出 Dreamweaver CS5 程序，可以在菜单栏中

选择【开始】|【退出】命令，或者使用 Ctrl+Q 组合
键，如下图所示。

1.2 认识 Dreamweaver CS5 的新增功能

　　Dreamweaver CS5 是目前最流行的 Web 开发工具之
一。最新的 Dreamweaver CS5 是对动态语言支持的一个
里程碑，不但支持 PHP 代码提示，还支持 Wordpress、
Drupa 等开源建站系统的函数提示。

　　Dreamweaver CS5 软件可以使设计人员和开发人员
能充满自信地构建基于标准的网站。由于同新的 Adobe
CS Live 在线服务 Adobe BrowserLab 集成，用户可以使
用 Adobe Dreamweaver CS5 的 CSS 检查工具进行设计，
并使用内容管理系统进行开发并实现快速、精确的浏览
器兼容性测试。下面就来了解一下 Dreamweaver CS5 的
主要新增功能吧！

提示

　　Dreamweaver 是 Macromedia 公司推出的 "网页
三剑客"之一。"网页三剑客"指的是：Dreamweaver、
Flash、Fireworks 三个软件，它们三个集合起来，就
像江湖中最厉害的剑客一样，成为网站开发中的专用
利器。

　　Dreamweaver 可以将 Fireworks、Flash 和 Photoshop
等生成的图像和多媒体对象嵌入到网页中，实现多媒
体网页，并可轻松组建网站。

　　Dreamweaver 软件的操作跟办公自动化软件有很多相似之处，用户可以在短时间内学会并适应和使用它，可以说它
是一个"傻瓜式"的网页制作软件。

1.2.1 集成 CMS 支持

在 Dreamweaver CS5 中集成了 CMS 支持,该功能允许用户直接访问某个页面的相关文件,甚至可用于动态页面;"实时视图导航"则提供动态应用程序的精确预览。

1.2.2 CSS 检查

以可视方式显示详细的 CSS 框架模型,轻松切换 CSS 属性并且无需读取代码或使用其他应用程序。

1.2.3 与 Adobe BrowserLab 集成

Dreamweaver CS5 集成了 Adobe BrowserLab(一种新的 CS Live 在线服务),该服务为跨浏览器兼容性测试提供快速、准确的解决方案。通过 BrowserLab,可以使用多种查看和比较工具来预览 Web 页和本地内容。

1.2.4 PHP 自定义类代码提示

PHP 自定义类代码提示可以显示 PHP 函数、对象和常量的正确语法,有助于用户更准确地编写代码。

1.3 Dreamweaver CS5 功能介绍

Dreamweaver CS5 不仅拥有简单、快捷的操作界面,还具有编辑网页和创建网站的强大功能,即使是初学者也可以很快熟悉它并学会使用。

1.3.1 Dreamweaver CS5 的主界面

启动 Dreamweaver CS5 软件,在软件主界面中首先显示一个起始页,在这个页面中包括【打开最近的项目】、

【新建】和【主要功能】3 个方便实用的项目栏,很多项目在初学时经常会用到,建议大家保留。在熟练之后可以在窗口底部选中【不再显示】复选框来隐藏它,如下图所示。

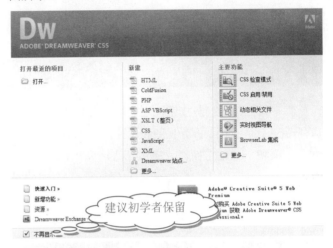

我们可以用新建或打开一个网页的方式进入 Dreamweaver CS5 的标准工作界面,如下图所示。

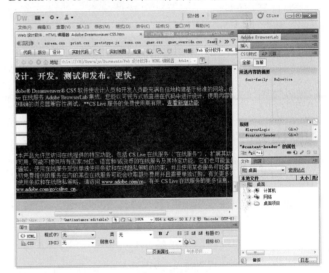

从上图中可以看出,标准工作界面包含了如下的部分。

1. 标题栏

Dreamweaver CS5 的标题栏加入了一些新功能,例如选择窗口布局、新建站点、切换工作区和 CS Live 等功能,如下图所示。

2. 菜单栏

Dreamweaver CS5 的菜单栏非常实用,归类非常合理,绝大多数操作都可通过菜单栏轻松完成。它总共包

Dreamweaver CS5 包含了更新和简化的 CSS 起始布局。之前版本布局中复杂的选择器已被删除,并替换为简化和易于理解的类。

含 10 个菜单项：文件、编辑、查看、插入、修改、格式、命令、站点、窗口和帮助，如下图所示。其中【编辑】菜单提供了【首选参数】命令，通过它可以大大提高编辑网页的速度。

文件(F) 编辑(E) 查看(V) 插入(I) 修改(M) 格式(O) 命令(C) 站点(S) 窗口(W) 帮助(H)

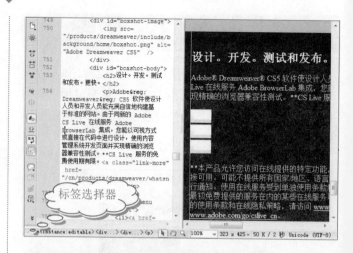

标签选择器

3. 文档工具栏

此工具栏包含一些按钮，它们提供各种"文档"窗口视图(如代码视图、拆分视图和设计视图)的选项、各种查看选项和一些常用操作(如在浏览器中预览)，如下图所示。

代码 拆分 设计 实时代码 实时视图 检查 标题：Web 设计，Web 界面

4. 文档窗口

当打开或创建一个网页时，软件就会自动进入文档窗口，在文档区域中进行输入文字、插入表格和编辑图片等操作，就像在 Word 软件的文档页编辑文字一样。

文档窗口显示当前文档，用户可以通过文档工具栏在代码视图、拆分视图和设计视图三类视图中切换。

其中设计视图是一个用于可视化页面布局、可视化编辑和快速应用程序开发的设计环境。在该视图中，Dreamweaver 显示文档的完全可编辑的可视化表示形式，类似于在浏览器中查看页面时看到的内容。而代码视图是一个用于编写和编辑 HTML、JavaScript、服务器语言代码(如 PHP 或 ColdFusion 标记语言 (CFML))以及任何其他类型代码的手工编码环境，一般初学者较少用到此视图。拆分视图则可使用户在单个窗口中同时看到同一文档的代码视图和设计视图，这给网页编辑提供了很大的方便，而且现在的主流显示器屏幕越来越大，这也大大提高了这一视图的使用概率，右上图所示为拆分视图，在这个窗口下方为状态栏，它提供了与正在创建或打开的文档有关的其他信息。标签选择器显示环绕当前选定内容的标签的层次结构。单击该层次结构中的任何标签都可以选择该标签及其全部内容，而单击正文选择器<body>可以选择文档的整个正文。

5. 【属性】面板

【属性】面板主要用来检查和编辑当前选定页面元素(如文本和插入的对象)的最常用属性。【属性】面板中的内容根据选定的元素会有所不同。例如，如果选择页面上的一个图像，则【属性】面板将改为显示该图像的属性(如图像的文件路径、图像的宽度和高度、图像周围的边框等)，如下图所示。如果选择了文本，那么【属性】面板也会相应地变化成文本的相关属性。

默认情况下，属性检查器位于工作区的底部边缘。

6. 浮动面板组

Dreamweaver CS5 中的其他面板组可统称为浮动面板组，这些面板都浮动于编辑窗口之外，包括【CSS 样式】面板、【插入】面板、【AP 元素】面板、【资源】面板和【文件】面板。在窗口菜单中，选择不同的命令，可以打开设计面板组、代码面板组、应用程序面板组、资源面板组和其他面板组，由于此内容相当丰富，我们将在本章最后一节详细介绍它。下图所示为浮动面板组。

可扩展标记语言(XML)可对信息进行结构化处理，与 HTML 一样，XML 允许用户使用标签使信息结构化，但 XML 标签与 HTML 标签不一样，它不是预定义的，而且它允许创建对数据结构进行最佳定义的标签。

学以致用系列丛书

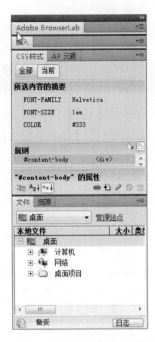

现在，Dreamweaver CS5 的主界面结构已经介绍完毕，下面就让我们深入了解一下吧！

1.3.2　菜单栏

菜单栏包含十类主菜单，如下图所示，几乎涵盖了 Dreamweaver CS5 中的所有功能，通过菜单栏可以对对象进行任意操作与控制。菜单栏按功能的不同进行了相应的划分，这也提高了用户的使用效率。

文件(F)　编辑(E)　查看(V)　插入(I)　修改(M)　格式(O)　命令(C)　站点(S)　窗口(W)　帮助(H)

每一个菜单的具体功用如下，事实上只要单击某一菜单，在它弹出的命令中就可以推测出它大体上的功用。

- ❖ 【文件】菜单：用来管理文件，例如新建、打开、保存、导入/导出和打印等。
- ❖ 【编辑】菜单：用来编辑对象，例如裁剪、复制、粘贴、查找、替换和参数设置等。
- ❖ 【查看】菜单：用来管理"查看"方式，例如切换视图模式以及显示、隐藏标尺、网格线等辅助视图功能。
- ❖ 【插入】菜单：用来插入各种元素，例如图像、多媒体组件、表格、框架及超级链接等。
- ❖ 【修改】菜单：用来修改页面元素，例如裁剪图像、拆分、合并单元格、更新库等。
- ❖ 【格式】菜单：专门用来对文本进行操作，例如设置文本字体、大小、颜色等。
- ❖ 【命令】菜单：包含了很多附加命令，可以为网页增添许多亮色，例如开始录制、扩展管理、

清理 XHTML 等命令。

- ❖ 【站点】菜单：主要用来创建和管理站点，如能够进行上传数据、站点定位、重建站点缓存等。
- ❖ 【窗口】菜单：用来显示和隐藏各个控制面板以及切换文档窗口。
- ❖ 【帮助】菜单：使用它可以及时得到系统的帮助。

1.3.3　工具栏

Dreamweaver CS5 的工具栏相比较菜单栏，使用起来更方便、更快捷，也更直观，工具栏包含文档工具栏、样式呈现工具栏、浏览器导航工具栏、标准工具栏和编码工具栏。

Dreamweaver CS5 默认显示文档工具栏和浏览器导航工作栏，而标准工具栏和样式呈现工具栏在用户使用时，可以通过快捷菜单显示出来。

1.　文档工具栏

使用文档工具栏包含的按钮可以在文档的不同视图之间快速切换。其中还包含一些与查看文档、在本地和远程站点间传输文档有关的常用命令和选项，如下图所示。

2.　浏览器导航工具栏

浏览器导航工具栏在实时视图中激活，并显示您正在文档窗口中查看的页面地址，如下图所示。从 Dreamweaver 8 起，实时视图的作用就类似于常规的浏览器，因此即使浏览到您的本地站点以外的站点，Dreamweaver CS5 也将在文档窗口中加载该页面。

在工具栏的任意空白处右击，在弹出的快捷菜单中可以选择其他两个工具栏，如下图所示。

学以致用系列丛书

代码和设计视图使您可以在一个窗口中同时看到同一文档的代码和设计。

3. 样式呈现工具栏

样式呈现工具栏(默认情况下隐藏)包含一些按钮,如果使用依赖于媒体的样式表,使用这些按钮能够查看设计在不同媒体类型中的呈现方式。它还包含一个允许启用或禁用 CSS 样式的按钮,如下图所示。您可以通过菜单栏中的【查看】|【工具栏】|【样式呈现】命令打开或关闭它。

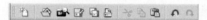

只有在文档中使用依赖于媒体的样式表时,此工具栏才有用。

4. 标准工具栏

标准工具栏包含一些按钮,可执行【文件】和【编辑】菜单中的常见操作,如新建、打开、在 Bridge 中浏览、保存、复制、粘贴等。

5. 编码工具栏

编码工具栏包含可用于执行多种标准编码操作的按钮,例如折叠和展开所选代码、高亮显示无效代码、应用和删除注释、缩进代码、插入最近使用过的代码片段等。编码工具栏垂直显示在文档窗口的左侧,仅当显示代码视图时才可见。

1.3.4 浮动面板

Dreamweaver CS5 中的其他面板组可统称为浮动面板组,它包含【CSS 样式】面板、【插入】面板和【文件】面板等,在本小节中将具体介绍这几个面板组。

1. 【CSS 样式】面板

使用【CSS 样式】面板可以跟踪影响当前所选页面元素的 CSS 规则和属性(【当前】模式),或影响整个文档的规则和属性(【全部】模式)。若要在两种模式之间切换,可单击【CSS 样式】面板顶部的切换按钮。使用【CSS 样式】面板还可以在【全部】和【当前】模式下修改 CSS 属性。

2. 【插入】面板

【插入】面板包含用于创建和插入对象(例如表格、图像和链接)的按钮。这些按钮按几个类别进行组织,您可以通过从【常用】弹出菜单中选择所需类别来进行切换,如下图所示。

3. 【文件】面板

使用【文件】面板可查看和管理 Dreamweaver 站点中的文件。

在【文件】面板中查看站点、文件或文件夹时,可以更改查看区域的大小,还可以展开或折叠"文件"面板。当折叠"文件"面板时,它以文件列表的形式显示本地站点、远程站点、测试服务器或 SVN 库的内容。在展开时,它会显示本地站点和远程站点、测试服务器或 SVN 库中的一个。

服务器代码类别仅适用于使用特定服务器语言的页面,这些服务器语言包括 ASP、CFML Basic、CFML Flow、CFML Advanced 和 PHP。

1.4　网页制作快速入门

也许您浏览过的网页都可以组成一本书了，那么想不想自己制作一个网页呢？以前您肯定认为这只是个梦想，而现在有了 Dreamweaver CS5，它能轻松帮您实现这一梦想，下面我们来快速地制作一个网页。

1.4.1　创建网页

如果是刚刚开始学习网页的理论知识而没有自己亲自制作过网页，那么，您肯定会觉得网页很神秘，自己创建网页更是非常困难。其实不然，试一试利用 Dreamweaver CS5 来创建网页，您也许会发现制作网页也不过如此。

操作步骤

1 启动 Dreamweaver CS5，进入软件主界面，如下图所示。您会发现一个【新建】列表，在其中可以直接选择要创建的文档类型，然后单击 HTML 选项。

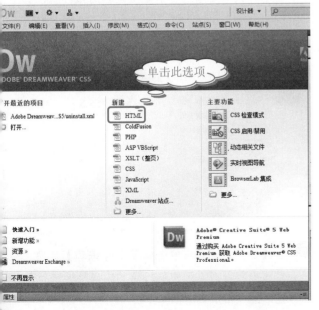

2 一个 HTML 文档就被创建完成，如右上图所示。

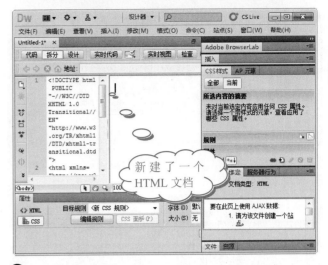

3 在文档窗口中输入一段文本，如下图所示。

4 按下键盘上的 F12 键(在 IE 浏览器中预览)，弹出 Dreamweaver 提示框，如下图所示，单击【是】按钮。

5 弹出【另存为】对话框，选择要存储的位置，然后在【文件名】下拉列表框中输入网页名字，单击【保存】按钮，如下图所示。

学以致用系列丛书

❺ 创建的网页效果图如下图所示。

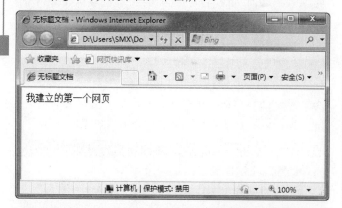

1.4.2 设置网页属性

还记得初次使用 Word 软件时的情景吗？当您写完一篇文章后，接下来就要对它进行页面设置。创建网页也一样，使用 Dreamweaver CS5 设置网页属性同 Word 一样轻松，下面就让我们一起来试试吧！

操作步骤

❶ 创建网页后，可以发现网页下方有一个属性栏，设置网页属性的许多操作都可以从中完成。例如要设置网页属性可以单击属性栏中的【页面属性】按钮，如下图所示。

提示

在属性栏中可以直接进行很多属性的设置，如格式、字体、样式和大小等。

❷ 弹出【页面属性】对话框，然后在【分类】列表框

中选择【外观(CSS)】选项，在此界面中可以对页面字体、大小、文本颜色、背景和页边距等进行设置，这跟 Word 里的页面设置很类似，如下图所示。

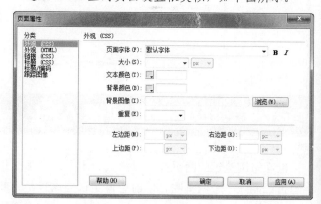

❸ 接着在【分类】列表框中选择【链接(CSS)】选项，在此界面中可以对页面中的"链接"操作进行总体设置，如下图所示。

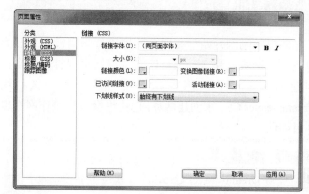

❹ 在【分类】列表框中选择【标题(CSS)】选项，在此界面中可以对页面的标题属性进行总体设置，如下图所示。

❺ 在【分类】列表框中选择【标题/编码】选项，在此界面中可以对页面中的标题和编码属性进行总体设置，如下图所示。

跟众多办公自动化软件一样，Dreamweaver 也有自己丰富的模板，而 Dreamweaver CS5 版本的【主要功能】窗口为网页制作初学者能更好地认识 Dreamweaver CS5 提供了方便。

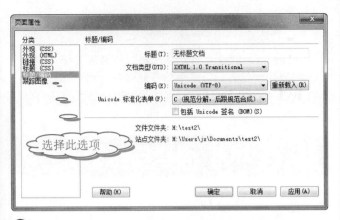

选择此选项

6 在【分类】列表框中选择【跟踪图像】选项，在此
界面中可以对页面的跟踪图像属性进行总体设置，
如下图所示。

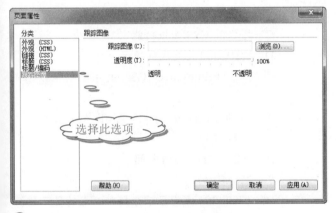

选择此选项

7 设置完成后，单击【确定】按钮即可。

8 如果需要对某一单独对象(文本、图像、表格、动画
等)进行属性设置，只需选中它，在【属性】面板中
就会自动出现该对象各方面属性的设置，这部分内
容我们会在后面的章节中详细介绍。

1.4.3　添加网页内容

现在这个网页中还没有真正属于自己的东西，是不
是有些气馁呢？那么，怎样才可以在网页中添加属于自
己的东西呢？一起来试试吧！

操作步骤

1 将光标定位到想添加对象的地方，然后选择【插入】
|【图像】命令，如下图所示。

提示

网页的制作中有很多操作都与 Word 等自动化办
公软件的操作类似，可以在其中编写文字、插入图像、
制作表格、插入动画和设置链接等。

2 弹出【选择图像源文件】对话框，选择要添加的图
像，再单击【确定】按钮，如下图所示。

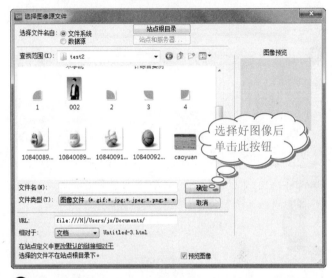

选择好图像后
单击此按钮

3 弹出要确认文件复制地址的对话框，单击【是】按
钮，如下图所示。

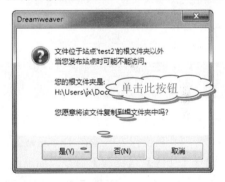

单击此按钮

4 弹出【复制文件为】对话框，在【文件名】文本框
中输入添加图像的名称，并单击【保存】按钮，如
下图所示。

单击此按钮

长见识

⑤ 在弹出的【图像标签辅助功能属性】对话框中单击【确定】按钮，如下图所示。

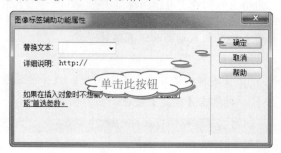

⑥ 瞧，在原来光标处已添加了选定的图像，如下图所示。

1.4.4　保存网页

您一定不想看到辛苦创建的网页白白丢失吧？那就把它保存起来吧！其操作方法是在 Dreamweaver 窗口的菜单栏中选择【文件】|【保存】命令，如下图所示。

❓提示

Dreamweaver 会自动将刚制作好的网页保存到上一次的存储位置，若想单独放该网页则可选择【文件】|【另存为】命令。

1.5　思考与练习

选择题

1. 相比较以前版本的软件，Dreamweaver CS5 拥有自己独特的性质，下列各项属于其新特点的是_____。
   - A. 所见即所得的软件
   - B. 设计模式的视窗显示
   - C. 增强的 CSS 面板功能
   - D. PHP 自定义类代码提示

2. 不满足 Dreamweaver CS5 的系统安装要求的是_____。
   - A. Intel(r) Pentium(r) 4 或 AMD Athlon(r) 64 处理器
   - B. 1GB 以上的磁盘空间
   - C. 256MB 的内存
   - D. 1280×800 像素显示分辨率以上的显示器

3. Dreamweaver CS5 界面包含的主要部分是_____。
   - A. 标题栏
   - B. 菜单栏
   - C. 工具栏
   - D. 浮动面板

4. 浮动面板组中包含的面板有_____。
   - A. CSS 样式面板
   - B. 应用程序面板
   - C. 插入面板
   - D. 文件面板

操作题

1. 亲自动手安装 Dreamweaver CS5。

2. 尝试制作一个新网页。

3. 熟悉 Dreamweaver CS5 的软件界面、各个工具栏及浮动面板组等。

学以致用系列丛书

长见识

BrowserLab 是一项联机托管服务，通过此服务，可以跨各种 Web 浏览器和操作系统测试网站中的网页。

第 2 章

超人一等——站点的建立和管理

Dreamweaver CS5 不仅有着强大的站点建立和管理功能，而且操作简便、容易上手。本章将详细介绍怎样使用该软件来建立和管理本地站点，相信学习完本章，您一定会获益良多！

学习要点

- ❖ 规划站点结构
- ❖ 创建本地站点
- ❖ 站点管理
- ❖ 创建网页

学习目标

通过对本章的学习，读者不仅要了解本地站点的不同搭建模式，并能够对其进行规划，对本地站点进行建立和管理，还要能够创建新的网页，并能对网页属性进行设置。

2.1 规划站点结构

网站事实上就是多个网页的集合，它包括一个首页和若干个分页。当然，这种集合不是简单的集合。为了使该集合达到最佳效果，在创建任何 Web 站点页面之前，都要对站点的结构进行设计和规划，决定要创建多少页，每页上显示什么内容，页面布局的外观以及各页是如何连接起来的，这些至少要有个大体的规划。

因此创建任何站点之前，首先要对所建立的网站进行整体的规划，即明白建立网站的用途和目的，能够向网站的浏览者提供怎样的服务，这一前提在网站的建立中非常重要。其次是要对网站的规模和栏目有详细的规划，毕竟，如果构建的网站是大型网站，所需要考虑的东西将有几十项甚至上百项，而如果构建的是属于自己的个人网站，可能只需要考虑几项即可。最后就是在网站建立之后如何来宣传自己的网站，毕竟在现在这个信息爆炸的时代，"酒香不怕巷子深"已经成为过去。

现在的网站通常都包含大量的多媒体文件(如 Flash 媒体和音乐等)、图像文件、文档等，如何对这些文件进行管理就显得至关重要了。通常可以通过把文件分门别类地放置在各自的文件夹里，使网站的结构清晰明了，也便于管理和查找。这就需要有一个良好的网站结构。规划得比较好的站点在视图上可以给人面目一新的感觉，同时在网站的后续更新和维护中也会更加方便。

2.1.1 站点介绍

站点其实就是网站，它把互联网上的网站数据镜像到本地服务器上，并保持本地服务器数据的同步更新，用户访问本地服务器时即可获得与远程服务器同样的数据信息。网站根据自己的需求，可以建立不同的站点。

Dreamweaver 站点提供了一种组织所有与 Web 站点关联的文档的方法，通过在站点中组织文件，可以利用 Dreamweaver 将站点上传到 Web 服务器、自动跟踪和维护链接、管理文件以及共享文件。若要充分利用 Dreamweaver 的功能，需要定义一个站点。Dreamweaver 站点由四部分组成，即本地文件夹、远端文件夹、测试服务器文件夹和存储库文件夹，它们具体取决于开发环境和所开发的 Web 站点类型。如右上图所示为站点的四个文件夹，单击其中的某个视图即可查看该文件夹中的文件，软件默认显示的是本地文件夹的内容。

2.1.2 本地站点和远程站点

本地站点通俗地讲就是存储文件的目录，即本地文件夹，Dreamweaver 将该文件夹称为"本地站点"。此文件夹可以位于本地计算机上，也可以位于网络服务器上。它是 Dreamweaver 软件所处理的文件的存储位置。我们只需建立本地文件夹即可定义 Dreamweaver 站点。若要向 Web 服务器传输文件或开发 Web 应用程序，还需要添加远端站点和测试服务器信息，即需要远程站点与测试服务器。

远程站点同本地站点一样也是存储文件的位置，这些文件用于测试、生产、协作等，具体取决于开发环境，而 Dreamweaver 在【文件】面板中将该文件夹称为"远端站点"。一般说来，远端文件夹位于运行 Web 服务器的计算机上。

2.2 创建本地站点

本地站点是创建网页的集结点，即存储网页元素的文件夹，在第一次创建网页时系统会自动提醒用户创建站点。以后只能自己手动创建了，其创建方法有两种，分别是"使用向导搭建站点"和"使用高级模式搭建站点"，在本节中将逐个为大家介绍。

2.2.1 使用向导搭建站点

很多优秀的软件都有着强大的向导功能，Dreamweaver 也不例外，从安装到制作任何细小的操作都有"向导"陪伴着您，下面就让该"向导"领着各位来畅游一番吧。

操作步骤

❶ 打开 Dreamweaver CS5 程序，选择【站点】|【新建站点】命令，或者在【新建】列表中单击【Dreamweaver 站点】选项，如下图所示。

 测试服务器文件夹是 Dreamweaver 处理动态页的文件夹，Dreamweaver 使用此文件夹生成动态内容并在用户工作时连接到数据库。

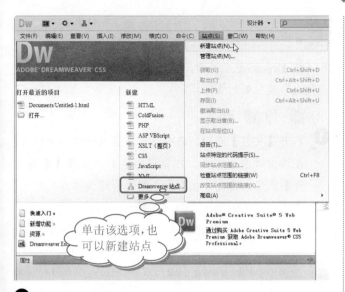

单击该选项，也可以新建站点

② 弹出【站点设置对象　未命名站点 1】对话框，第一步为【站点】定义，输入站点的名称和选择本地站点文件夹存放位置。如果想改变本地站点文件夹的存储位置，可以单击图标【浏览文件】图标 📁，如下图所示。

单击它可更改站点的存储位置

③ 弹出【选择根文件夹】对话框，选择本地站点的存储位置，再单击【选择】按钮，如下图所示。

选择好目录后单击此按钮

④ 单击【服务器】选项，在此可以选择服务器，建议初学者不选择，单击【保存】按钮，如下图所示。

单击此按钮完成操作

⑤ 在【文件】面板组中，单击下拉按钮来选择站点，其中绿色显示的文件夹为创建的本地文件夹，如下图所示。

绿色文件夹图标为站点文件夹

2.2.2　使用高级模式搭建站点

如果仔细观察使用向导模式搭建站点过程中弹出的对话框，就会发现对话框有一个【高级设置】选项，通过该选项可以设置站点属性。

操作步骤

① 在 Dreamweaver CS5 程序中选择【站点】|【新建站点】命令，打开【站点设置对象　未命名站点 1】对话框，展开【高级设置】选项，进入新建站点的高级模式，如下图所示。高级模式总共有 7 个分类，包括【本地信息】、【遮盖】、【设计备注】、【文件视图列】、Contribute、【模板】和 Spry。

学以致用系列丛书

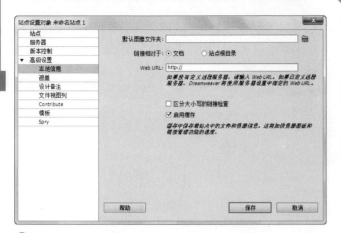

❷ 选择左侧的任一分类，即可进入其设置界面，如选择【文件视图列】，则进入【文件视图列】设置界面，全部设置完之后，只要单击【保存】按钮退出即可，如下图所示。

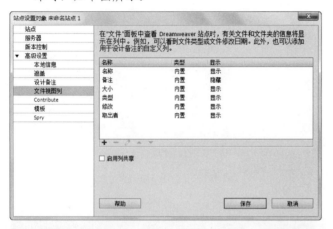

2.3 站点管理

俗话说"打江山容易守江山难"，您肯定能够联想到"创建站点容易而管理站点难"。是的，这往往会难倒很多优秀的网页设计师，如果在创建站点之前就对这个站点有很好的规划，再管理它就会简便多了。通常在创建站点时，兴致特高的您很容易忘记对它进行很好的规划，这会为创建站点带来不小的麻烦哦！本节就来介绍如何对站点进行有效的管理。

2.3.1 文件管理

对站点的管理归根结底就是对文件的管理，站点文件夹由三个文件夹组成，即本地文件夹、远端文件夹和测试服务器文件夹，而对其中的文件进行操作时则没有多大的区别。

1. 文件基本操作

在 Dreamweaver 中，文件的管理很简单，只要一次"右击"就可畅行无阻了。

操作步骤

❶ 打开【文件】面板，选中站点根目录所在的文件夹，在该文件夹上右击，在弹出的菜单中选择【新建文件】或【新建文件夹】命令即可新建文件或文件夹，通过它也可创建一个新的文档，如下图所示。

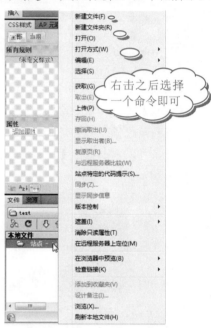

❷ 若选中某一文件再右击，也会弹出快捷菜单，在其中可完成文件的基本操作，如复制、剪切等操作，如下图所示。

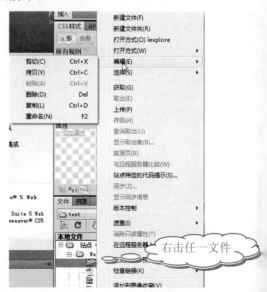

❸ 若双击某一文件或文件夹则会直接打开它，例如双

Dreamweaver 提供了全面的用于管理文件以及与远端服务器进行文件传输的功能，当在本地和远端站点之间传输文件时，Dreamweaver 会在这两种站点之间维持平行的文件和文件夹结构。

击 Web 设计，Web 界面设计 Adobe Dreamweaver
CS5.htm 文件之后，该网页就显示在文档窗口中，如
下图所示。

2. 文件高级操作

网页文件当然有它的特殊性，例如，需要把它上传
到远程服务器，或从远程服务器接收文件等，为了适应
这些特殊的高级操作，【文件】面板组有它自己的工具
栏，如下图所示。

?提示

只要把鼠标指针停留在某一按钮上较短时间，
就会自动提示它的功能，上图中从左往右按钮的功
能依次为：【连接到远端主机】、【刷新】、【获
取文件】、【上传文件】、【取出文件】、【存回
文件】、【同步】和【展开以显示本地和远端站点】。

操作步骤

❶ 在菜单栏中选择【站点】|【管理站点】命令，如下
图所示。

❷ 弹出【管理站点】对话框，单击【编辑】按钮，如
右上图所示。

❸ 弹出【站点设置对象 test】对话框，单击【服务器】
选项，单击"+"按钮添加新的服务器，如下图所示。

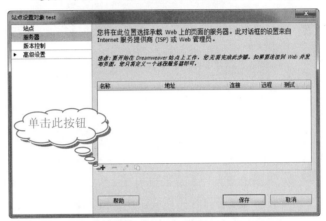

❹ 进入设置服务器界面，设置完成后单击【保存】按
钮返回上一界面，如下图所示。再次单击【保存】
按钮即可完成服务器的添加。

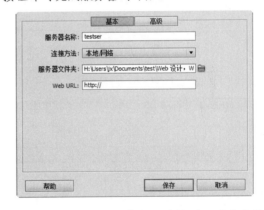

❺ 打开【文件】面板，单击【连接到远端主机】按钮
即可连接到远端主机，如下图所示。

❻ 选中某个文件，单击【文件】面板组中的【获取文件】按钮则可下载文件，如下图所示。

❼ 弹出【后台文件活动】对话框，单击【保存记录】按钮则可保存记录，如下图所示。

❽ 如果单击【文件】面板中的【上传文件】按钮，则可直接上传至远程文件夹，如下图所示。

❾ 弹出【相关文件】对话框，单击【是】按钮，如下图所示。

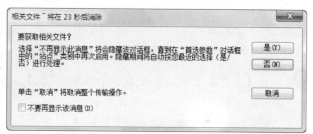

❿ 单击【展开以显示本地和远端站点】按钮 🗗，可以来检查和管理本地文件和远端文件，如右上图所示。

⓫ 下图所示为展开的本地和远端站点视图。

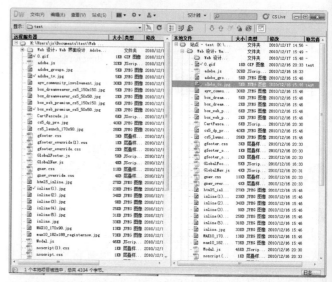

2.3.2 站点编辑

一般情况下，第一次建立的站点比较粗糙，因而特别需要中后期的编辑管理。在 Dreamweaver CS5 中，可以轻松地做到这点，下面就来试一试吧。

操作步骤

❶ 单击【文件】面板中的下拉按钮，选择【管理站点】选项，如下图所示。

❷ 弹出【管理站点】对话框，单击【新建】按钮，并选择【站点】命令，如下图所示，即可进入【站点设置对象 未命名站点】对话框。

Dreamweaver 具有能使 Web 站点上的协作更为容易的功能，用户可以在远端服务器中存回和取出文件，使 Web 开发小组的其他成员能够看到谁正在处理哪个文件。

❸ 在【管理站点】对话框中选中某一站点后，再单击
【编辑】按钮，可以对站点进行重新定义，如下图
所示。

❹ 弹出所选站点的定义对话框，如下图所示，在此对
话框中可以重新对该站点进行定义。

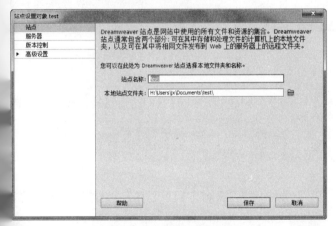

❺ 在【管理站点】对话框中选中某一站点后，再单击
【复制】按钮即可对该站点进行复制，如下图所示。

❻ 复制站点一般速度很快，马上可以看到对话框中多
了一个原来站点的复制站点，如右上图所示。

❼ 若想删除刚才复制的站点，只需选中该复制的站点，
然后单击【删除】按钮即可，如下图所示。

❽ 弹出如下图所示的删除确认对话框，只需单击【是】
按钮即可回到【管理站点】对话框，而且原来复制
的站点也已被成功删除了。

❾ 在【管理站点】对话框中选中某一站点后，再单击
【导出】按钮，则可对站点进行导出操作，如下图
所示。

❿ 此时弹出【导出站点】对话框，选择合适的位置，
再单击【保存】按钮即可，如下图所示。

在 Dreamweaver CS5 中可以覆盖单独的文件夹，但不能覆盖单独的文件，若要覆盖文件，必须选择文件类型，而
Dreamweaver CS5 会覆盖该类型的所有文件。

19

⑪ 在【管理站点】对话框中单击【导入】按钮，则可导入站点，如下图所示。

⑫ 此时弹出【导入站点】对话框，选中想要导入的站点，然后单击【打开】按钮即可，如下图所示。

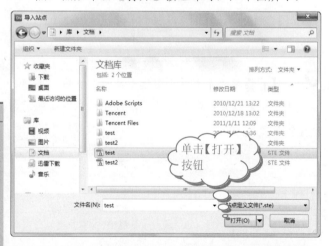

2.3.3 站点的规划

在 Dreamweaver 中有一个非常有用的工具可以对各站点进行规划，它就是"站点地图"，下面就让我们一起来体会吧！

操 作 步 骤

❶ 在【文件】面板组中单击【展开以显示本地和远端站点】按钮，可以直接打开【站点地图】，如下图所示。

❷ 进入地图视图窗口，用户可以十分方便地查看各站点文件的布局，从而对其进行更好的规划，如下图所示。

2.4 创建网页

站点可以说是网页的容器，站点创建好后，就可以创建网页了。在本书开篇曾经使用【入门页面】选项快速地创建过网页，在本小节中将详细讲解创建网页的一般方法。

2.4.1 新建网页

新建网页非常简单，可以通过以下两种方法来完成。

❖ 方法一：在 Dreamweaver 的欢迎界面选择【新

  长见识 Dreamweaver CS5 还有站点覆盖功能，有了它可以从"获取"或"上传"等操作中排除某些文件夹和文件类型，这将大大提高传输效率，且 Dreamweaver 会记住每个站点的设置，因此不必每次在该站点上工作时都进行选择。

建】列表中的一种网页类型。用得比较多的是
从【新建】列表中选择 HTML 选项，下图即为
Dreamweaver 的欢迎界面。

右上角气泡：该项使用频率比较高

❖　方法二：选择【文件】菜单中的【新建】命令，
如下图所示。

气泡：选择此命令

下面是弹出的【新建文档】对话框。

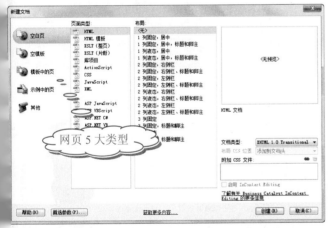

气泡：网页 5 大类型

❓ 提 示

　　在【新建文档】对话框中包括了所有的网页类
型，它被分为 5 大类，分别是【空白页】、【空模
板】、【模板中的页】、【示例中的页】和【其他】。
选择想创建的网页类型，再单击【创建】按钮即可
根据提示完成创建新网页的操作。

2.4.2　编辑网页

　　编辑网页是一项比较复杂的工作，用户不仅可以在
网页中添加文字、图像和表格等基本信息，而且还可以
添加音乐、Flash 视频等多媒体信息。除了有好的设计思
路，还要有自己的特色，只有这样才能设计出好的网页。

操 作 步 骤

❶　首先进行文本编辑操作，它跟 Word 软件里的操作完
全一样。打开需要编辑的网页，然后选中要编辑的
文本，并右击选中的文本；接着在弹出的快捷菜单
中选择相应的命令即可。例如选择【段落格式】|【无】
命令，清除段落格式，如下图所示。

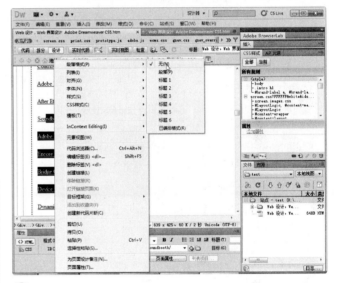

❷　如果要插入特殊的对象，则可通过【插入】菜单或
【插入】面板来进行，如下图所示。

在 Dreamweaver CS5 中可以向自己的文件添加设计备注，以便同小组其他成员共享文件状态、优先级等方面的信息。

2.4.3 设置网页属性

网页属性的设置在第 1 章已经简单介绍过,现在再具体讲解一下。

操 作 步 骤

❶ 打开需要编辑的网页,然后在【属性】面板中单击【页面属性】按钮,或者选择【修改】|【页面属性】命令,如下图所示。

❷ 弹出【页面属性】对话框,如下图所示。

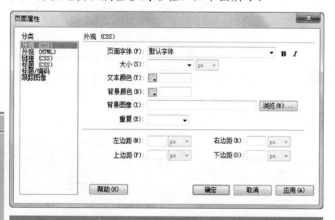

1. 【外观(CCS)】选项

进入【页面属性】对话框,默认选中的是【外观(CCS)】选项,它包含的基本属性如下。

- ❖ 页面字体:定义页面中文字的默认字体。
- ❖ 大小:定义页面中文字的默认大小。
- ❖ 文本颜色:定义文本的默认颜色。
- ❖ 背景颜色:定义页面的背景颜色。
- ❖ 背景图像:设置网页的背景图像。
- ❖ 重复:设置网页背景图像的重复方式。

- ❖ 上边距、下边距、左边距、右边距:用来设置网页元素与页面边缘的距离。

2. 【外观(HTML)】选项

在【页面属性】对话框中选择【外观(HTML)】选项即可进入【外观(HTML)】设置界面,如下图所示。

【外观(HTML)】选项包含的基本属性如下。

- ❖ 背景图像:设置网页的背景图像。
- ❖ 背景:定义背景的颜色。
- ❖ 文本:定义文本的颜色。
- ❖ 已访问链接:定义已访问链接的颜色。
- ❖ 链接颜色:定义超链接文字的颜色。
- ❖ 活动链接:定义活动链接的颜色。
- ❖ 上边距、下边距、左边距、右边距:用来设置网页元素与页面边缘的距离。

3. 【链接】选项

在【页面属性】对话框中选择【链接】选项即可进入【链接】设置界面,如下图所示。

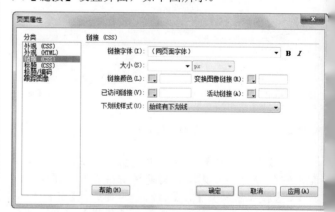

【链接】选项包含的基本属性如下。

- ❖ 链接字体:设置超链接文字的字体。
- ❖ 大小:定义超链接文字的字体大小。

 Dreamweaver CS5 可以使用文件比较工具(也称为"diff 工具")比较同一文件的本地和远程版本的代码、两个不同的远端文件的代码或两个不同的本地文件的代码,但此工具需要另外安装,可在 Adobe Web 站点下载。

- ❖ 链接颜色：定义超链接文字的颜色。
- ❖ 变换图像链接：定义当鼠标指针放置在超链接文字上，链接所显示的颜色。
- ❖ 已访问链接：定义已访问链接的颜色。
- ❖ 活动链接：定义活动链接的颜色。
- ❖ 下划线样式：用来定义链接下划线的样式。

4. 【标题】选项

在【页面属性】对话框中选择【标题】选项即可进入【标题】设置界面，如下图所示。

【标题】选项包含的基本属性如下。

- ❖ 标题字体：定义标题字的字体。
- ❖ 标题(1)～标题(6)：分别定义 1～6 级标题的字体大小和颜色。

5. 【标题/编码】选项

在【页面属性】对话框中选择【标题/编码】选项即可进入【标题/编码】设置界面，如下图所示。

【标题/编码】选项包含的基本属性如下。

- ❖ 标题：定义页面的标题。
- ❖ 文档类型：设置文档的保存类型。
- ❖ 编码：用来定义页面使用的字符集编码。

6. 【跟踪图像】选项

在【页面属性】对话框中选择【跟踪图像】选项即可进入【跟踪图像】设置界面，如下图所示。【跟踪图像】选项包含的基本属性如下。

- ❖ 跟踪图像：设置图像的位置。
- ❖ 透明度：定义图像的透明度。

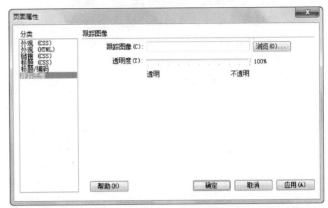

2.4.4 保存和预览网页

完成网页的编辑后需要对所编辑的网页进行保存和预览，其操作相当简单，如通过选择【文件】|【保存】命令或按快捷键 Ctrl+S 就可保存网页，而通过选择【文件】|【在浏览器中预览】命令或按快捷键 F12 就可预览网页，如下图所示。

设计备注是为文件创建的备注，虽然设计备注与它们所描述的文件相关联，但存储在单独的文件中。可以在展开的【文件】面板上看到哪些文件有设计备注，【设计备注】图标会出现在【备注】列中。

2.5 思考和练习

选择题

1. 创建本地站点主要有_____两种方式。
   A. 向导模式　　　　　B. 高级模式
   C. 文件模式　　　　　D. 简单模式
2. 实现网页文件保存的快捷键是_____。
   A. Ctrl+S　　　　　B. Ctrl+C
   C. Ctrl+V　　　　　D. Ctrl+E
3. 【地图视图】可在_____面板中找到。
   A. 应用程序　　　　　B. CSS 样式
   C. 文件　　　　　　　D. 标签检查器

操作题

1. 创建一个新的站点并对其进行初步管理。
2. 在上一小题中的站点中创建一个网页文件，进行相应的文档操作，进而设置网页属性，最后保存文件，并在浏览器中预览这个文件。

在上传某一文件到远端服务器或从中收取文件时，若该文件的远程版本发生更改，Dreamweaver 会通知用户，并提供选项以便在覆盖远程版本之前比较这两个文件。

第 3 章

总揽全局——网站的整体规划

良好的整体规划是一个网站成功的关键，因为一开始便确定了网站的主题、流程和内容等。在本章中将讲述怎样规划网站，以及为网站进行色彩搭配的方法，这是搭建优秀网站的必备条件。

学习要点

- ❖ 确定网站主题
- ❖ 前期规划与内容组织
- ❖ 网页中的色彩搭配

学习目标

通过本章的学习，读者应该掌握如何确定网站主题和设计流程并对其进行规划，还要能够组织站点的内容，了解基本色彩知识，从而确定各网页的配色方案。

3.1 确定网站主题

网站主题是网站规划的重中之重，可以说是它决定了网站的风格和内容，而且它对网站的整体形象也起着指导性的作用。

3.1.1 网站的设计流程

网站设计是一个系统性的工程，也是一项长期性的工程。根据不同阶段的不同作用，可以将网站的设计流程大致分为：分析需求、制定相应的策划方案、进行相应的资料收集和编辑、网页文件的编辑和站点的建立，最后就是站点文件的测试和后期站点的维护。

3.1.2 网站主题的确定

建立一个网站之前，首先要明白的一点就是：我们所建立的网站并不能够满足所有人的要求，建立这个网站的目的只是向别人描述我们所熟悉的一些内容和题材。因此，建立的站点必须能够有一个鲜明的主题。只有明白了所要建立站点的主题，才能够就这一特定的目标进行有针对性的研究设计，从而能够使网站的目的性和功能性得到更好的体现，并建立起与之对应的站点结构。

当今的网络世界，千奇百怪、色彩缤纷的站点比比皆是，如何使站点最大限度地吸引别人的注意是网站的主题需要完成的。而网站主题的深层含义就是网站所要表达的中心思想和意念。常见的网站主题主要有：网上求职、网上聊天以及即时通信、网上社区、新闻资讯、家庭、教育、游戏和生活时尚等，下面就举例说明。

平时我们经常登录的站点主要有如下几类。

以搜索引擎为主题，如下图所示的百度网站。

以新闻资讯为主题的，如网易、新浪等网站，如下图所示。

以人才招聘为主题的，如中华英才、智联招聘网等，如下图所示。

在建立站点的时候可以借鉴主题定位明确、结构设计良好的站点。与此同时，还要做到能够突出个性，要有一定的吸引力。除了要有一个鲜明的主题之外，建立的站点还要有深刻的内涵，这就需要用户在内容和深度两方面下工夫了。

3.2 前期规划与内容组织

网站的前期规划是在确立网站主题之后，开始进行站点的设计之前需要做的事情，在这一阶段中需要确定网站的需求。这也是网站成功与否的关键环节，它将决定网站的发展思路。

3.2.1 网站的需求分析

网站的需求分析主要是针对面向对象的需求分析，可以说任务非常艰巨，它将直接决定以后网站的运行情况。

3.2.2 网站的内容组织

内容组织是在网站的主题确定后设计站点的具体内容和结构的环节。

首先要设计网站的主要栏目并对其进行分级。科学合理地设置栏目，使之符合人们的习惯，分级层次不能太多，否则不利于向阅览者全面地展示整个网站。此外，还可以增加网站的辅助功能，例如搜索工具、相关站点链接和联系方式等。

内容组织要能够照顾到网页之间的组织联系，其原则就是能够使阅览者以最快的速度找到所需要的信息。在 Dreamweaver CS5 中可以通过站点地图这一有力工具来直观地看到整个站点的组织结构以及链接关系。下图所示的是某银行交易频道的站点地图，其内容组织非常合理，大家可以借鉴一下。

千姿百态的网站题材中，最好选择自己熟悉的题材充当网站的主体，才能较容易地使站点形象突出，并给人留下更深刻的印象。

▶ 网上外汇
外汇业务 汇市述评 汇市要闻 央行动态 货币专题 相关市场 外汇学苑

▶ 网上股票
股市要闻 公司个股 股市述评 行业资讯 相关市场 股票学苑

▶ 网上理财
理财纵横 市场快递 理财学堂 理财生活 投资理财 理财金账户 理财书吧

▶ 网上债券
债券交易 债券公告 市场行情 债券动态 分析评论 专家园地 债券学苑 债券报价

▶ 网上黄金
市场快报 黄金资讯 相关市场 市场分析 黄金课堂 黄金理财 黄金饰品 行情报价

▶ 网上保险
在线投保 资讯前沿 保险理财 关注社保 保险学苑 专家园地 人生规划

▶ 网上基金
基金动态 资讯要闻 基金视点 分析评论 深度研究 理财空间 评级专区 基金学苑

3.3　网页中的色彩搭配

色彩能够让本身很平淡无味的东西瞬间变得漂亮起来，而在网络传输技术迅猛发展的今天，丰富多彩的图片已在网络中泛滥成灾，怎样把色彩搭配好，已成为网页设计者需要思考的重要问题。

3.3.1　色彩的基本知识

首先从色彩的属性讲起，色彩可以分成无彩色和有彩色两大类。前者包含黑、白、灰色，而后者则有红、黄、绿等七色。对于任何色彩而言，皆具备 3 个基本的属性：明度、色相和彩度。

要使网站中的文件看上去更为舒适、协调，就要善于把握色彩的均衡。一个网站不能从始至终都采用单一的色调，那样很容易使人产生疲劳。合理地搭配色彩，可以使整个网站看上去更丰富，也更易于阅读。

在网页中，颜色通常是利用十六进制的数值来表示的，如#FFFFFF。现在的计算机设备大多能够显示数以万计或数以千万计的颜色(16 位和 32 位)。以下是Dreamweaver CS5 的调色板，想必这么多的颜色足以满足您的需求，而且还可以自己调制哦！

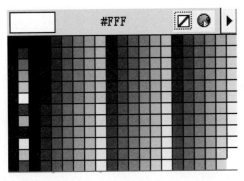

3.3.2　常见配色方案

不同的网站主题需要采用与之相应的网站设计风格，最能够体现网站风格的就是网站的配色方案。下面简要介绍几个常见的网站配色方案。

1．温暖激情式

这一类型的配色能够给人以温暖的感觉，其中最具代表性的颜色就是红色了，红色的图片能够给人热情似火的感觉，使用红色图像能够给人留下很深的印象，如http://www.coca-cola.com.cn/网站。打开该网站，首先映入眼帘的是一大张红色的页面，进而呈现出来的是可乐气泡，红色代表了温暖，气泡代表了冰凉，两者的反差成功地显现出可口可乐的特点，取得了非常好的视觉效果。

2．活泼轻快式

颜色的轻重感和明度的联系最为紧密,现代的家具装饰中，活泼轻快是很重要的一种风格，因此常见的一些家装公司的网站的配色采取是这一风格，如 http://www.marthastewart.com/网站。

3．大自然式

这一类型配色的代表色是绿色,适当的配色能够给人一种大自然的清新亮丽的感觉，如 http://www.dzrtoy.com/chinese/main.asp 网站。

其他的配色方案当然还有很多，在此不一一列举出来，这需要平时的生活积累，做一个生活中的细心人吧！

3.4　思考与练习

选择题

1．网站的设计流程中没有的一项是_____。
　A．需求分析
　B．制定相应的策划方案
　C．进行相应的资料收集和编辑
　D．文章的编写

2．网站组织的主要目的是_____。
　A．在网站的主题确定后，再确定站点的具体内容和结构
　B．对网站的网页文件进行相应的操作
　C．网站风格的确定

D. 站点的测试

3. 下面不属于色彩基本属性的是_____。

A. 明度   B. 色相

C. 彩度   D. 色调

操作题

1. 尝试建立一个网站,并确定其主题、设计流程等。

2. 制作一个网页,并使之能给人以活泼轻快的感觉。

长见识   一开始建立网站时,只需对某一领域做细致的报道,千万别一开始就学那些门户网站,什么都添加,而背上了一个垃圾站的"雅号"。

第 4 章

初战告捷——制作文本

 学习要点

❖ Dreamweaver CS5 文档的创建
❖ 文本编辑
❖ 在文本中添加项目符号和编号
❖ 水平线、网格与标尺

文本是网页中用到的最广泛的元素之一，各式各样的文本支撑起了网页的主要文字内容。通过对文档进行各种页面属性的设置，可以把原本单一的文字变得有声有色，引人入胜！

学习目标

通过本章的学习，读者应该掌握新建和保存文档，创建普通文本，设置文本格式、样式及链接，编辑段落，为文本添加其他页面元素，设置页面属性等制作文本的操作。然后，使用这些操作，提高对网页文本的编辑能力。

4.1 创建文档

文档是 Dreamweaver CS5 为处理各种 Web 设计和开发而使用的文件类型。除了 HTML 文档以外，还可以创建和打开各种基于文本的文档，如 CFML、ASP、JavaScript 和 CSS。Dreamweaver 还支持源代码文件，如 Visual Basic、.NET、C#和 Java。本节将重点介绍如何新建和保存文档。

4.1.1 新建文档

Dreamweaver 为创建新文档提供了若干选项。常有的创建新文档方法有如下几种。

❖ 从空白文档开始。

❖ 创建基于 Dreamweaver 设计文件的空白文档或模板。

❖ 创建基于现存模板的文档。

下面就让我们一起来试一试。

操作步骤

❶ 打开 Dreamweaver CS5 窗口，选择【文件】|【新建】命令，如下图所示。

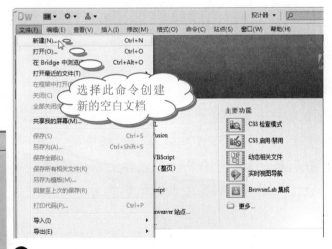

选择此命令创建新的空白文档

❷ 在弹出的【新建文档】对话框中的类别列表框中选择新创建文档的类别，这里选择【空白页】选项，接着从【页面类型】列表框中选择要创建的页面类型，这里选择 HTML 选项。如果希望新页面包含 CSS 布局，请从【布局】列表中选择一个预设计的 CSS 布局；否则，选择【无】选项。基于做出的选择，在对话框的右侧将显示选定布局的预览和说明，如右上图所示。

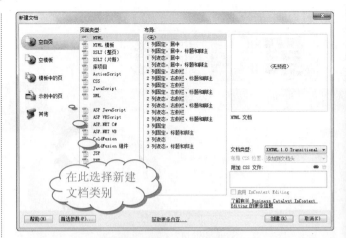

在此选择新建文档类别

提示

启动 Dreamweaver CS5 时，会弹出一个快捷方式页面，在【新建】列表中，可以直接选择要创建的文档类型，如下图所示。

直接选择要创建的文档类型

❸ 单击【创建】按钮，新建一个 HTML 文档，如下图所示。

新建了一个 HTML 文档

在 Dreamweaver 中，可以在【设计】视图或【代码】视图中轻松定义文档属性，如 meta 标签、文档标题、背景颜色和其他几种页面属性。如果经常使用某种文档类型，可以将其设置为创建的新页面的默认文档类型。

4.1.2 保存文档

创建新文档后,需要保存它。下面就来介绍保存新文档的方法。

操作步骤

1 选择【文件】|【保存】命令,弹出【另存为】对话框,如下图所示。

选择该命令保存新文档

2 定位到要用来保存文件的文件夹,在【文件名】下拉列表框中输入文件名,如下图所示。

在此输入文件名称

提示

最好将文件保存在 Dreamweaver 站点中。

3 单击【保存】按钮,此时文档就被保存了,在文档标题栏中会显示文档路径,如下图所示。

4.2 文本编辑

有声有色、形式各异的文本构建起网页的主要文字内容。Dreamweaver CS5 的文本编辑特性,除具有一两个面向 Web 的特性外,与其他流行的文字处理程序很相似,还有剪切、复制、粘贴、撤销以及重做等命令。

4.2.1 输入文本

若要向 Dreamweaver 文档中添加文本,可以直接在 Dreamweaver 的【文档窗口】中输入文本,也可以剪切并粘贴,还可以从其他文档导入文本。

提示

从其他应用程序中复制文本到 Dreamweaver 文档中时,要将插入点定位在【文档窗口】的【设计】视图中。

1. 插入文本

在网页编辑窗口中单击需要输入文本的区域,出现闪动的光标,提示输入文本的位置,然后选择适当的输入法即可直接输入文本,如下图所示。

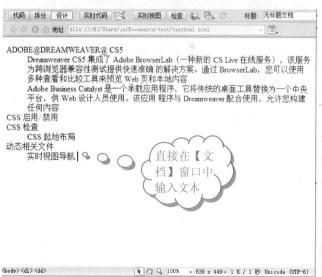

直接在【文档】窗口中输入文本

通过使用剪切和粘贴操作,文本可以从一个地方移动到另一个地方,或者在 Web 文档间移动。在剪切或者复制之前,首先选中要操作的文本内容,即在文本的起始处单击,拖动高亮标记到所需文档的结尾,然后释放鼠标,如下图所示。

在将文本从带格式的 Microsoft Word 文档粘贴到 Dreamweaver 文档中时,如果要去掉所有格式设置,以便能够向所粘贴的文本应用自己的 CSS 样式,可以在 Word 中选择文本,将它复制到剪贴板,然后使用【选择性粘贴】命令选择只粘贴文本的选项

学以致用系列丛书

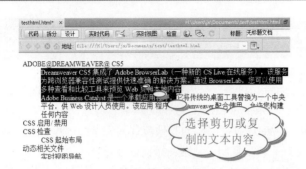

选择剪切或复制的文本内容

通过 Dreamweaver 提供的【标准】工具栏，可以快速访问大多数常用编辑命令，例如剪切、复制和粘贴等。选择【查看】|【工具栏】|【标准】命令，打开【标准】工具栏，如下图所示。

当要移动文本块时，先选中它，然后执行下列操作之一，就可将文本块放在系统的剪切板上。

* ❖ 选择【编辑】|【剪切】命令。
* ❖ 单击【标准】工具栏上的【剪切】按钮✂。
* ❖ 按快捷键 Ctrl+X。

要想粘贴文本，把指针移动到新的位置，然后选择【编辑】|【粘贴】命令或者用快捷键 Ctrl+V，该文本就从剪贴板中复制到新的位置了。在复制或剪切另一个文本块之前，还可以继续从剪贴板中粘贴同样的文本。

2. 从外部导入文本

除了在网页中直接输入文本外，在 Dreamweaver CS5 中还可以用从外部导入文本的方式将 Word 文档或 Excel 文档导入网页。下面介绍如何将 Word 文档导入网页。

操作步骤

❶ 选择【文件】|【导入】|【Word 文档】命令，如下图所示。

❷ 弹出【导入 Word 文档】对话框，通过【查找范围】

下拉列表框选择导入文件的位置，接着选中要导入的文件，再选中要导入的 Word 文档，如下图所示。

选择要导入的 Word 文档

❸ 单击【打开】按钮，即可将 Word 文档导入网页。

注意

并非所有的 Office 文档都适合于转换为 HTML，最好保留文档的原始格式并在网页上提供它的链接。

另外，还可以把 Word 文档直接拖动到网页上，有兴趣的读者可以尝试一下。

4.2.2 设置文本格式

Dreamweaver 中的文本格式设置与使用标准字处理程序类似。可以为文本块设置默认格式和样式(段落、标题 1、标题 2 等)，更改所选文本的字体、大小、颜色和对齐方式，或者应用文本样式(如粗体、斜体、代码和下划线等)。

在设置文本格式之前，先来认识一下【属性】面板，如下图所示。

粗体　斜体

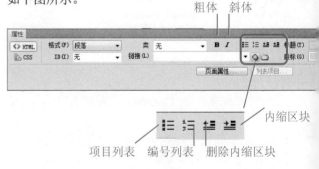

项目列表　编号列表　删除内缩区块　内缩区块

【属性】面板中的【格式】下拉列表用来设置文本段落格式，有 7 个选项供选择。而单击【页面属性】

学以致用系列丛书

钮可设置页面属性。

单击 CSS 按钮，可在【属性】面板中编辑 CSS 规则及更改所选文本的字体、大小、颜色和对齐方式，如下图所示。

下面以一段文字为例来进行文本格式的设置。

操作步骤

❶ 选中所需设置格式的文本，然后单击【属性】面板的【格式】下拉按钮，从弹出的下拉列表中选择一种格式(例如"标题 1")，如下图所示。

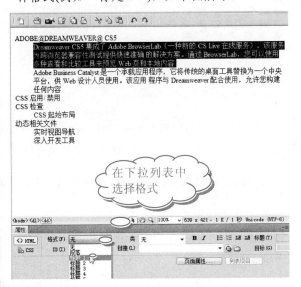

在下拉列表中选择格式

❷ 选中需设置格式的内容，将其设置为标题 2，如下图所示。

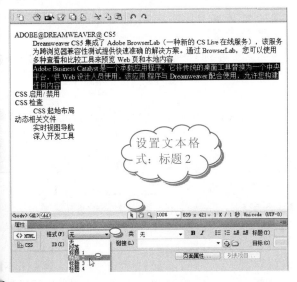

设置文本格式：标题 2

设置文本格式后的效果，如右上图所示。

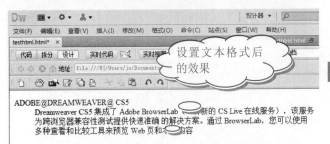

设置文本格式后的效果

除了默认的格式之外，还可以使用样式表来定义文本格式，这部分内容将在后面的章节介绍。

4.2.3　设置文本样式

通过设置文本样式可以更改文本文字的外观。单击 CSS 按钮，即可在【属性】面板中完成更改文本的字体、大小、颜色的设置，如下图所示。

下面，逐项来学习它们的设置方法。

操作步骤

❶ 选择需要编辑的文本，单击【属性】面板上的【编辑规则】按钮，弹出【新建 CSS 规则】对话框，选择选择器类型并输入选择器名称，单击【确认】按钮，如下图所示。

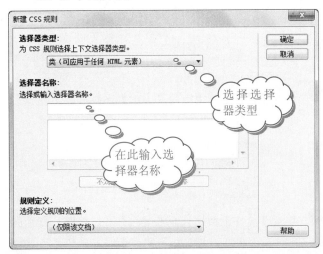

选择选择器类型

在此输入选择器名称

❷ 弹出 CSS 规则定义对话框，在此直接单击【确定】按钮完成设置，如下图所示。

学以致用系列丛书

用户可以将 Microsoft Word 或 Excel 文档的完整内容插入新的或现有的 Web 页面中。导入 Word 或 Excel 文档时，Dreamweaver 接收已转换的 HTML 并将它插入 Web 页面上。Dreamweaver 接收已转换的 HTML 后，文件大小必须小于 0KB。

长见识

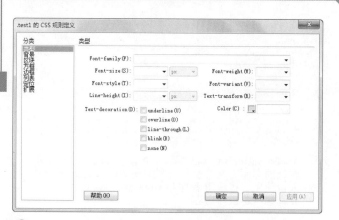

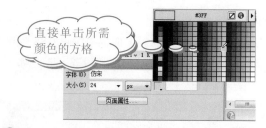

❸ 然后单击【属性】面板上的【字体】下拉按钮,从弹出的下拉列表中选择一种字体(例如【仿宋】),此时,文字的外形就会发生变化,效果如下图所示。

❹ 如果列表中没有需要的字体,可以选择【编辑字体列表】选项,打开【编辑字体列表】对话框,如下图所示。然后选择需要的字体,将其添加到字体列表中并单击【确定】按钮。

❺ 单击【属性】面板上的【大小】下拉按钮,从弹出的下拉列表中选择字号(例如24),如下图所示。

❻ 单击【属性】面板上的【颜色】下拉按钮,打开颜色选项面板,直接单击所需颜色的方格即可为选中的文本设置颜色,如右上图所示。

❼ 如果颜色面板中没有满意的颜色,可以单击该面板右上方的【系统颜色拾取器】按钮◙,弹出【颜色】对话框。在【基本颜色】栏中选择某种相近颜色,此处选择第1行的第5种颜色,如下图所示。

❽ 移动对话框最右侧的黑色小箭头,选取竖条颜色中所需的精确颜色。这里选择了"红:绿:蓝 = 128:255:255"的蓝绿色。单击【添加到自定义颜色】按钮将其添加到【自定义颜色】栏,以便下次使用,如下图所示。单击【确定】按钮,完成文本颜色的设置。

?提示

在【颜色】对话框中还可以设置相应的【色调】、【饱和度】和【亮度】值,以达到最理想的色彩效果。

在【大小】下拉列表中,【极小】代表最小的字号;【特小】相当于9号字体;【小】代表10~12的字号;【中】为12~14的字号;【大】为14~16的字号;【特大】为16~18的字号;【极大】为24~36的字号;【较小】和【较大】指分别在原来字号上减小或增大一点。

4.2.4　段落编辑

Dreamweaver CS5 提供了 4 种对齐方式来调整文本在文档页面的布局和摆放的位置，分别是左对齐、右对齐、居中对齐和两端对齐。下面就以居中对齐为例来介绍一下它们的用法。

操作步骤

① 首先在文档窗口中输入一段文字，然后选中这段文字，依照上节的步骤设置好字体样式和大小，如下图所示。

输入一段文字并选中

② 选择【格式】|【对齐】|【居中对齐】命令，如下图所示(选择【左对齐】、【右对齐】和【两端对齐】命令可以分别得到不同的效果，读者可以自行尝试)。

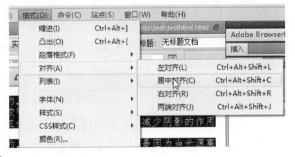

③ 出现的效果如下图所示，不仅文本整体被移到文档中间，而且每一行字都以中间位置为对称轴。

居中对齐的文字效果图

除了上面介绍的段落编辑方法外，还可以选择【格式】|【缩进】(效果如右上图所示)或【凸出】命令，来设置段落格式。

段落文字缩进的效果图

要想恢复原状，只需选择【缩进】命令下边的【凸出】命令。

4.2.5　为文本添加其他页面元素

在 Dreamweaver CS5 中添加特殊字符非常方便，可以在【插入】工具栏上直接添加，例如表格式数据、文本水平线、特殊符号等，本节将分别介绍。

1．导入表格式数据

如果想把别处的表格数据添加到 Dreamweaver CS5 中，有没有简单的方法呢？答案是肯定的。它可不是用平常的"复制"、"粘贴"命令，而是通过专门的导入表格命令，将数据引入并自动保持数据的表格格式哦！具体操作步骤如下。

操作步骤

① 在记事本中输入一段数据，包括编号、课程、成绩和排名 4 项，数据之间用逗号隔开(注意是英文标点的逗号)，并将其保存为"表格式数据"，如下图所示。

```
表格式数据 - 记事本
文件(F) 编辑(E) 格式(O) 查看(V) 帮助(H)
编号,课程,成绩,排名
1,语文,90,1
2,数学,99,2
3,英语,92,3
4,历史,90,5
5,地理,89,9
```

② 回到 Dreamweaver 界面，选择【修改】|【页面属性】命令，在【分类】栏选择【标题/编码】选项，在【编码】下拉列表框中选择【简体中文(GB2312)】选项，单击【确定】按钮，如下图所示。

添加系统上未安装的字体：首先在菜单栏中选择【格式】|【字体】|【编辑字体列表】命令，然后在对话框底端的文本框中输入要安装字体的名称，接着单击 "<<" 按钮将该字体添加到【选择的字体】列表框中，最后单击【确定】按钮即可。

35

学以致用系列丛书

❸ 将光标定位到要导入表处，并选择【插入】|【表格对象】|【导入表格式数据】命令，如下图所示。

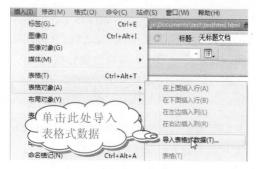

❹ 弹出【导入表格式数据】对话框，单击【浏览】按钮，如下图所示。

❺ 弹出【打开】对话框，找到存放记事本的位置，选中它，单击【打开】按钮，如下图所示。

❻ 弹出【导入表格式数据】对话框，在【数据文件】文本框中显示记事本的路径，在【定界符】下拉列表框中选择【逗号】选项，表示它是分开数据表格中各项内容的指定符号，如下图所示。

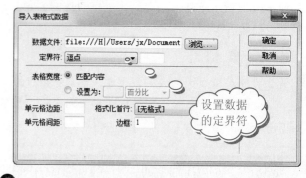

❼ 单击【确定】按钮，被插入的表格如下图所示。

编号	课程	成绩	排名
1	语文	90	1
2	数学	99	2
3	英语	92	3
4	历史	90	4
5	地理	89	5

注意

要确保指定保存数据文件时使用了定界符。如果未能指定定界符，则无法正确地导入文件，也无法在表格中对数据进行正确的格式设置。

2. 设置链接

创建链接有利于页面与页面之间的跳转，从而将整个网站中的页面有机地连接起来。【属性】面板和【指向文件】图标可用于创建从图像、对象或文本到其他文档或文件的链接。

根据目标端点的不同，可以将超链接分为内部超链接、外部超链接、电子邮件超链接和局部超链接。其中内部超链接用于在本地站点中的文档间建立链接。内部超链接是建站最常见的超链接方式。下面以创建内部链接为例介绍设置超链接的方法。

操作步骤

❶ 在编辑页面中选择需要制作内部超链接的文字，然后单击【属性】面板上的【浏览文件】按钮，如下图所示。

对段落应用标题标签时，Dreamweaver 会自动添加下一行文本作为标准段落。若要更改此设置，请选择【编辑】|【首选参数】(Windows) 或 Dreamweaver|【首选参数】(Macintosh)，然后在【常规】类别中的【编辑选项】组中确保取消选中【标题后切换到普通段落】复选框。

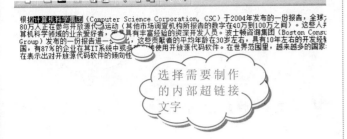

选择需要制作的内部超链接文字

❷ 弹出【选择文件】对话框，选中需要链接的文件，如下图所示。

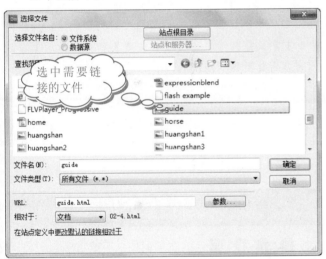

选中需要链接的文件

❸ 单击【确定】按钮，在【目标】下拉列表框中选择_blank 选项，如下图所示。

选择链接文档显示的方式

❹ 完成内部超链接的制作，继续为其他文字制作内部超链接。

【属性】面板中的【目标】下拉列表框中 4 个选项的含义分别如下。

❖ _blank：表示单击该超链接会重新启动一个浏览器窗口载入被链接的网页。

❖ _parent：表示在上一级浏览器窗口中显示链接的网页文档。

❖ _self：表示在当前浏览器窗口中显示链接的网页文档。

❖ _top：表示在最顶端的浏览器窗口中显示链接的网页文档。

图像超链接的建立与此类似，有兴趣的读者可以自己试一下。

3. 添加特殊符号

Dreamweaver CS5 还提供了在网页中添加£(英镑)、€(欧元)、¥(日元)、©(版权)、®(注册商标)等特殊符号的功能。

操 作 步 骤

❶ 展开【插入】面板，单击【常用】按钮旁的下拉按钮，选择【文本】选项，如下图所示。

❷ 此时，【常用】按钮变成【文本】按钮了，然后在列表菜单中单击【字符】按钮 ，在打开的列表中会看到一些常用的特殊符号选项，如下图所示。

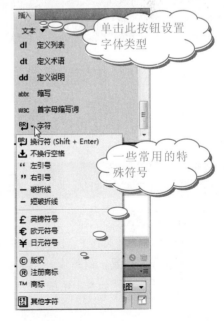

单击此按钮设置字体类型

一些常用的特殊符号

❸ 选择需要添加的符号，直接单击即可添加到文本中，如下图所示。

直接单击即可添加到文本中

北京

光标停在字首的最前面

❷ 单击【属性】面板中的【编号列表】按钮，如下图所示。

提示

按 Ctrl + Shift + Space 组合键可以输入空格。

❹ 如果所要添加的符号不在菜单栏中，可以选择最后一行的【其他字符】选项，弹出【插入其他字符】对话框，选择所要添加的字符后，单击【确定】按钮即可，如下图所示。

在此选择其他要插入的字符

❸ 这时"北京"前方出现"1."的编号。如果有不止一项的内容要并列写出，则需将光标移到最后字末，按 Enter 键后编号将自动按顺序生成，如下图所示。

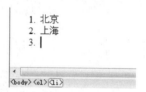

❹ 如果不想用编号列表而是用项目列表的话，操作同上，只需改为单击【项目列表】即可，最后项目列表的效果如下图所示。

4.3 在文本中添加项目符号和编号

在文档窗口中键入文本时，有时候需要为现有文本或新文本标出编号或列出项目。那么如何在文本中添加项目符号和编号？如何修改项目符号和编号呢？下面就动手试一试吧！

4.3.1 添加项目符号或编号

操作步骤

❶ 在 Dreamweaver 文档中，将插入点放在要添加项目符号或编号的位置，例如输入"北京"，将光标停在字首的最前面，如右上图所示。

4.3.2 修改项目符号或编号

操作步骤

❶ 选择【格式】|【列表】|【属性】命令，弹出【列表属性】对话框，在这里可以设置整个列表或个别列表项的外观，也可以设置编号样式，重设计数或设置个别列表项目或整个列表的项目符号样式选项，例如在【样式】下拉列表中选择【默认】选项，如下图所示。

在这里设置或更改列表样式

长见识 Dreamweaver 的工作机制与许多字处理应用程序类似：按 Enter 键(Windows 系统中)或 Return 键(Macintosh 系统中)可以创建一个新段落。Web 浏览器在段落之间自动插入一个空白空格行。通过插入一个换行符，可以在段落之间添加一个空格行。

❷ 单击【确定】按钮，最后项目列表的效果如下图所示。

❸ 插入水平线的效果如下图所示。

这里插入了一条水平线

4.4 水平线、网格与标尺

Dreamweaver CS5 提供了一些工具，例如水平线、网格和标尺等，使您可以使用它们更精确地定位页面元素和更好地测量、组织与规划页面布局。

4.4.1 水平线

文本水平线的主要作用是把不同的内容从版面上分隔成一个个的区域，使得网页更加具有视觉上的层次感。

操作步骤

❶ 在文档窗口中，将插入点放在要插入水平线的位置。将光标放在插入位置，如下图所示。

❷ 选择【插入】| HTML |【水平线】命令，如下图所示。

选择【水平线】命令

❹ 选中该水平线，可以在【属性】面板中对它进行编辑，例如设置水平线的宽为 150 个像素，高为 6 个像素，对齐方式为左对齐，不选择阴影效果，如下图所示。

❺ 修改之后水平线的效果如下图所示。

修改后水平线的效果

4.4.2 显示和隐藏网格

使用网格可以在文档窗口中显示一系列的水平线和垂直线，这对于精确放置页面对象很有帮助。

选择【查看】|【网格设置】|【显示网格】命令，就可以显示网格，如下图所示。

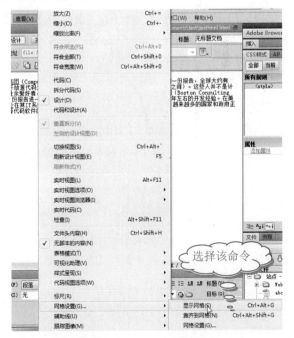

选择该命令

如果要隐藏网格，再次选择【查看】|【网格设置】|【隐藏网格】命令，就可以隐藏网格。

学以致用系列丛书

HTML 只允许字符之间有一个空格；若要在文档中添加其他空格，必须插入不换行空格(方法是在菜单栏中选择【插入】|HTML|【特殊字符】|【不换行空格】命令)，或是设置一个在文档中自动添加不换行空格的首选参数。

长见识

4.4.3 标尺

标尺可帮助您测量、组织和规划布局，它默认显示在页面的左边框和上边框中，以像素、英寸或厘米为单位来标记。

1. 显示和隐藏标尺

选择【查看】|【标尺】|【显示】命令，即可显示标尺，如下图所示。

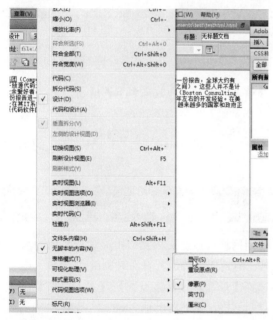

如果要隐藏标尺，再次选择【查看】|【标尺】|【隐藏】命令，就可以隐藏标尺。

2. 更改标尺原点

若要更改原点，可以将标尺原点图标 （在文档窗口的设计视图左上角）拖到页面上的任意位置。

选择【查看】|【标尺】|【重设原点】命令，则可将标尺原点恢复到它的默认位置。

3. 更改度量单位

若要更改度量单位，选择【查看】|【标尺】命令，然后再选择【像素】、【英寸】和【厘米】命令中的一个作为其单位，如下图所示。

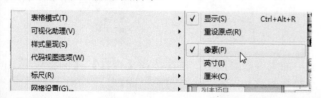

4.5 思考与练习

选择题

1. Dreamweaver CS5 创建新文档的方法有＿＿＿＿。
   - A. 从空白文档开始
   - B. 创建基于 Dreamweaver 设计文件的空白文档或模板
   - C. 创建基于现存模板的文档
   - D. 直接从外部导入
2. 如果要向 Dreamweaver 文档中添加文本，可以＿＿＿＿。
   - A. 直接在 Dreamweaver 文档窗口中输入文本
   - B. 剪切并粘贴
   - C. 从其他文档导入文本
   - D. 不能直接添加
3. 设置文本的样式，可以更改＿＿＿＿。
   - A. 文本文字的内容
   - B. 文本文字的字数
   - C. 文本文字的链接
   - D. 文本文字的外观
4. 编辑一个文本，除了设置文本格式、编辑段落之外，有时还需要添加一些其他元素，比如＿＿＿＿。
   - A. 表格式数据
   - B. 空白文档或模板
   - C. 链接
   - D. 特殊符号
5. 对页面进行布局的工具有＿＿＿＿。
   - A. 水平线
   - B. 网格
   - C. 标尺
   - D. 表格

操作题

1. 启动 Dreamweaver CS5，新建一个名为 "index" 的 HTML 文档，并保存它。
2. 打开名为 "index" 的 HTML 文档，编辑一段文字，设置文本字体、大小和颜色，并且运用到对齐方式和文本缩进。
3. 设置这段段落的对齐方式，并输入一段列表性的文字，为其设置项目编号。
4. 在文本间插入水平线，导入一段表格式数据，并且在表格中插入一些特殊符号。
5. 在文档窗口显示网格、标尺，最后为文本设置一个到 "下一页" 的链接。

第 5 章

美轮美奂——添加图像文件

假如网页仅由文本组成，会使人感觉十分单调。典雅和谐的背景、恰到好处的插图、精美小巧的按钮……一旦成功地添加了这些元素，网页就会变得流光溢彩，动人心弦！

学习要点

❖ 网页中的图像格式介绍
❖ 图像的基本操作
❖ 图像的应用
❖ 精彩图像案例展示

学习目标

通过本章的学习，读者应该掌握插入图像，设置图像边距、边框及对齐方式等属性的方法，还应掌握裁剪图像、为图像添加链接、给图片添加文字说明、使用 Spry 菜单栏、图像地图等操作。然后，应用这些操作，全面提高对网页图像的应用能力。

5.1 网页中的图像格式介绍

虽然存在多种图形文件格式，但 Web 页面中通常使用的只有 3 种，即 GIF、JPEG 和 PNG。目前，GIF 和 JPEG 文件格式的支持情况最好，大多数浏览器都可以打开它们。本节将对这 3 种格式的图像分别介绍。

1. GIF 格式

GIF 格式，指可交换的图像文件格式。GIF 格式支持透明度、隔行扫描和动画，能够实现无损压缩，而且是第一种网页支持的图像格式，所以目前被广泛采用。文件最多使用 256 种颜色，最适合显示色调不连续或具有大面积单一颜色的图像，例如导航条、按钮、图标、徽标或其他具有统一色彩和色调的图像。但是，GIF 格式不适合显示色彩丰富的图像。

2. JPEG 格式

JPEG 意为"联合照片专家组"(Joint Photographic Experts Group)，又名 JPG，是用于摄影或连续色调图像的高级格式。与 GIF 格式最明显的区别是，JPEG 格式可以包含数百万种颜色，最适合显示色彩丰富绚丽的图像。同时，它可以允许非常大程度的压缩却依然保持图像基本不失真。提高 JPEG 文件的品质，文件的大小和下载时间也会随之增加。通常可以通过压缩 JPEG 文件在图像品质和文件大小之间达到良好的平衡。但是 JPEG 格式不支持透明度和动画的属性。

3. PNG 格式

PNG 意为"便携网络图像"(Portable Network Graphics)，是集多种格式优点于一身的新一代图像格式：无损压缩、百万颜色、高效隔行扫描、支持透明度，而且拥有各种情况下的高度一致性，潜力很大。

PNG 是 Macromedia Fireworks 固有的文件格式。PNG 文件可保留所有原始层、矢量、颜色和效果信息(例如阴影)，并且在任何时候所有元素都是可以完全编辑的。文件必须具有.png 文件扩展名才能被 Dreamweaver 识别为 PNG 文件。

5.2 图像的基本操作

Dreamweaver 提供基本图像编辑功能，因此无需使用外部图像编辑应用程序(例如 Macromedia Fireworks)即可修改图像。

注意

Dreamweaver 图像编辑功能仅适用于 JPEG 和 GIF 图像文件格式。其他位图图像文件格式不能使用这些图像编辑功能编辑。

下面首先介绍实现图像的插入方法。

5.2.1 插入图像

Dreamweaver CS5 中提供了不止一种插入图像的操作方法，这里先介绍比较常用的一种。

操作步骤

❶ 启动 Dreamweaver 后，打开一个网页文档，把光标移到需要插入图像的位置，展开【插入】面板，在【常用】工具栏中单击【图像】下拉按钮，选择【图像】选项，如下图所示。

❷ 弹出【选择图像源文件】对话框，如下图所示。

长见识 由于 PNG 文件具有较大的灵活性并且文件所占空间较小，所以它对于几乎任何类型的 Web 图形都是最适合的；但是，为了满足更多人的需求，除非为正在使用支持 PNG 格式的浏览器的特定目标用户进行设计，否则请使用 GIF 或 JPEG 以满足更多人的需求。

在此选择所
需图片

3 选好图片之后，单击【确定】按钮，如果选择的图片不在当前站点文件夹中，Dreamweaver 会弹出一个提示对话框，如下图所示。

4 单击【是】按钮，弹出【复制文件为】对话框，在这里可以重新设定文件名，如下图所示。

复制文件到站
点根文件夹

5 单击【保存】按钮，弹出【图像标签辅助功能属性】对话框，如下图所示，根据需要可以在其中一个或两个文本框中输入信息，在这里不用输入内容。

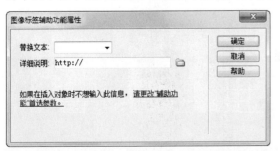

6 单击【确定】按钮，回到文档页面，可以看到图片已经被插入光标设定的位置，如下图所示。

插入图片后的
效果

提示

如果您正在一个未保存的文档中工作，那么，Dreamweaver 会生成一个对图像文件的 file://引用。将文档保存到站点中的任何位置后，Dreamweaver 将该引用转换为文档相对路径。

除了上面介绍的方法外，还可以使用下述方法插入图像。

❖ 选择【插入】|【图像】命令，弹出【选择图像源文件】对话框，以后的步骤同上。

技巧

应用 Ctrl+Alt+I 的快捷键组合，可以快速打开【选择图像源文件】对话框，这也是添加图像的一种简便方法。

❖ 如果在前期素材的准备和整理工作做得比较充分，那么现在就可以打开浮动面板组下的"文件"栏，从根目录下的文件夹中找到所需图片，按下鼠标左键后不松开，一直拖至插入处再放手，也可插入图片。

5.2.2 设置图像属性

插入图像后，还要根据需要对图像的大小、形状、效果等进行多种编辑，而这一切都离不开图像的【属性】面板。

1．认识图像的【属性】面板

选中插入的图像，可以在【属性】面板中查看该图像的属性，如下图所示。

您还可以插入动态图像，动态图像是指那些经常变化的图像。例如，广告横幅旋转系统需要在请求页面时从可用横幅列表中随机选择一个横幅，然后动态显示所选横幅的图像。

下面介绍【属性】面板中各个参数的含义。

❖ 文本框：用于设置图像的名称，以便在应用行为、编写脚本时引用，如制作交换图像、导航条时。

❖ 宽和高：设置图像在当前文档中的大小。

❖ 源文件：显示插入的图像所在的位置，通过它可以将当前图像更改为其他图像。

❖ 替换：设置当鼠标放到图像上时的提示文字。

❖ 类：在【类】下拉列表中存放的是图像样式，可以选择需要的样式应用于当前图像。现在该下拉列表中没有任何东西，但在学习过 CSS 样式后，它的作用就会显现出来。

❖ 链接：将当前图像与其他位置的内容相链接，实现页面的跳转。其下方的目标是对链接内容的打开方式的指定。

❖ 编辑：使用 Fireworks 编辑当前图像。

❖ 裁剪：用于裁剪当前图像。

❖ 亮度和对比度：调整图像的明暗度和对比度，单击【亮度和对比度】按钮 ，Dreamweaver 会弹出一个提示对话框，单击【确定】按钮，即弹出【亮度/对比度】对话框，通过拖动滑块进行调节，如下图所示。

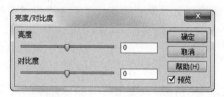

❖ 锐化：通过锐化图像，可使图像的边缘更清晰。单击【亮度和对比度】按钮右边的【锐化】按钮 ，即弹出【锐化】对话框，滑块越向右，图像的轮廓越明显，如下图所示。

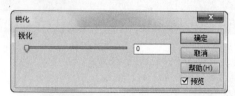

❖ 垂直边距：设置图像距上方和下方内容的间距。

❖ 水平边距：设置图像距左侧和右侧内容的间距。

❖ 地图名称和热点工具：可以标注和创建客户端图像地图。

❖ 目标：将链接的文件加载到目标框架或窗口。

❖ 边框：确定是否给图像加边框，没有值表示无边框，值越大边框越粗。

❖ 对齐：设置图像的对齐方式，它包括基线和底部、顶端、居中、文本上方等 10 种对齐方式。

❖ 重设大小 ：将【宽】和【高】值重设为图像的原始大小。调整所选图像的值时，此按钮显示在【宽】和【高】文本框的右侧。

2. 设置图像的边距

下面，就来看一下关于图像边距的设置方法。

操作步骤

❶ 在文档中插入一幅图片并输入一些文字，如下图所示。

插入图像，输入文字

男白领

照片

❷ 单击选中图像，然后在其【属性】面板中设定它的【垂直边距】和【水平边距】均为 50，如下图所示。

在此设置图像边距

❸ 用鼠标单击空白处后，可以看到图像已经与上面、左边的文档边框以及下面、右边的文档边框分别空出了 50 个像素的距离，如下图所示。

男白领

照片

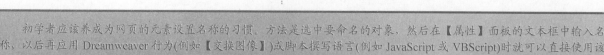

3. 设置图像的边框

　　【属性】面板中提供了为图像设置边框的方法，下面就让我们一起来试一试吧！

操作步骤

1 在文档中插入一幅图片，如下图所示。

2 单击图片后，在图像【属性】面板的【边框】文本框中输入 6，如下图所示。

在此设置图像边框值的大小

3 用鼠标单击空白处后，可以看到设置了边框后的图像效果，如下图所示。

设置图像的对齐方式

　　除默认值外，Dreamweaver CS5 还提供了 9 种图像和本的对齐方式，在网页设计中可以根据排版和布局的要而定。下面通过一个实例来看看各种对齐方式的效果吧！

基线对齐

对于数码相机而言，你可以使用白平衡功能来消除或强调光线的颜色。例如可以增加风光或人像照片中的暖色调。对于胶片电影的拍摄则必须根据拍摄环境选择适当的胶片，或者采用滤镜补偿。

对于数码相机而言，你可以使用白平衡功能来消除或强调光线的颜

顶端对齐

色。例如可以增加风光或人像照片中的暖色调。对于胶片电影的拍摄则必须根据拍摄环境选择适当的胶片，或者采用滤镜补偿。

居中对齐

对于数码相机而言，你可以使用白平衡功能来消除或强调光线的颜

色。例如可以增加风光或人像照片中的暖色调。对于胶片电影的拍摄则必须根据拍摄环境选择适当的胶片，或者采用滤镜补偿。

底部对齐

对于数码相机而言，你可以使用白平衡功能来消除或强调光线的颜色。例如可以增加风光或人像照片中的暖色调。对于胶片电影的拍摄则必须根据拍摄环境选择适当的胶片，或者采用滤镜补偿。

对于数码相机而言，你可以使用白平衡功能来消除或强调光线的颜

文本上方对齐

色。例如可以增加风光或人像照片中的暖色调。对于胶片电影的拍摄则必须根据拍摄环境选择适当的胶片，或者采用滤镜补偿。

绝对居中对齐

对于数码相机而言，你可以使用白平衡功能来消除或强调光线的颜

色。例如可以增加风光或人像照片中的暖色调。对于胶片电影的拍摄则必须根据拍摄环境选择适当的胶片，或者采用滤镜补偿。

学以致用系列丛书

　　在 Dreamweaver 中重新调整图像的大小时，可以对图像进行重新取样，以容纳其新的尺寸。重新取样位图对象时，可以在图像中增大或减小像素，以使其变大或变小。重新取样图像以取得更高的分辨率一般不会导致品质下降。但重新取样以取得较低的分辨率总会导致数据丢失，并且通常会使品质下降。

长见识

绝对底部对齐

对于数码相机而言，你可以使用白平衡功能来消除或强调光线的颜色。例如可以增加风光或人像照片中的暖色调。对于胶片电影的拍摄则必须根据拍摄环境选择适当的胶片，或者采用滤镜补偿。

对于数码相机而言，你可以使用白平衡功能来消除或强调光线的颜色。例如可以增加风光或人像照片中的暖色调。对于胶片电影的拍摄则必须根据拍摄环境选择适当的胶片，或者采用滤镜补偿。

左对齐

对于数码相机而言，你可以使用白平衡功能来消除或强调光线的颜色。例如可以增加风光或人像照片中的暖色调。对于胶片电影的拍摄则必须根据拍摄环境选择适当的胶片，或者采用滤镜补偿。

右对齐

读者可能看到居中对齐与绝对居中对齐并无明显差别，但在实际操作中就能捕捉到这种差别了，建议读者实际操作一番。其他几组亦同。了解各种对齐方式的效果后，就可以根据实际需要来设置图像与文字的版式了。

5．裁剪图像

如果想选取图片的一部分，使用【裁剪】命令即可实现。下面就以一幅图像为例来说明裁剪的方法。

注意

在Dreamweaver中对图像进行的裁剪操作将是永久性的。也就是说，如果裁剪并保存了一幅图像，那么所引用的那幅原图像也将被改变。同时，一旦退出Dreamweaver，或者关闭了裁剪图像的文档，裁剪操作将不能被撤销。

操 作 步 骤

① 在文档中插入一幅图片，如下图所示。

② 单击图片后，在图像【属性】面板中单击【裁剪】按钮，如下图所示。

单击这个按钮

③ 弹出一个如下图所示的提示对话框。

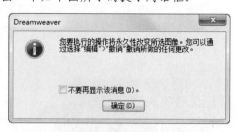

④ 单击【确定】按钮，将鼠标移到图像上面以后，图像内部和边框之间出现阴影。再将鼠标移到阴影与图像分界的裁剪框上，当鼠标指针变成向两端伸展的箭头时，拖动鼠标，达到需要部分后释放，如下图所示。

裁剪图像以使其符合使用需要

⑤ 单击【裁剪】按钮，阴影部分的图像将被舍去。裁剪的最终效果如下图所示。

裁剪后的图像效果

6．为图像添加链接

建立图像链接的方法与文本链接的方法大致相同，具体操作步骤如下。

操 作 步 骤

① 选中一幅想要建立链接的图像，如下图所示。

② 单击【属性】面板中【链接】文本框后的指向图标按钮，按住鼠标左键不放，直至拖动到浮动面板组的【件】面板下，选中需要设定链接的文档，再释放标，如下图所示。

锐化可通过增加图像中边缘的对比度来调整图像的焦点。扫描图像或拍摄数码照片时，大多数图像捕获软件的默操作是柔化图像中各对象的边缘。这可以防止特别精细的细节从组成数码图像的像素中丢失。不过，要显示数码图像件中的细节，需要经常锐化图像，从而提高边缘的对比度，使图像更清晰。

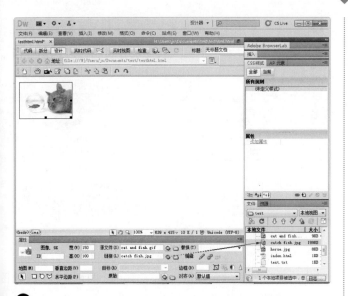

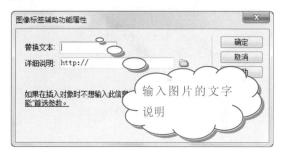

提示

单击【常用】工具栏中的【超级链接】按钮，在弹出的【超级链接】对话框中也可以对图像进行超链接设置。

5.2.3 给图片添加文字说明

有时候因为网速或者其他因素(比如浏览器只显示文本或设置为手动下载图像时)造成图片不能在浏览器中正常显示，网页中图片的位置就变成空白区域。为了让浏览者在不能正常显示图片时也能了解图片的信息，就需要为网页的图片添加文字说明。

为图片添加文字说明就是要设置图像的替换属性，图片不能正常显示时，替换的文本内容可以优先显示。下面就以一幅图像为例来说明其方法。

操作步骤

❶ 选择【插入】|【图像】命令，按照之前步骤操作，当弹出【图像标签辅助功能属性】对话框时，在【替换文本】文本框中输入图片的文字说明，如下图所示。

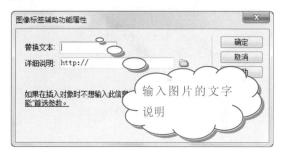

❸ 保存文件后，按下键盘上的 F12 键打开网页预览，单击该图像，如下图所示。

提示

被设置了超级链接的文本或图像，鼠标移上去后会变成手形，如上图所示。

❹ 新的页面打开后，显示被设定链接的完整图像，如下图所示。

❷ 单击【确定】按钮，完成插入图片操作，如下图所示。

❸ 保存文件后，按下键盘上的 F12 键打开网页预览，如下图所示。

跟踪图像是放在【文档】窗口背景中的 JPEG、GIF 或 PNG 图像，可以被隐藏图像、设置图像的不透明度和更改图像的位置。编辑网页时使用跟踪图像功能可以提高网页设计的精度和效率。

❹ 在 IE 菜单栏中选择【工具】|【Internet 选项】命令，切换到【高级】选项卡，在【多媒体】类别下取消选中【显示图片】复选框，单击【确定】按钮，如下图所示。

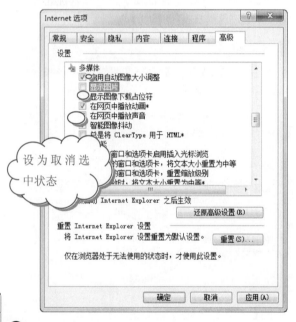

设为取消选中状态

❺ 刷新 IE 页面，即可看到图片的文字说明，如下图所示。

图片的文字说明

❻ 若要更改图片的文字说明，直接在【属性】面板的【替换】文本框中输入新的文字说明即可，如下图所示。

输入新的文字说明

5.2.4 插入图像占位符

网页设计者在进行网页布局时，需要先设计图像在网页中的位置，等设计方案通过后，再将这个位置变成最终的具体图像。Dreamweaver 提供的"图像占位符"功能即可满足上述需求，而且可以根据需要设置占位符的大小和颜色，并为占位符提供文本标签。下面就来亲身体验一番吧！

操作步骤

❶ 启动 Dreamweaver 后，建立一个网页文档，在文档窗口中，将插入点放置在要插入占位符图形的位置，选择【插入】|【图像对象】|【图像占位符】命令，如下图所示。

❷ 弹出【图像占位符】对话框，从中可以设置该图像占位符的名称、宽度、高度和颜色，还可以添加其替换文本，如下图所示。

❸ 单击【确定】按钮，即完成插入图像占位符的操作，如下图所示。

在【Internet 选项】对话框下的【高级】选项卡中，可以通过单击【还原高级设置】按钮还原到设置前的默认状态。

5.2.5　跟踪图像

"跟踪图像"是 Dreamweaver 一个非常有效的功能，它允许网页设计者在网页中将原来的页面设计作为辅助的背景，这样用户就可以非常方便地定位文字、图像、表格、层等网页元素在该页面中的位置了。下面就让我们一起来试一试吧！

操作步骤

❶ 启动 Dreamweaver 后，建立一个网页文档，选择【查看】|【跟踪图像】|【载入】命令，如下图所示。

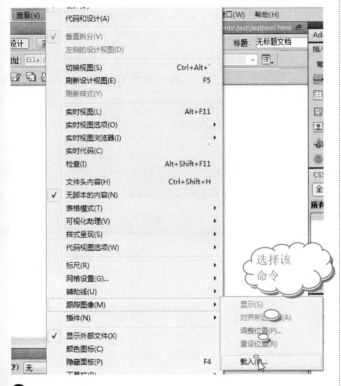

❷ 弹出【选择图像源文件】对话框，选择一个图像文件(只能是 JPEG、GIF 或 PNG 图像)，如下图所示。

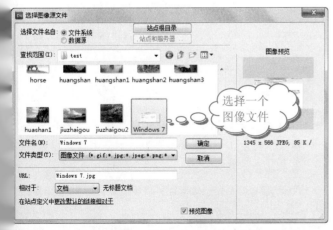

动【透明度】滑块以指定图像的透明度，然后单击【确定】按钮，如下图所示。

❹ 最终效果如下图所示。

❺ 若要隐藏跟踪图像，选择【查看】|【跟踪图像】|【显示】命令，要显示跟踪图像进行同样的操作即可，如下图所示。

❻ 更改跟踪图像的位置，选择【查看】|【跟踪图像】|【调整位置】命令，弹出【调整跟踪图像位置】对话框，在 X 和 Y 文本框中输入坐标值，可以指定跟踪图像的位置，如下图所示。

❼ 单击【确定】按钮，效果如下图所示。

❸ 单击【确定】按钮，弹出【页面属性】对话框，拖

图像占位符不在浏览器中显示图像。在您发布站点之前，应该用适用于 Web 的图像文件（例如 GIF 或 JPEG）替换所有添加的图像占位符。

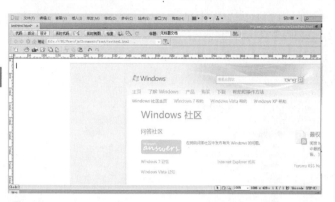

❽ 选择【查看】|【跟踪图像】|【重设位置】命令，跟踪图像即返回到文档窗口的左上角坐标(0,0)处。

5.3 图像的应用

图文并茂是衡量网站的标准之一。Dreamweaver CS5 提供了多种使用图像的方式，如菜单栏构件和图像地图等。在网页设计中恰当地运用图像，可以体现网站的风格和特色。

5.3.1 Spry 菜单栏

从 Dreamweaver CS5 开始，传统的导航条功能被弃用，如果要使用导航功能，可使用功能更为强大的 Spry 菜单栏构件。

Spry 菜单栏构件是一组可导航的菜单按钮，当站点访问者将鼠标悬停在其中的某个按钮上时，将显示相应的子菜单。使用 Spry 菜单栏可在紧凑的空间中显示大量的导航信息，并使站点访问者无需深入浏览站点即可了解站点上提供的内容。下面我们来详细了解一下 Spry 菜单栏的使用吧！

操作步骤

❶ 把光标定位在要插入 Spry 菜单栏的位置，选择【插入】|Spry|【Spry 菜单栏】命令，如右上图所示。

> ！注意
>
> 使用插入 Spry 菜单栏构件之前，须首先为各个菜单栏目的显示状态创建一组图像。

❷ 弹出【Spry 菜单栏】对话框，选择菜单栏的布局格式，单击【确定】按钮，如下图所示。

❸ 在文档窗口可以看到菜单栏已经被插入到光标设定的位置，如下图所示。

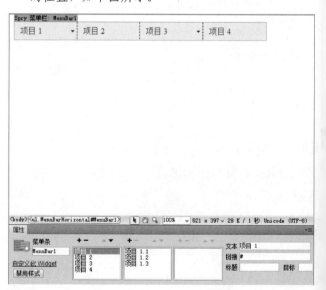

❹ 在【属性】面板中的第一列，选择一个菜单栏项，例如"项目 1"，在【文本】文本框中输入要更改的名称，如下图所示。

Dreamweaver 使用用户可以在获取或上传文件期间执行其他与服务器无关的活动，与服务器无关的活动包括输入、编辑外部样式表，生成站点范围的报告以及创建新站点之类的常用操作。

⑤ 在文档窗口看到更改后的项目栏，如下图所示。

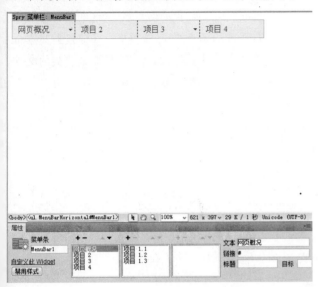

⑥ 在【属性】面板中单击列表栏上方的加号按钮，可向菜单栏构件中添加菜单项，如下图所示。

单击该加号按钮

⑦ 可看到文档窗口中的【网页概况】菜单后增加了一个【无标题项目】菜单项，如下图所示。

在【属性】面板中，单击第一列上方的上下箭头即可更改菜单项的顺序，如下图所示。

单击上下箭头更改菜单项顺序

单击【属性】面板中【链接】文本框后的【浏览文

【件】按钮📁，选择要链接到的文件，在【标题】文本框中输入图片的提示文本，如下图所示。

单击此按钮

⑩ 保存网页，弹出【复制相关文件】对话框，单击【确定】按钮，按 F12 键进行预览，效果如下图所示。

⑪ 单击菜单项即可看到链接的图片，如下图所示。

？提示

选中列表框中的菜单项，单击上方的【—】按钮，就可以将该项从菜单栏构件中删除。

5.3.2 图像地图

图像地图是指被分为多个区域(即"热点")的图像，每个区域都有导航的作用，单击后可以链接到不同的 URL 地址或网页文件上。怎样制作图像地图呢？下面就

可以将任何可用行为应用于图像或图像热点。在将一个行为应用于热点时，Dreamweaver 将 HTML 源代码插入 area 签中。以下 3 种行为是专门应用于图像的：预先载入图像、交换图像和恢复交换图像。

来介绍一下。

操作步骤

1 在文档中插入一幅图像，然后选中它，如下图所示。

2 在图像的【属性】面板的【地图】文本框中输入地图名称，这里就输入"图像地图"，如下图所示。

在此输入地图名称为"图像地图"

？提示

在输入地图名称位置的下方，有3个图形按钮，它们的含义分别如下。

❖ 单击□按钮，表示将创建矩形热区。
❖ 单击○按钮，表示将创建椭圆形热区。
❖ 单击♡按钮，表示将创建不规则的多边形热区。

3 单击创建矩形热区的按钮图标，在图像的相应地方绘制一个矩形的热区，如下图所示。

在此创建一个矩形热区

4 此时【属性】面板中显示热点的属性，在【链接】文本框中输入要链接的网页名称(这个网页需要保存在用户创建的站点中)，或者单击【链接】文本框后面的【浏览文件】按钮📁，选择要链接到的文件。在【替换】文本框中输入图片的文字说明，如下图所示。

？提示

如果在同一文档中使用多个图像热区，务必给每个图像热区起一个唯一的名字。

5 用同样方法完成其他热区的设置和链接，保存网页后进行预览，当鼠标移动到所设置的热区上时，会出现手形鼠标，如下图所示。

6 单击热区，就会进入所链接的网页，如下图所示。

长见识 鼠标经过图像是一种在浏览器中查看并使用鼠标指针移过它时发生变化的图像。需要使用两个图像文件创建鼠标经过图像：主图像(当首次载入页时显示的图像)和次图像(当鼠标指针移过主图像时显示的图像)。鼠标经过图像中的两个图像应大小相等，如果这两个图像大小不同，Dreamweaver 将自动调整第二个图像的大小以匹配第一个图像的大小。

5.4 精彩图像案例展示

精美的图片可以为网页增添动人的色彩，平时浏览网页时遇到好的图片可以保存下来，应用到自己的网页设计中。下面展示了一些精彩的图片，快来看看吧。(本小节的图像均来自网站 http://www.3lian.com)

1. 网页背景图片

很多网站的导航页都会使用背景图片，不仅美观，还可以起到提示作用，很多渐变的方案也是通过背景图片来实现的。

网页背景图片以浅色的居多，对于深色的图片，可以通过设置透明度来减轻其对页面文本的影响。

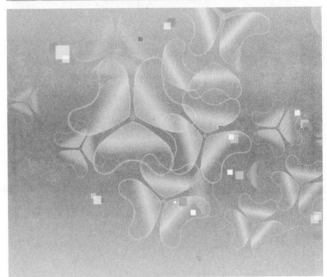

学以致用系列丛书

在网页设计中，如果需要的图像暂时还没有设计好或者还没有找到，可以先插入图像占位符，并调整其大小到实际图像的尺寸，等真正的图像准备好以后，再将该占位符替换掉。

2．GIF 动画

丰富的人物表情、淘气的宠物猫、可爱的各种饰品以及闪烁不停的各种小图标……网页上到处都少不了 GIF 动画的身影，例如，用户可以通过 http://www.3lian.com/gif/2007/3-8/11182693923.html 网址来欣赏几张可爱的 Kitty 猫组图。

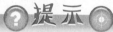

提示

只要在百度搜索栏中输入关键词"GIF 动画"，就可以搜到很多有趣的素材。

3．平面设计图片

在网页设计中，有时候需要根据网站的主题设计一些特定风格的图片，这些图片往往是由专门的平面设计师设计的，下面就让我们一起来欣赏几幅作品吧。

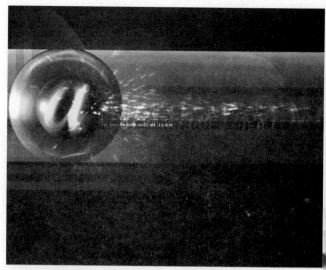

4．韩版插画

韩版的网站设计风格和网页图片独具一格，吸引了很多网页设计者的眼球，这里收集了几款韩式插画，这种插画通常应用于网页的 banner 中，或者被用来做背景图片。这种插画究竟是什么样子的呢？别急，下面就罗列了几幅，快来看看吧！

对图像进行锐化操作，将增加图像边缘像素的对比度，从而增加图像清晰度或锐度。需要注意的是，只能在保存包含图像的页面之前撤销【锐化】命令的效果并恢复到原始图像文件。因为页面一旦保存，对图像所做的更改即被永久保存。

5.5　思考与练习

选择题

1. 下列_____不是常用的图像格式。

　　A．GIF 格式　　　　　　B．PNG 格式

　　C．TIF 格式　　　　　　D．JPEG 格式

2. "替换"所显示的应该是_____。

　　A．文字　　　　　　　　B．动画

　　C．图像　　　　　　　　D．音乐

3. 在对网页中的对象应用链接功能后，在【属性】面板中将【目标】选项设置为_____，才可以使链接到的文件在当前浏览器窗口中显示。

　　A．_blank　　　　　　　B．_parent

　　C．_self　　　　　　　　D．_top

4. 下面_____选项不是图像的应用。

　　A．Spry 菜单栏　　　　B．图像地图

　　C．鼠标经过图像　　　D．一般图像链接

5. 对 Spry 菜单栏可以进行_____操作。

　　A．变更菜单项数目　　B．更改菜单项顺序

　　C．更改菜单项文本　　D．增加链接

操作题

1. 在有文字的网页文档中插入一幅经过裁剪的卡通图像，并设置它的边距为 30×30，边框大小为 8，右对齐格式。

2. 在网页中插入图像后，为其添加链接，并增加图片的文字说明。

3. 建立一个 Spry 菜单栏，此菜单栏中的子菜单需要包含一个链接图像。

4. 在文档中选择一幅图像建立图像地图，并设置其中的一个热点链接到 1 中创建的卡通图像，另一个热点链接到 2 中建立的图像。

学以致用系列丛书

第 6 章

绘声绘色——添加多媒体文件

各种多媒体文件可以让网页变得"有声有色"！本章将向大家介绍一些添加媒体文件的方法和技巧，让您所制作的网页不仅具有可阅读性，更能给人带来视听上的享受！

学习要点

- ❖ 认识多媒体
- ❖ 添加 Flash 对象
- ❖ 添加音乐元素
- ❖ 添加其他媒体文件

学习目标

通过本章的学习，读者应该掌握添加 Flash 动画、FLV 视频，获取音频文件，添加声音文件链接，嵌入音频文件，播放声音文件，添加其他媒体文件(如 Shockwave、JavaApplets、ActiveX 控件)等多种操作。然后，使用这些添加操作，全面提高对网页媒体文件的应用能力。

6.1　认识多媒体

Dreamweaver 提供了在网页中插入多媒体的功能。那么什么是"多媒体"？它有什么特征？本节将分别进行介绍。

6.1.1　多媒体的概念

多媒体的英文单词是 Multimedia，一般理解为多种媒体的综合，它由 multi 和 media 两部分组成。多媒体技术不是各种信息媒体的简单复合，它是一种把文本(Text)、图形(Graphics)、图像(Images)、动画(Animation)和声音(Sound)等形式的信息结合在一起，并通过计算机进行综合处理和控制的，能支持完成一系列交互式操作的信息技术。

多媒体技术的发展改变了计算机的使用领域，使计算机由办公室、实验室中的专用品变成信息社会的普通工具，广泛应用于工业生产管理、学校教育、公共信息咨询、商业广告、军事指挥与训练，甚至家庭生活与娱乐等领域。

在 Dreamweaver CS5 中，用户可以方便快捷地向网页添加多媒体元素，例如 Flash 和 Shockwave 影片、Java Applets、QuickTime、AVI、Active X 控件以及各种格式的音频文件等，从而使网页实现了丰富多彩的表现形式。

6.1.2　多媒体对象的特征

多媒体具有以下 4 个基本特征。

- ❖ 集成性：是指以计算机为中心，能够对信息进行多通道统一获取，综合处理多种信息。
- ❖ 实时性：能够综合地处理带有时间关系的媒体，例如：音频、视频和动画。
- ❖ 交互性：向用户提供交互性使用、加工和控制信息的手段，提高用户对信息表现形式的控制和选择能力。
- ❖ 数字化：各种媒体都是以数字的形式进行储存和传播的。

6.2　添加 Flash 对象

Flash 是美国的 Macromedia 公司于 1999 年 6 月推出的优秀网页动画设计软件。它是一种交互式动画设计工具，用它可以将音乐、声效、动画以及富有新意的界面融合在一起，以制作出高品质的网页动态效果。

利用 Dreamweaver CS5 自带的 Flash 功能，能够在不需要专门的 Flash 软件的情况下，把不同的 Flash 文件添加到网页中。Flash 文件包括 Flash 影片、Flash 源文件、Flash 模板、Flash 元素和 Flash 视频 5 种格式，本节将分别进行介绍。

6.2.1　Flash 文件类型概述

在使用 Dreamweaver 提供的 Flash 命令前，首先来了解一下不同的 Flash 文件类型的特点。

- ❖ Flash 影片文件(扩展名.swf)：是 Flash 源文件的压缩版本，已进行了优化以便于在 Web 上查看。此文件可以在浏览器中播放并且可以在 Dreamweaver 中进行预览，但不能在 Flash 中进行编辑。
- ❖ Flash 视频文件(扩展名.flv)：是一种视频文件，它包含经过编码的音频和视频数据，用于通过 Flash Player 传送。例如，如果有 QuickTime 或 Windows Media 视频文件，可以使用编码器(如 Flash 8 Video Encoder 或 Sorensen Squeeze)将视频文件转换为 FLV 文件。
- ❖ Flash 源文件(扩展名.fla)：是在 Flash 程序中生成的，此类型的文件只能在 Flash 中打开(而不能在 Dreamweaver 或浏览器中打开)。

提示

可以在 Flash 中打开 Flash 源文件，然后将它导出为 SWF 或 SWT 文件以在浏览器中使用。

- ❖ Flash 模板文件(扩展名.swt)：能够修改和替换 Flash SWF 文件中的信息。这些文件用于 Flash 按钮对象中，能够用自己的文本或链接修改模板，以便创建要插入在文档中的自定义 SWF

若要在 Web 页中使用 Flash 元素，必须先使用扩展管理器将这些元素添加到 Dreamweaver 中。扩展管理器是一个独立的应用程序，可用于安装和管理 Macromedia 应用程序的功能扩展。通过从 Dreamweaver 中选择【命令】|【扩展管理】命令可以启动扩展管理器。

提示

在 Dreamweaver/Configuration/Flash Objects/Flash Buttons 和 Flash Text 文件夹中可以找到 Flash 模板文件。

❖ Flash 元素文件(扩展名.swc)：是一个 Flash SWF 文件，通过将此类文件合并到 Web 页，可以创建丰富的 Internet 应用程序。Flash 元素有可自定义的参数，通过修改这些参数可以执行不同的应用程序功能。

其中前面两种文件类型是最常用的。

6.2.2　认识 Flash 属性面板

使用 Flash 属性面板可以快速地对不同的 Flash 文件进行编辑，如下图所示。

【属性】面板中各参数的含义如下。

❖ 循环：如果被选中则连续播放，否则只播放一次。
❖ 自动播放：在加载页面时自动播放 Flash 影片。
❖ 品质：影片播放期间控制抗失真。
❖ 比例：决定如何根据【宽】和【高】文本框指定的尺寸调整影片。
❖ 文件：指定 Flash 文件的路径。
❖ 宽和高：设置动画的高度和宽度。
❖ 垂直和水平边距：设置 Flash 文件距四周内容的像素。
❖ 对齐：选择 Flash 元素与其他元素的对齐方式。
❖ Wmode：为 SWF 文件设置 Wmode 参数以避免与 DHTML 元素(例如 Spry 构件)相冲突。
❖ 编辑：启动 Flash 以更新 FLA 文件(使用 Flash 创作工具创建的文件)。

如果没有安装 Flash，【编辑】按钮会被禁用。

❖ 重设大小：设置 Flash 影片的窗口大小。
❖ 播放：在文档窗口中播放 Flash 文件。
❖ 参数：为页面添加动态数据，设置 swfversion 和 expressinstall 两个属性。

❖ 背景：指定 Flash 文件区域的背景颜色。

6.2.3　添加 Flash 动画

在把 Flash 动画(.swf)插入网页之前，需要准备好要插入的 Flash 动画素材，并把文件保存在站点文件夹下。准备好之后，就可以在网页文档中插入 Flash 动画了，下面一起来动动手吧！

操作步骤

❶ 打开一个网页，把光标定位在要插入 Flash 动画的位置，如下图所示。

❷ 选择【插入】|【媒体】|SWF 命令，如下图所示。

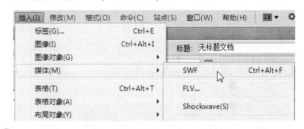

❸ 弹出【选择 SWF】对话框，在【查找范围】下拉列表框中选择一个 Flash 文件，如下图所示。

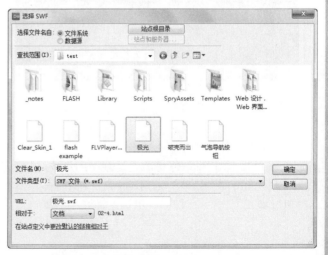

使用标签检查器和属性检查器都可以查看和编辑 Flash 组件的属性。使用标签检查器可以查看和编辑与给定组件相关的自定义属性(参数)。使用属性检查器可以修改 Flash 元素的高度、宽度和 SRC 属性，还可以修改在【设计】视图中预览 Flash 元素的方式。

59

❹ 单击【确定】按钮，弹出【对象标签辅助功能属性】对话框，在【标题】文本框中输入 Polar light，如下图所示。

❺ 单击【确定】按钮，页面中出现占位符，说明 Flash 动画已经添加到页面中了，如下图所示。

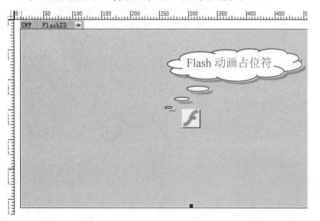

❻ 在【属性】面板中调节占位符的大小，单击 ▶ 播放 按钮浏览 Flash 动画，如下图所示。单击 ■ 停止 按钮可以结束预览 Flash 动画。

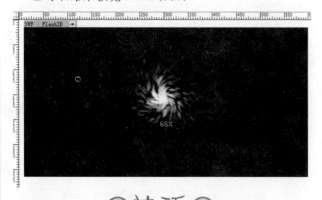

✔ 技巧

如果所设计的网页中包含多个 Flash 动画，而我们想一次性预览所有的动画，这时可以同时按下 Ctrl+Alt+Shift+P 组合键，则网页中所有的 Flash 动画将同时播放。

6.2.4 添加 FLV 视频

FLV 视频是当前视频文件的主流格式，其文件扩展名为.flv。 FLV 视频文件极小，加载速度极快，它的出现有效地解决了视频文件导入 Flash 后，其导出的 SWF 文件体积庞大，不能在网络上很好地使用等缺点。

当前国内外网站提供的视频内容可谓丰富多彩，但它们基本都使用了 FLV 格式作为视频播放载体。网页访问者只要能看 Flash 动画，就能看 FLV 视频，而无需再额外安装其他视频插件，这使得在网络上观看视频成为很方便的事情。

① 注意

Dreamweaver 提供以下两种类型的 FLV 视频。

(1) 累进式下载视频：将 FLV 文件下载到站点访问者的硬盘上，然后进行播放。但是，与传统的"下载并播放"视频传送方法不同，累进式下载允许在下载完成之前就开始播放视频文件。

(2) 流视频：对视频内容进行流式处理，缓冲很短的一段时间，而这段时间可确保视频在网页上流畅播放。

下面我们就来学习如何在 Dreamweaver CS5 中添加 FLV 视频。首先需要准备好要插入的 FLV 视频素材，并把文件保存在站点文件夹下，接下来步骤如下。

操作步骤

① 打开一个网页，把光标定位在要插入 FLV 视频的位置，如下图所示。

② 选择【插入】|【媒体】|FLV 命令，如下图所示。

若要在网页上启用流视频，您必须具有访问 Adobe Flash Media Server 的权限。

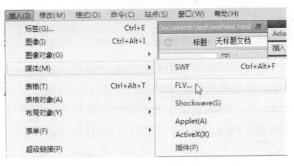

❸ 弹出【插入 FLV】对话框,从【视频类型】下拉列表中选择【累进式下载视频】或【流视频】,在 URL 文本框中指定 FLV 文件的相对路径或绝对路径,并设置其外观、宽度、高度、是否自动播放以及是否自动重复播放,如下图所示。

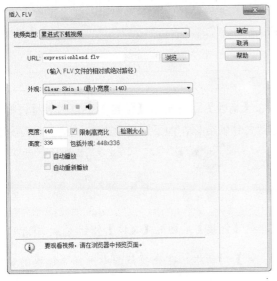

❹ 单击【确定】按钮,页面中出现占位符,说明 FLV 视频已经添加到页面中了,如下图所示。

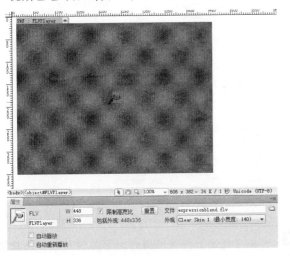

❺ 保存文件,弹出【复制相关文件】对话框,单击【确定】按钮,按 F12 键进行预览,如右上图所示。

❻ 弹出 IE 窗口,出现限制控件运行的提示,单击该提示,选择【允许阻止的内容】命令,如下图所示,弹出【安全警告】对话框,单击【是】按钮。

❼ 网页上出现视频窗口,单击【播放】按钮即可观看视频,如下图所示。

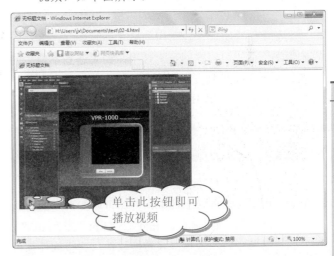

6.3 添加音乐元素

在浏览网页时,我们经常可以听到各式各样的背景音乐随网页的打开而响起,有时在单击某个文本或者图

不能使用属性检查器更改视频类型(例如,从"累进式下载"更改为"流式")。若要更改视频类型,请删除 FLV 组件,然后通过选择【插入】|【媒体】|FLV 命令重新插入该组件。

像时也会有音乐响起。这些音乐是如何添加到网页中去的呢？这正是本节要介绍的内容。

6.3.1 用于网络中的音频文件类型

并非所有的音频文件都适合添加到网页中，在网页设计中常用的音频文件格式主要有如下 3 种。

❖ .mid 格式：网页设计中用得最多的文件格式。不需要特定的插件支持播放，因为一般的浏览器都支持。.mid 文件的声音品质很好并且所占空间不大，所以是比较理想的网页制作素材。

❖ .wav 格式：声音的品质不错，并且也不需要任何额外插件提供运行条件。唯一的不足之处是.wav 文件格式比较大、占空间较多，因此有可能会影响整个网页运行的速度。

❖ .mp3 格式：在介绍的这 3 种音频类型中，.mp3 格式是声音品质最好的。同样.mp3 格式的文件容量比较大，有一点不太方便的是，.mp3 需要插件的支持，例如 Windows Media Player、RealPlayer 等。

提示

在确定采用哪种格式和方法添加声音前，需要考虑一些因素：添加声音的目的、目标观众、文件大小、声音品质和不同浏览器的差异。

除了上面介绍的比较常用的格式外，还有许多不同的音频文件格式可以在网页上使用，如果遇到不熟悉的媒体文件格式，需要找到该格式的创建者以获取有关如何以最佳的方式使用和部署该格式的信息。

6.3.2 获取音频文件

获取音频文件的方法主要有两种。

❖ 直接在因特网上搜索，例如可以在百度的音乐搜索器上直接输入"mid"、"wav"或"mp3"。

❖ 使用专门的音频格式转换软件，这些软件都可以在网上下载。

其中，.mp3 格式的音频文件是目前使用得最普遍的格式。.wav 格式的音频文件的使用则相对较少，.mid 使用得最少。一般在制作网页背景音乐时都无法直接制作相应的音频文件。

6.3.3 添加声音文件链接

链接音频文件是指把音频文件链接到指定的文本或图像，这是将声音添加到 Web 页面的一种简单而有效的方法。用户在浏览文本或图像时只要单击它们就可以通过弹出的 Media Player 欣赏到与其链接的背景音乐。这种集成声音文件的方法可以使访问者能够选择他们是否要收听该文件，并且可使文件用于最广范围的观众。下面就来试试吧！

操作步骤

❶ 首先准备好要添加的声音文件素材，并把文件保存在站点文件夹下。打开一个网页，选择要用作指向音频文件的链接的文本或图像，如下图所示。

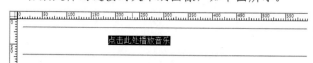

❷ 在【属性】面板中的【链接】下拉列表框内输入音频文件的名称，如下图所示。

❸ 单击【链接】后面的【文件】按钮，弹出【选择文件】对话框，在查找范围中选择要链接的音频文件，如下图所示。

在这里选择要添加的音频文件

❹ 单击【确定】按钮，保存网页并进行预览，单击文本链接，如下图所示。

在 Dreamweaver 中编辑文件时，可以在设计备注中存储文件信息。当将设计备注关联到文件之后，可以通过选择【文件】|【设计备注】命令，打开【设计备注】对话框，在其中可以设置备注信息的状态或将其删除。

⑤ 弹出 Windows Media Player 播放器，并播放所添加的音乐，如下图所示。

提示

如果使用链接技术来插入声音，将失去对播放器窗口的外观和位置的控制，通过嵌入音频文件就可以控制这些因素了。

6.3.4　嵌入音频文件

嵌入音频文件是将音频文件真正集成到网页中。嵌入音频文件还可以通过音频播放器本身的功能提供更大程度的控制，包括以下内容。

- ❖ 剪辑的播放音量。
- ❖ 播放器上的哪些控件是可见的。
- ❖ 音乐剪辑的起点和终点。

注意

将声音文件并入 Web 页面时，请仔细考虑它们在 Web 站点内的适当使用方式，以及站点访问者如何使用这些媒体资源。因为访问者有时可能不希望听到音频内容，所以总要提供启用或禁用声音播放的控制。

同使用其他嵌入对象一样，可以让它和文本元素出现在同一行中，对齐格式有顶端对齐、中间对齐和底端

对齐；也可以设置文本环绕显示，包括左侧环绕和右侧环绕。

Dreamweaver 通过两个不同的对象——插件对象和 ActiveX 对象，来对所有这些参数进行调用。每种类型的对象调用特定类型的播放器。将 Windows Media Player 作为 ActiveX 对象进行调用，就可以修改大量的 Internet Explorer 参数，这些参数在 Navigator 中被完全忽略。

下面就让我们一起来动手试试吧。

操作步骤

① 首先准备好要添加的音频文件素材，并把文件保存在站点文件夹下。打开一个网页，把光标定位在音频文件的控制面板要显示的位置，如下图所示。

② 选择【插入】|【媒体】|【插件】命令，如下图所示。

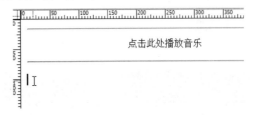

③ 弹出【选择文件】对话框，在这里选择音频文件，如下图所示。

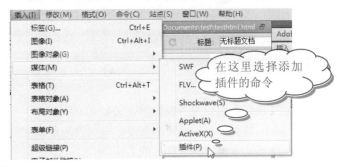

④ 单击【确定】按钮，页面中出现一个【插件】占位

符，如下图所示。

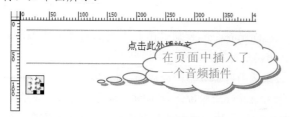

⑤ 单击【插件】占位符上的大小调整控点，拖曳到一个新的尺寸，如下图所示。这样就把一个音频文件嵌入到网页中了。

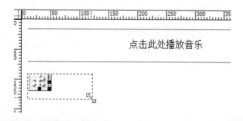

6.3.5 设置声音插件属性

使用插件【属性】面板可以快速地对不同的插件进行编辑，如下图所示。

【属性】面板中各参数的含义如下。

❖ 插件：显示插件的类型，如这里是音频文件。

❖ 文本框：输入插件的名称。

❖ 宽和高：设置插件显示的宽度和高度。

❖ 垂直、水平边距：设置插件四周空白的像素。

❖ 源文件：显示插件文件的保存路径。

❖ 插件 URL：指定插件下载完整的 URL。

❖ 对齐：选择插件与其他元素的对齐方式。

❖ 边框：设置插件边框的宽度。

❖ 播放：在文档窗口中播放插件。

❖ 参数：为页面添加动态数据。

下面以上文插入的音频文件为例介绍声音插件属性的设置方法。

操作步骤

① 打开一个网页，选中要设置属性的声音插件，如右上图所示。

② 在【属性】面板左侧的文本框中输入该插件的名称，设置宽和高均为 100px，如下图所示。

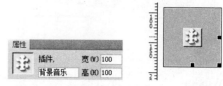

③ 在【垂直边距】和【水平边距】文本框中均输入 20，如下图所示。

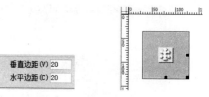

④ 单击【插件 URL】后面的【浏览文件】按钮，弹出【选择 HTML 文件】对话框，选择要链接的文件，如下图所示。

⑤ 单击【确定】按钮，在声音插件占位符下面输入一段文字，如下图所示。

清溪奔快 不管青山碍

十里盘盘平世界

更着溪山襟带

.ra、.ram、.rpm 或 RealAudio 格式的文件具有非常好的压缩效果，文件大小要小于 MP3。

6 选中占位符，在【对齐】下拉列表中选择【左对齐】选项，如下图所示。

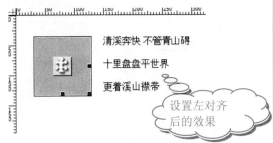

7 选中占位符，然后在【边框】文本框中输入"8"，可以看到占位符加上了边框，如下图所示。

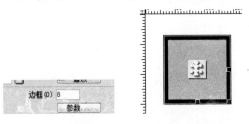

播放声音文件的方法很简单，细心的读者会发现前面已经介绍过了，现在再来试一下吧！

6.3.6　播放声音文件

操作步骤

1 按照上面步骤添加一个声音插件，选中要播放的声音插件，如下图所示。

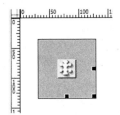

2 保存网页并按 F12 键进行预览，IE 浏览器弹出限制控件运行的提示，单击该提示，选择【允许阻止的内容】命令，如下图所示。

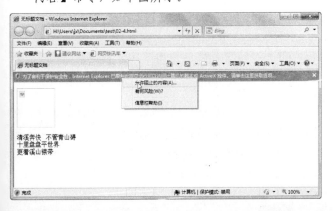

3 弹出【安全警告】对话框，单击【是】按钮，如下图所示。

4 网页中出现 Windows Media Player 播放器和所添加的文本，并播放插入的音乐文件，如下图所示。

提示

要播放媒体文件，首先要安装支持该媒体文件的插件，否则就不能播放。

6.4　添加其他媒体文件

Dreamweaver CS5 不仅可以添加 Flash 动画和音频等文件，还可以添加视频文件、Shockwave 影片、Java Applet 和 ActiveX 控件等。下面就分别介绍一下。

6.4.1　添加 Shockwave 对象

Shockwave 和 Flash 一样是 Macromedia 提供的网上流媒体播放技术。Shockwave 影片是用 Director 制作的，文件后缀名是 .dcr。它允许用浏览器来观看交互性的网页，例如，游戏、商业展示、娱乐及广告等。那么，怎样在网页中插入 Shockwave 影片呢？下面一起来试试吧！

学以致用系列丛书

qt、.qtm、.mov 和 QuickTime 是由 Apple Computer 开发的音频和视频格式。Apple Macintosh 操作系统中包含了 QuickTime，并且大多数使用音频、视频或动画的 Macintosh 应用程序都使用 QuickTime。PC 也可播放 QuickTime 格式的文件，但是要求有特殊的 QuickTime 驱动程序。QuickTime 支持大多数编码格式，如 Cinepak、JPEG 和 MPEG。

注意

Shockwave 是一种流式播放技术而不是一种文件格式,使用这种技术在不同的软件上可以制作出不同的符合 Shockwave 标准的文件格式,例如: .swf 文件。

操 作 步 骤

1 准备好要添加的 Shockwave 文件素材,并把文件保存在站点文件夹下。打开一个网页,把光标定位在要插入 Shockwave 文件的位置,如下图所示。

2 选择【插入】|【媒体】| Shockwave 命令,如下图所示。

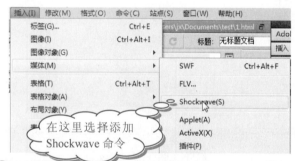

在这里选择添加 Shockwave 命令

3 在弹出的【选择文件】对话框中选择需要插入的 Shockwave 影片(.swf),如下图所示。

在这里选择要添加的文件

4 单击【确定】按钮,弹出【对象标签辅助功能属性】对话框,在【标题】文本框中输入文件标题,如右上图所示。

5 单击【确定】按钮,文档中出现 Shockwave 影片占位符,拖动鼠标调节占位符的大小,如下图所示。

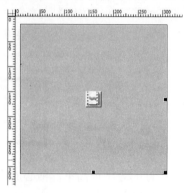

6 在【属性】面板中,单击 ▶ 播放 按钮浏览播放效果,如下图所示。

对齐(A) 默认值 ▶ 播放
参数...

7 这时即可在文档窗口中播放插入的影片,如下图所示。

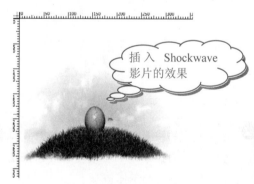

插入 Shockwave 影片的效果

注意

用户必须下载辅助应用程序才能查看常见的流式处理格式,如 Real Media。

与前面介绍的媒体文件类似,在 Shockwave 影片的【属性】面板中可以设置影片的各项属性,如下图所示。设置方法与前面类似,这里不再重复。

使用【检查插件】命令可以根据访问者是否安装了指定插件的情况将他们转到不同的页。例如,让安装有 Shockwave 的访问者转到一页,让未安装该软件的访问者转到另一页。

6.4.2 添加 JavaApplets 对象

Dreamweaver CS5 允许将 JavaApplets 插入 HTML 文档中。Java 是一种编程语言，通过它可以开发可嵌入 Web 页中的小型应用程序(Applet)。Dreamweaver 使用 Applet 标记来表示对 Applet 文件的引用。下面就让我们一起来试试吧。

操作步骤

❶ 打开一个网页，把光标定位在要插入 JavaApplets 的位置，如下图所示。

❷ 选择【插入】|【媒体】| Applet 命令，如下图所示。

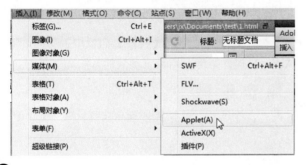

❸ 在弹出的【选择文件】对话框中选择需要插入的 Applet 文件，如下图所示。

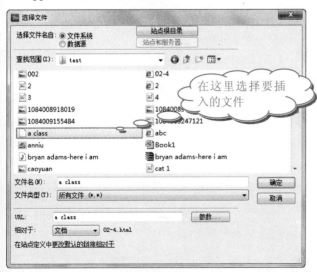

提示

在【常用】工具栏中单击【媒体】按钮，选择 Applet 命令也可以打开【选择文件】对话框。

❹ 单击【确定】按钮，弹出【Applet 标签辅助功能属性】对话框，可在【替换文本】和【标题】文本框中输入要添加的内容，如下图所示。

❺ 单击【确定】按钮，文档中出现 Applet 影片占位符，拖动鼠标可调节占位符的大小，如下图所示。

当然，通过 Applet 影片的【属性】面板也可以对其进行各项属性的设置，如下图所示。

下面介绍【属性】面板中几个参数的含义。
- 代码：指定包含该 Applet 的 Java 代码的文件。
- 基址：标识包含选定 Applet 的文件夹。
- 替换：显示 Applet 的替代内容。

6.4.3 添加 ActiveX 控件

ActiveX 控件(以前称作OLE控件)是可以充当浏览器插件的可重复使用的组件，有点像微型的应用程序。Dreamweaver CS5 中的 ActiveX 对象可以为访问者的浏览器中的 ActiveX 控件提供属性和参数。

注意

ActiveX 控件可以在 Windows 系统上的 Internet Explorer 中运行，但它们不能在 Macintosh 系统上或 Netscape Navigator 中运行。

插入 ActiveX 控件的操作与前面插入其他媒体文件

时介绍的方法没有太大区别，下面我们一起来试试吧！

操 作 步 骤

❶ 打开一个网页，把光标定位在要插入 ActiveX 控件的位置，如下图所示。

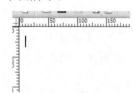

❷ 选择【插入】|【媒体】| ActiveX 命令，如下图所示。也可以单击【插入】工具栏的【常用】类别的【媒体】组中的【插件】按钮。

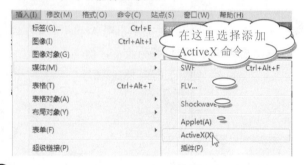

❸ 在弹出的【对象标签辅助功能属性】对话框中为插入的 ActiveX 控件添加标题，如下图所示。

❹ 单击【确定】按钮，文档中出现 ActiveX 控件占位符，拖动鼠标调节占位符的大小，如下图所示。

可以通过 ActiveX 影片的属性面板对其进行各项属性设置，如下图所示。

面板中各参数的含义如下。

❖ ActiveX：文件的类型显示。
❖ ClassID：为浏览器标识 ActiveX 控件。
❖ 基址：指包含 ActiveX 控件的 URL。
❖ 数据：为要加载的 ActiveX 控件指定数据文件。
❖ 参数：为页面添加动态数据。
❖ 替换图像：指定在浏览器不支持 Object 的情况下要显示的图像。

6.4.4 插入参数

使用参数可以控制媒体对象。使用【参数】对话框可为 Shockwave 和 Flash SWF 文件、ActiveX 控件、Netscape Navigator 插件和 JavaApplets 定义特殊参数的输入值。这些参数可与 Object、Embed 和 Applet 标签一起使用。

提 示

参数设置取决于所插入的对象类型的属性。例如，对于对象标签，Flash 对象可以有 quality 参数 <param name="quality" value="best">。

【参数】对话框是在【属性】面板中提供的。下面以 ActiveX 控件为例介绍设置参数的方法。

操 作 步 骤

❶ 打开一个网页，选择要设置参数的对象，例如 Flash 动画，如下图所示。

❷ 单击【属性】面板上的【参数】按钮，如下图所示。

❸ 弹出【参数】对话框，在这里设置参数和参数值，如下图所示。

ActiveX【属性】面板中的【嵌入】参数可以为该 ActiveX 控件在 object 标签内添加 embed 标签。如果 ActiveX 控件具有等效的 Netscape Navigator 插件，则 embed 标签将激活该插件。Dreamweaver 将用户作为 ActiveX 属性输入的值指派给等效的 Netscape Navigator 插件。

❹ 单击 ➕ 按钮，在【参数】栏输入 "quality"，切换
到【值】栏输入 "best" (单击 ➖ 按钮可以删除参数)。
按照此步骤继续添加参数，如下图所示。

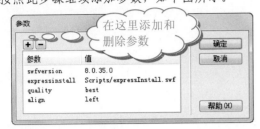

❺ 单击 🔽 按钮或者 🔼 按钮，可以调整参数的位置，
如下图所示。

❻ 单击【确定】按钮，返回页面。

在添加参数之前，影片必须已设计好，可以接收
这些附加参数。

6.5 思考与练习

选择题

1. 在 Dreamweaver CS5 中，用户可以方便快捷地
向网页中添加多媒体元素，多媒体的特征有_____。

    A. 集成性   B. 实时性

    C. 交互性   D. 数字化

2. 下列按钮选项中属于 Flash 的是_____。

    A. 🖋️   B. 🎞️

    C. 🎧   D. 🎬

3. 网络中最常见的音频文件类型有_____。

    A. .mid 格式   B. .wav 格式

    C. .mp3 格式   D. .fla 格式

4. 嵌入音频文件是将音频文件真正集成到网页
中。嵌入音频文件还可以通过音频播放器本身的功能提
供更大程度的控制，包括_____。

    A. 剪辑的播放音量

    B. 播放器上的哪些控件是可见的

    C. 音乐剪辑的起点和终点

    D. 音乐剪辑的类型

5. 下列按钮选项中属于 "插件" 的是_____。

    A. 🎬   B. 🎞️

    C. 🎧   D. 🖋️

操作题

1. 为网页分别添加一个 Flash 动画和 FLV 视频。

2. 通过 Flash【属性】面板修改上一题所添加的
Flash 文件的属性。

3. 在网页文档中插入一幅图片，并为其添加声音
文件链接。

4. 在网页中嵌入一个音频文件，在【属性】面板
中设置该音频文件的属性并播放。

5. 在网页文档中添加一个 Shockwave 影片文件，
在【属性】面板中设置该音频文件的属性并播放。

学以致用系列丛书

用户可以为站点中的每一文档或模板创建设计备注文件，还可以为文档中的 Applet、ActiveX 控件、图像、Flash 内
容、Shockwave 对象以及图像域创建等设计备注。设计备注与它们所描述的文件相关联，但存储在单独的文件中。

长见识 69

第 7 章

斗转星移——应用超链接

使用超链接是设计网页的基本手段之一。本章将介绍超链接的基本知识以及如何利用各种超链接对页面中的元素进行操作。相信学习完本章，你就可以设计出内容丰富、条理清晰的网页了！

 学习要点

- ❖ 认识超链接
- ❖ 文本超链接
- ❖ 图像超链接
- ❖ 命名锚记超链接
- ❖ 热点链接

 学习目标

通过本章的学习，读者会掌握创建文本超链接、下载文件链接、电子邮件链接、图像超链接、鼠标经过图像链接、命名锚记链接和热点链接等多种超链接操作和技巧。然后，使用这些操作和技巧，全面提高利用超链接设计网页的能力。

7.1 认识超链接

我们已经能够在网页中显示文本、图像和各种多媒体对象了,但网页不仅仅是这些元素的堆积,我们还需要将这些元素串联起来,超链接就是将这些元素联系起来的重要手段。在网页设计中,熟练地使用超链接是设计网页的基本要求。

本小节将介绍超链接的基本概念及其相关知识。

7.1.1 超链接概述

超链接是指网页间或网页内部元素之间的一种连接关系,是从一个对象指向另一个对象的指针。当网页浏览者用鼠标单击一些文字、图片或其他网页对象时,浏览器就会根据预设的指令载入一个新的页面或跳转到页面的其他位置,并且根据目标的类型来打开或运行。它使得一个网页与其他网页、站点、文本和图片等元素产生联系,从而使网络上的信息构成一个有机的整体。

超链接根据链接方式的不同可分为:绝对路径连接和相对路径连接两种。而根据链接对象的不同,超链接又可分为超文本链接、下载文件链接、电子邮件链接、图像链接、命名锚记链接和热区链接等。

Dreamweaver 提供了多种创建链接的方法,可创建到文档、图像、多媒体文件或可下载软件的链接,还可以建立到文档内任意位置的任何文本或图像的链接,包括标题、列表、表或框架中的文本或图像。

7.1.2 认识路径

路径的作用就是定位一个文件的位置,从作为链接起点的文档到作为链接目标的文档或资源之间的文件路径对于创建链接至关重要。

创建链接有三种类型的链接路径:绝对路径、相对路径和站点根目录相对路径。

❖ 绝对路径就是目标对象所在具体位置的完整 URL 地址的链接路径。只有使用绝对路径,才能链接到其他服务器上的文档或资源。对本地链接(即到同一站点内文档的链接)也可以使用绝对路径链接,但不建议采用这种方式,因为一旦将此站点移动到其他地方,则所有本地绝对路径链接都将断开。

❖ 相对路径是指目标对象与源对象之间相对位置关系的路径。对于大多数网页站点的本地链接来说,文档相对路径通常是最合适的路径。在当前文档与所链接的文档或资源位于同一文件夹中,而且可能保持这种状态的情况下,相对路径就显得特别具有灵活性。

❖ 站点根目录相对路径是指从站点的根文件夹到文档的路径。站点根目录相对路径以一个正斜杠开始,该正斜杠表示站点根文件夹,其使用方法类似相对路径。如果需要经常在 Web 站点的不同文件夹之间移动 HTML 文件,那么站点根目录相对路径通常是指定链接的最佳方法。

7.2 文本超链接

文本超链接是最普通、最简单的一种超链接。在 Dreamweaver 中根据链接对象的不同,文本超链接可以分为文本链接、下载文件链接、电子邮件链接等几种类型。下面就带领各位来试试创建这些链接。

7.2.1 创建文本链接

创建文本链接有利于页面与页面之间的跳转,从而将整个网站中的页面有机地连接起来。据链接目标的不同,超文本链接可以分为内部超链接与外部超链接等类型。在第 4 章中我们已经掌握了创建内部超链接的方法,下面一起来了解一下如何创建外部超链接。

操作步骤

❶ 新建一个页面,在文档窗口中选择需要制作外部超

每个 Web 页面都有一个唯一地址,称作统一资源定位器(URL)。不过,在创建本地链接(即从一个文档到同一站点上另一个文档的链接)时,通常不指定作为链接目标的文档的完整 URL,而是指定一个始于当前文档或站点根文件夹的相对路径。

链接的文字，然后在【属性】面板上的【链接】文本框中输入 "http://www.pku.edu.cn/"，在【目标】下拉列表框中选择_blank选项，如下图所示。

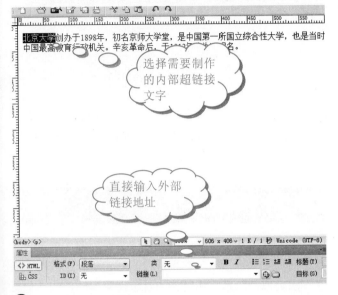

② 保存文件并进行预览，单击链接文本"北京大学"，如下图所示。

③ 在新窗口中打开北京大学网站的主页，如下图所示。

④ 完成外部超链接的制作，继续为其他文字制作超链

接。

【属性】面板中的【目标】下拉列表框中 4 个选项的含义分别如下。

❖ _blank：表示单击该超链接会重新启动一个浏览器窗口载入被链接的网页。
❖ _parent：表示在上一级浏览器窗口中显示链接的网页文档。
❖ _self：表示在当前浏览器窗口中显示链接的网页文档。
❖ _top：表示在最顶端的浏览器窗口中显示链接的网页文档。

7.2.2 文本链接的状态

文本链接的状态可以通过设置链接的颜色来表示，文本链接一般有三种状态：未单击的状态、单击后的状态和鼠标悬浮在文本链接上的状态。下面我们就来设置这三种不同的状态。

操作步骤

① 设置一个文本超链接，如下图所示。

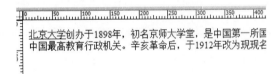

② 单击【属性】面板中的【页面属性】按钮，如下图所示。

③ 弹出【页面属性】对话框，选择【分类】列表下的【链接(CSS)】选项，如下图所示。

④ 在该对话框中可对链接文本进行设置，更改【链接颜色】、【变换图像链接】和【已访问链接】的颜色设置，如下图所示，单击【确定】按钮。

⑤ 保存文件并进行预览，效果如下图所示。

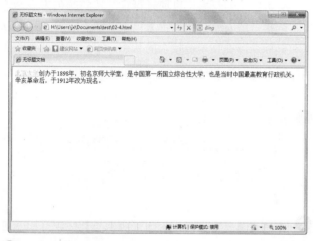

⑥ 当鼠标停留在超链接文本上时，其颜色发生变化，效果如下图所示。

⑦ 当单击过超链接文本时，其颜色又发生变化，效果如右上图所示。

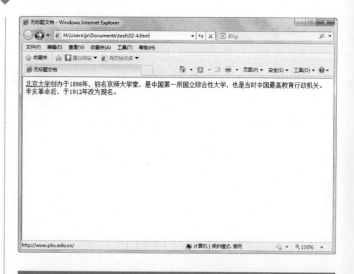

7.2.3 下载文件链接

在上网过程中经常会遇到下载文件链接，单击它会弹出一个下载提示框。这种链接的创建和一般链接的创建方法类似，只是将所链接的对象设置为软件或其他文件而已。

下面我们就来创建一个下载文件链接，在创建前先准备好需要下载的文件，并将其保存在站点文件夹下。

操 作 步 骤

① 在文档窗口中选中要设置为下载文件链接的文本或图片，如下图所示。

② 单击【属性】面板中的【链接】文本框后的【浏览文件】按钮，如下图所示。

③ 弹出【选择文件】对话框，从中选择要链接的文件下载，如下图所示，单击【确定】按钮，即完成下载文件链接的创建。

第一次单击超文本链接时，可以看到颜色的变化，但是当返回去或者是再次打开网页时，会发现链接的颜色不再变化。这是因为浏览器会自动记录用户所访问过的网页链接记录，这时要清除该段时间内所有的网页链接记录，再来打开刚才的网页时就会发现链接颜色又变为未单击时的颜色。

4 保存网页，按 F12 键进行预览，效果如下图所示。

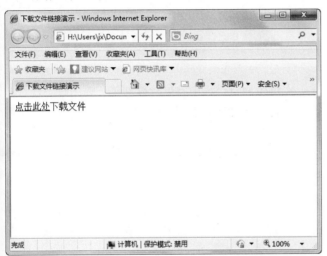

5 单击超链接文本，弹出【文件下载】对话框，如下图所示。

6 单击【保存】按钮，弹出【另存为】对话框，选择存储位置，单击【保存】按钮即进行下载，如右上图所示。

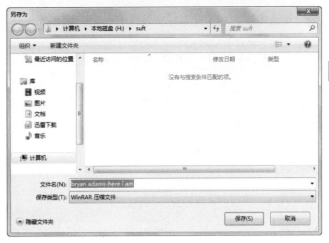

7 下载完，会显示【下载完毕】提示框，单击【关闭】按钮完成下载，如下图所示。

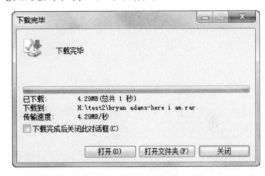

7.2.4　电子邮件链接

电子邮件链接类似于文本链接，单击电子邮件链接，不是跳转到相应的网页或是下载文件，而是会自动启动计算机上默认的电子邮件收发软件(比如 Outlook Express，Windows Live Mail 等)，以方便网页浏览者书写电子邮件，并发给指定的地址。

下面我们就来亲手创建一个电子邮件链接。

提 示

Windows 7 操作系统并没有安装默认的邮件收发客户端，需要用户自己下载并安装邮件客户端，并将其设置为默认的电子邮件收发客户端。

操 作 步 骤

1 建立一个网页文档，输入一段文字，并选中要进行链接的文本，如下图所示。

发送邮件给我们请点击此处

设置下载文件链接时如果连接目标的类型不同，那么单击链接后，出现的结果也会不同。如果链接目标是带有.exe扩展名的执行文件，则会打开【文件下载-安全警告】对话框，询问运行或保存文件。

75

❷ 选择【插入】|【电子邮件链接】命令，如下图所示。

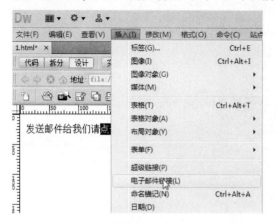

❸ 弹出【电子邮件链接】对话框，如下图所示。

❹ 在【电子邮件】文本框中输入目标邮箱地址，单击【确定】按钮，如下图所示。

❺ 此时一个电子邮件链接便创建完成，保存文档，按 F12 键在浏览器中进行预览，如下图所示。

❻ 单击链接文本，弹出系统默认的邮件客户端，如右上图所示。

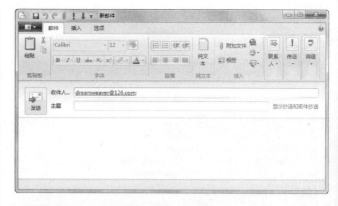

✅ 技巧 ❄

选中要创建电子邮件链接的文本，在【属性】面板的【链接】文本框中输入"mailto: 电子邮件地址"，可直接创建电子邮件链接。

7.3　图像超链接

在浏览网页过程中将鼠标移到某一幅图片上，有时会发现鼠标指针变为手型，单击鼠标则会打开另一个网页，这样的链接就是图像超链接。

本节我们会介绍图像超链接的使用和鼠标经过图像链接方面的知识。

7.3.1　图像超链接的应用

图像超链接的创建方法与文本超链接的创建方法基本相同，只是将要创建链接的文本换为图像而已，如下图所示。

下面我们来简单学习一下图像超链接的使用。

长见识　　在【属性】面板的【链接】文本框中，在电子邮件地址后添加"?subject="，并在等号后输入一个主题，则自动为电子邮件添加主题。

操作步骤

❶ 选中一幅想要建立链接的图像，如下图所示。

❷ 单击【属性】面板中【链接】文本框后的【浏览文件】按钮，如下图所示。

❸ 弹出【选择文件】对话框，选择要链接的目标，单击【确定】按钮，如下图所示。

❹ 保存文档并在浏览器中预览，如右上图所示。

❺ 单击图片，新的页面打开，显示链接到的图像，如下图所示。

7.3.2　鼠标经过图像链接

在网页中经常会看到这种情况，鼠标经过图像时，这幅图像会变为另一幅图像，当鼠标移开时又恢复成原来的图像，这就要用到下面要说的鼠标经过图像链接。

这种链接的图像实际上是由两幅图像组成的：主图像(首次加载页面时显示的图像)和次图像(鼠标指针经过主图像时显示的图像)。鼠标经过图像中的这两个图像的大小应相等，如果这两个图像大小不同，Dreamweaver将调整第二个图像的大小使之与第一个图像的属性匹配。

下面介绍如何创建鼠标经过图像链接。

操作步骤

❶ 准备好两幅大小相同的图像，并将其保存在站点文

与文本链接相同，图像超链接也可用于下载文件链接和电子邮件链接的创建。此外、还可为图像链接添加替换文本。

件夹下。建立一个文档，选择【插入】|【图像对象】|【鼠标经过图像】命令，如下图所示。

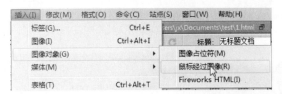

❷ 弹出【插入鼠标经过图像】对话框，单击【原始图像】文本框后的【浏览】按钮，如下图所示。

❸ 弹出【原始图像】对话框，选择主图像文件，之后单击【确定】按钮，如下图所示。

如下图所示。

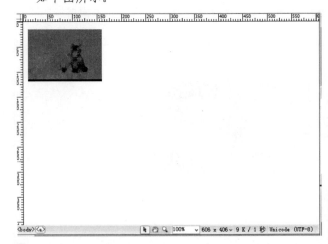

❻ 保存文档并进行预览，如下图所示。

❹ 回到【插入鼠标经过图像】对话框，按照类似步骤可选择次图像，并且可输入替换文本和链接文件的地址，如下图所示。

❼ 允许被阻止的插件运行，然后可看到鼠标经过图像时，鼠标图标变为手形而且图像也发生变化，如下图所示。

❺ 单击【确定】按钮，鼠标经过图像链接就完成了，

预载鼠标经过图像是将图像预先加载到浏览器的缓存中，以便用户将鼠标指针滑过图像时不会发生延迟。

7.4 命名锚记超链接

有时候在浏览网页时，由于网页的内容很多，浏览器的滚动条会变得很长，浏览者很难快速地找到想要的内容，这时通过命名锚记超链接就可以解决这个问题。那么什么是命名锚记超链接？又怎么创建命名锚记超链接呢？

这节我们就来学习如何创建命名锚记超链接。

7.4.1 认识命名锚记超链接

命名锚记超链接就是在文档中设置标记，这些标记通常放在文档的特定主题处或顶部，然后可以创建到这些命名锚记的链接。单击该超链接，可快速地将访问者带到当前文档或其他文档的指定位置。

通过命名锚记超链接，可使浏览者快速地浏览到想要的内容，大大加快了检索信息的速度。

7.4.2 创建命名锚记链接

下面我们来动手创建一个命名锚记链接。

操作步骤

❶ 建立一个网页文档，在文档窗口输入一些文字，如下图所示。

❷ 将光标放置到要命名锚记的地方，选择【插入】|【命名锚记】命令，如右上图所示。

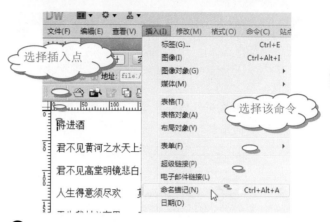

❸ 弹出【命名锚记】对话框，如下图所示，在【锚记名称】文本框中输入锚记名称，比如"a"。

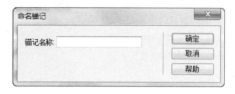

❹ 单击【确定】按钮，一个锚记就出现在文档窗口中了，如下图所示。

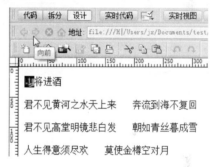

❺ 接下来创建锚记链接，选中作为锚记链接的文本，如下图所示。

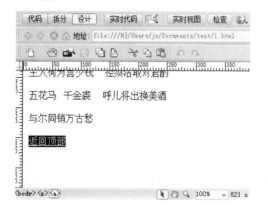

❻ 在【属性】面板的【链接】文本框中输入"#锚记名称"(这里输入"#a")，如下图所示。

在一个文档中，锚记名称是唯一的，在同一文档中不能出现相同的锚记名称。锚记名称区分大小写并且其中不能含空格。

⑦ 保存文档并在浏览器中预览，单击网页底部的链接文本"返回顶部"，如下图所示。

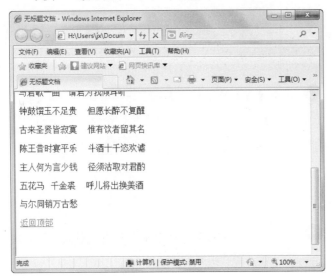

⑧ 这时可以看到页面跳到网页的最顶端，即设置锚记的位置，如下图所示。

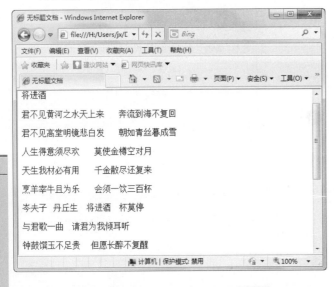

7.5 热点链接

在浏览网页时，有时候单击一幅图像的不同位置会链接到不同的链接文档或资源，这就要用到热点链接方面的知识。

这节我们就来学习何为热点链接以及如何创建热点链接。

7.5.1 认识热点链接

细心的读者可能会发现前面介绍图像应用时，我们介绍的图像地图的作用和热点链接很类似，没错，热点链接其实就是图像地图，这是因为热点链接主要是针对图像而言的。

一幅图像可分为不同的区域，我们为这些不同区域创建不同的链接，这些图像区域就被称为热点，这种链接方式就成为热点链接。当用户单击某个热点时，就会发生某种动作(例如，打开一个新文档)。

> 💡 **提 示**
>
> 热点工具有三种：矩形热点工具、圆形热点工具和多边形热点工具。

下面我们在一幅图像中创建热点。

7.5.2 创建热点链接

操 作 步 骤

① 建立一个网页文档，在文档窗口中插入一幅图片，如下图所示。

② 选中图像，单击【属性】面板中的热点工具，在图像上选择一块区域作为热点，弹出 Dreamweaver 示框，如下图所示。

选择【文件】|【检查页】|【链接】命令可检查当前文档中的链接。"检查链接"功能用于搜索断开的链接和孤立文件(文件仍然位于站点中，但站点中没有任何其他文件链接到该文件)，可以搜索打开的文件、本地站点的某一部分或者整个本地站点。

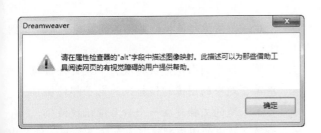

❸ 单击【确定】按钮，文档窗口的热点如下图所示。

❹ 在【属性】面板中，单击【链接】文本框后面的【浏览文件】按钮 🗁，弹出【选择文件】对话框，选择要链接的文件，如下图所示。

单击【确定】按钮，一个热点链接便创建完成，类似地可创建其他形状的热点链接，其效果前面已经呈现过，在此不再介绍。

选中一个热点链接，按住鼠标左键拖至其他位置便可改变热点链接的位置，如右上图所示。

❼ 单击【属性】面板中的【选取工具】按钮 ▸，选中要修改的热点区，用鼠标拖动热点区边界的节点便可修改热点区的大小或形状，如下图所示。

7.6 思考与练习

选择题

1. 下面属于超链接的是_____。
   - A. 超文本链接
   - B. 电子邮件链接
   - C. 图像链接
   - D. 跳转链接

2. 创建链接有_____类型的链接路径。
   - A. 绝对路径
   - B. 直接路径
   - C. 相对路径
   - D. 站点根目录相对路径

3. 根据链接对象的不同，文本超链接可以分为_____。
   - A. 下载文件链接
   - B. 电子邮件链接
   - C. 文本链接
   - D. 标签链接

4. 文本链接的三种状态是_____。
   - A. 未单击的状态
   - B. 单击后的状态

在热点链接【地图】文本框中为该热点链接输入一个唯一的名称，如果在同一文档中使用多个热点链接，要确保每热点链接都有唯一的名称。

C. 鼠标悬浮在文本链接上的状态

D. 单击鼠标右键的状态

5. 热点工具有三种_____。

A. 矩形热点工具

B. 圆形热点工具

C. 多边形热点工具

D. 波浪形热点工具

操作题

1. 在 Dreamweaver CS5 文档窗口中创建一个文本超链接，并为其设置未单击、单击后和鼠标悬浮在文本链接上的三种状态。

2. 创建一个图像超链接，并将其设置为鼠标经过图像链接。

3. 将第 2 题中的图像超链接改为下载文件链接。

4. 将第 2 题中的图像超链接改为电子邮件链接。

5. 为第 1 题的文档建立一个命名锚记超链接。

6. 为第 2 题中的图像超链接添加热点链接，使其中一个热点链接到第 1 题的文档网页。

客户端图像地图将超链接信息存储在 HTML 文档中，而不是像服务器端图像地图那样，存储在单独的地图文件中当站点访问者单击图像中的热点时，相关 URL 被直接发送到服务器，这样使得客户端图像地图比服务器端图像地图要快

第 8 章

井然有序——应用表格

表格是网页制作中运用得最广泛的定位工具，也是网页设计的重点。本章将介绍使用表格布局的各种方法和技巧，让读者对文字和图片可以进行精确定位！

 学习要点

- ❖ 插入表格
- ❖ 表格的基本操作
- ❖ 单元格的基本操作
- ❖ 表格的高级操作
- ❖ 布局下的表格和单元格
- ❖ 表格中的数据处理

学习目标

通过本章的学习，读者应该掌握插入表格、插入嵌套表格、格式化表格、表格的基本操作、单元格的基本操作、设置表格分隔线和边框效果、生成布局表格和布局单元格、编辑布局表格和布局单元格等操作以及制作特殊效果的表格等操作。然后，使用这些操作，全面提高使用表格布局和定位网页的能力。

8.1 插入表格

表格在网页制作中作为一个重要的构成要素,主要应用于网页的布局设计中。通过应用表格,可以对文字和图像进行精确的定位,条理清晰地安排各种网页元素,使得整个页面一目了然、风格统一。

表格是一组栅格,输入内容时可自动扩展。表格包括 3 个要素:行、列和单元格。行自左向右扩展;列自上向下扩展;单元格是行与列的重叠部分,也是输入信息的地方,其大小自动适应内容。如果启用表格的边框,浏览器将显示整个表格和每个单元格的边框。

在 HTML 中,表格的结构和所有数据存于一对表格标签<table>和</table>之间。<table>标签可储存许多属性,这些属性决定表格的宽度(以像素值或屏幕百分比表示)和边框、在页面上的布局以及背景颜色,还可以控制单元格间距和边距。

1. 行

表格由一行或多行组成,每行又由一个或多个单元格组成。虽然 HTML 代码中通常不明确指定列,但 Dreamweaver 允许操作列、行和单元格。

开始<table>标签后是第一个行标签对<tr>和</tr>。在当前行中,可以设定水平对齐或垂直对齐的方式。另外,浏览器将行颜色作为一个附加选项识别。

? 提示

HTML 中用标签对<td>、</td>表示单元格。由于没有专门的代码来描述列,所以列数由表格一行中的单元格数量的最大值决定。

2. 单元格

单元格有水平或垂直的对齐属性,这些属性将覆盖表格行的类似属性。当给某个单元格设定宽度时,其所在列的所有单元格的宽度都将被改变。单元格的宽度可以用绝对的像素值,也可以用相对的屏幕百分比来定义。

8.1.1 插入表格的方法

在网页中可以通过菜单命令插入表格。然后,按照在表格外添加文本和图像的方式,可以向表格单元格中添加文本和图像。

操作步骤

① 创建一个准备插入表格的空白网页后,在菜单栏中选择【插入】|【表格】命令,如下图所示。

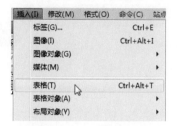

! 注意

如果创建的文档是空白的,则只能将插入点放置在文档的开头。

② 在弹出的【表格】对话框中设置【表格大小】、【标题】和【辅助功能】等选项组中的参数,如下图所示。

在此设置表格的属性值

③ 单击【确定】按钮,表格就插入到页面中了,如下图所示。

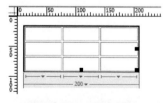

✓ 技巧

通过单击【常用】工具栏里的【表格】按钮 囲,或者运用 Ctrl+ Alt + T 组合键也可打开【表格】对话框。

【表格】对话框主要由 3 部分组成:表格大小、

表格是用来在 HTML 页上显示表格式数据以及对文本和图形进行布局的强有力工具。表格由一行或多行组成,每行又由一个或多个单元格组成。当创建包含多个单元格的多行表格时,垂直的多个单元格形成列。从技术上来说,一个

题眉和辅助功能。

1. 表格大小

表格大小中包括以下几项。

- ❖ 行数和列数：用来划分表格的行与列，默认表格的大小是 3×3。
- ❖ 表格宽度：是指表格在页面中宽度的大小。单击其右侧的下拉按钮，会发现有两种单位设定的方法，分别为像素和百分比。像素设置的是表格宽度的固定值；百分比设置的则是表格宽度与页面宽度的相对比值。
- ❖ 边框粗细：指的是设置表格边框的粗细效果。默认值为 1。如果设置一个行数为 "2"、列数为 "2"、宽度为 "20%"、边框粗细为 "4 像素" 的表格，单击【确定】按钮后，效果将如下图所示。

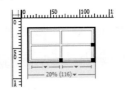

在生成的表格上方或下方会显示出此表格的宽度相对于页面为 20%，即 116 像素。

> ❓ 提示
>
> 　　上图中的绿色线条是表格选择器，通过在表格外单击，通常可以隐藏表格选择器。也可以通过选择【查看】|【可视化助理】|【表格宽度】命令禁用表格选择器。

- ❖ 单元格边距：是指单元格中空白区域上下边框之间的距离大小。数值越大单元格的高度越高。下面，我们来看一下单元格边距分别设置为 1 和 5 时的效果。

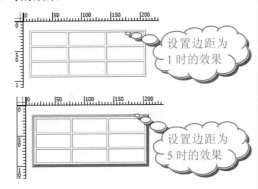

- ❖ 单元格间距：是指相邻单元格之间的距离。下

面是单元格间距分别为 1 和 5 时的效果。

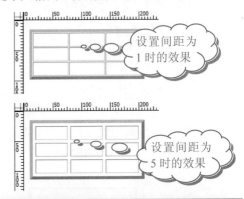

2. 标题

标题一共提供了 4 种形式以供选择，如下图所示。

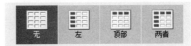

它们的含义如下。

- ❖ 无：表示不设置表格的行或列标题。
- ❖ 左：表示一行归为一类，可以为每行在第一栏设置一个标题。
- ❖ 顶部：表示一列归为一类，可以为每列在头一栏设置一个标题。
- ❖ 两者：表示可以同时输入 "左端" 和 "顶部" 的标题。

3. 辅助功能

在辅助功能里，可以对表格的标题、标题的对齐方式和摘要进行设置。

- ❖ 标题：设置表格的标题名称，该名称默认会出现在表格上方，如输入 "销售额"，单击【确定】按钮，其效果如下图所示。

- ❖ 摘要：为表格备注。

下图是一个 3 行 3 列的表格，设置的【标题】选项是 "两者"，【标题】设为 "产品销售表"。

　　如果没有明确指定单元格边距和单元格间距的值，则大多数浏览器按单元格边距设置为 "1"、单元格间距设置为 "2" 来显示表格。若要确保浏览器显示的表格没有边距和间距，请将单元格边距和单元格间距均设置为 "0"。

当选定表格或表格中有插入点时，Dreamweaver 会显示表格宽度和表格选择器(由绿线条指示)中的每个表格列的列宽，最外面的绿线表示整个表格的宽度，如下图所示，这有助于调整表格的大小。

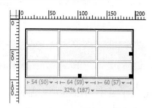

技巧

表格创建以后，将鼠标指针移至表格边框上，指针会变成╫或╪，按住鼠标左键可以继续调整表格的大小。此外，指针处还会出现这样的提示：按 Ctrl 键以查看表结构。保持光标不动，按下键盘上的 Ctrl 键不放，每个单元格的边框都会以红色线条显示。

8.1.2 插入嵌套表格

所谓嵌套表格，就是在表格的单元格中再插入表格，形成嵌套的结构。使用嵌套表格功能，可以使信息整齐有序地展现出来。但是，嵌入表格的宽度不能超过单元格的宽度。

那么，如何在表格中插入表格呢？下面通过一个例子介绍如何插入嵌套表格。

操作步骤

❶ 先在文档中插入一个 2×2 的表格，宽度为 300 像素。然后用鼠标拉伸的办法调整表格的大小，如下图所示。

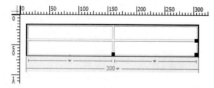

❷ 将鼠标指针停留在右下角的单元格中，用 Ctrl+Alt+T 组合键的方法重新打开【表格】对话框，设置一个 2×2 的表格，宽度为 150 像素，如右上图所示。

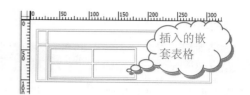

❸ 插入表格后，再次拉伸表格边框，调整嵌套表格的大小，整理完成后的效果如下图所示。接着就可以在任意单元格中进行文字编辑或图像插入的工作了。

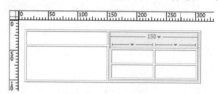

提示

可以插入多级嵌套表格。嵌套布局表格的大小不能超过包含它的表格。

8.2 表格的基本操作

表格的基本操作主要包括对表格行与列进行操作、对表格进行排序和设置表格的【属性】面板。下面先来认识一下表格的【属性】面板。

8.2.1 表格的【属性】面板

选定整个表格，就可以打开表格的【属性】面板。通过编辑表格的【属性】面板，可以设置表格的大小、对齐方式等。

如果单击【属性】面板右下角的小三角箭头▽还可以看到更多的属性。如果没有显示出【属性】面板，可以选择【窗口】|【属性】命令打开【属性】面板，如下图所示。

在表格【属性】面板中，各个参数的含义如下。

- ❖ 行：表格的行数。
- ❖ 列：表格的列数。
- ❖ 宽：表格的宽度，单位有像素和百分比两种。
- ❖ 填充：单元格中内容与单元格边框之间的距离。
- ❖ 间距：相邻的表格单元格之间的像素数。
- ❖ 对齐：确定表格相对于同一段落中其他元素(例

在设置表格中的文本对齐方式时，如果使用【默认】选项，表格周围将无法显示其他内容。若要在表格周围显示其他内容，请使用【左对齐】或【右对齐】选项。

如文本或图像)的显示位置,包括【左对齐】、
【右对齐】、【居中对齐】和【默认】四种对齐方式。

❖ 类:在给表格定义了 CSS 样式之后,其样式保留在下拉列表中,可以通过选择进行应用。

❖ 边框:指定表格边框的宽度(以像素为单位),0 代表无边框。

在【属性】面板的下半部分,4 个按钮的含义分别如下。

❖ 按钮:清除选中表格的列宽。

❖ 按钮:清除选中表格的行高。

❖ 按钮:将表格宽度转换为像素。

❖ 按钮:将表格宽度转换为百分比。

【清除列宽】和【清除行高】按钮是指从表格中删除所有有明确指定的行高或列宽。其主要作用是创建规则的表格。

【将表格宽度转换成像素】和【将表格高度转换成像素】按钮是指将表格中每列的宽度或高度设置为以像素为单位的当前宽度。

在进行表格的基本操作之前,首先要选中表格。可以采取以下方法选中表格。

❖ 在单元格上单击,此时该单元格所在表格以绿线显示出列宽度和表格宽度,单击最长的绿线区域,即可选取表格,如左下图所示。

❖ 将光标定位在一个单元格中,此时标签栏显示出了表格标签,单击<table>标签即可选取表格,如右下图所示。

❖ 将光标定位在单元格中,按住 Ctrl 键不放,再按 "[" 键逐层选取该单元格所在行的其他单元格,最后选取整个表格。

❖ 将光标定位在单元格中,然后选择【修改】|【表格】|【选择表格】命令,如左下图所示。

❖ 将光标定位在单元格中右击,在弹出的右键快捷菜单中选择【表格】|【选择表格】命令,如下图所示。

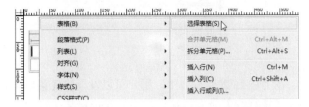

❖ 将光标定位在单元格中,按 Ctrl+A 组合键。

8.2.2 表格的行与列操作

行与列操作是表格使用中最常用的操作,在这一小节将着重介绍以下几种操作。

1. 选择行或列

可以选择单个行或列,也可以选择多个行或列。

如何选中表格中的一行、一列或某个单元格呢?下面就来为大家解答这一问题。

操 作 步 骤

❶ 新建一个表格,单击表格,单击它的边框,出现绿色标注。然后将鼠标指针移到需要选中的那一列下方,单击绿线中的三角按钮,如下图所示。

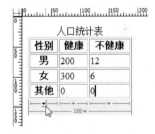

❷ 弹出一个快捷菜单,选择【选择列】命令,如下图所示。

❸ 可以看到第一列的四个单元格的边框颜色都加粗了,说明此列已被选中,如下图所示。

在选中整个表格时,表格的边框会高亮显示,而表格中的单元格不变,并且会出现三个锚点,通过单击锚点可以调整表格的大小。在选中所有单元格时,每个单元格都会高亮显示。

人口统计表

性别	健康	不健康
男	200	12
女	300	6
其他	0	0

——180▾——

在上述第 2 步操作中，用户可以发现快捷菜单中并没有【选择行】命令，那么，该如何选择某一行呢？其操作步骤如下。

操作步骤

❶ 新建一个表格，将鼠标指针移到第一行的左侧边框上，鼠标指针变成指向右侧的箭头，如下图所示。

人口统计表

性别	健康	不健康
男	200	12
女	300	6
其他	0	0

——180▾——

❷ 这时单击鼠标左键，该行的四个单元格边框被加粗，表示已选中，如下图所示。

人口统计表

性别	健康	不健康
男	200	12
女	300	6
其他	0	0

选中此行

——180▾——

✔ 技巧 ❄

其实，要选中某一列，也可以采取如选中行的这种办法。只不过在用的时候要注意，向左的箭头➡或向下的箭头⬇只可能出现在表格边框的左侧或上侧。

另外，还有一种适用性更为广泛的方法是：按住Ctrl 键的同时单击需要的单元格，这样可以一次性选中多个单元格，而且这些单元格可以是分散在各个行与列中的，同一行或同一列的当然就更不成问题了。

2．删除行或列

选中需要删除的行与列，然后按键盘上的 Delete 键，即可删除选中的行与列。下面通过一个实例来具体说明。

学以致用系列丛书

❓ 提示 ◎

❖ 选中的标志是该行或该列的单元格边框都被加粗。

❖ 按住 Ctrl 键可以选中不连续的行或列。

操作步骤

❶ 按 Ctrl 键选中要删除的整行或整列单元格后，这些单元格边框都被加粗，如下图所示。

选中要删除的行或列

❷ 按 Delete 键，将选中的单元格一并删除。或者右击，在弹出的快捷菜单中选择【表格】|【删除行】命令，如下图所示。

❸ 删除行或列后的表格，如下图所示。

删除行或列后的效果

❓ 提示 ◎

在对表格进行删除操作时，只能删除整行或整列，无法删除一个或几个单元格。

除了上面介绍的删除行或列的方法外，还可以采取以下操作。

❖ 单击要删除的行或列中的一个单元格，然后选择【修改】|【表格】|【删除行】命令或者【修改】|【表格】|【删除列】命令，如下图所示。

  长见识　如果不想删除行或列中的内容而只是想把它们移动一下位置，可以这样操作：选中需要移动的部分，按 Ctrl+X 组合键或选择右键快捷菜单中的【剪切】命令后，将光标移动到新的目标位置，再次按 Ctrl+V 组合键或选择右键快捷菜单中的【粘贴】命令，即可实现。

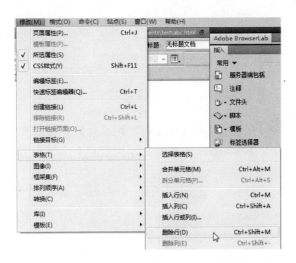

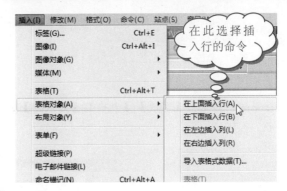

❖ 选择完整的一行或列，然后选择【编辑】|【清除】命令，如下图所示。

❖ 单击要删除的行或列中的一个单元格，然后右击它并在弹出的快捷菜单中选择【表格】|【删除行】命令。

❓提示

删除包含数据的行和列时，Dreamweaver 不发出警告。

3. 插入行或列

如果创建的表格行或列不够用，怎么办呢？别怕，为已有表格添加行或列即可。这样在需要增加行或列的时候就不用重新创建表格了。具体操作步骤如下。

操作步骤

❶ 建立一个 2 行 4 列的表格，输入数字后，将光标插入到数字 "7" 的前面，如下图所示。

❷ 在菜单栏中选择【插入】|【表格对象】|【在上面插入行】命令，如右上图所示。

❸ 可以看到新的一行插入到了原来的两行数字之间，如下图所示。

在表格中插入一行后的效果

❹ 如果还想在此基础上增加一列的话，选择【插入】|【表格对象】|【在左侧插入列】命令，如下图所示。

在表格中插入一列后的效果

❓提示

在表格的最后一个单元格中按 Tab 键会自动在表格中添加一行。

细心的读者也许已经注意到了，插入的行和原来行的大小都是一样的，插入的列却可能和原来列的宽度不一样。没有关系，当在新增加的列中输入内容时，表格会自动调整它的宽度来适应。当然，用户也可以用前面 "提示" 中讲到的调整表格大小的方法来调整各列的宽度，使其均匀，如下图所示。

除了上面介绍的方法外，还可以执行以下操作。

操作步骤

❶ 建立一个 2 行 4 列的表格，输入数字后，将光标插入到数字 "7" 的前面，如下图所示。

很多设计人员使用表格来对 Web 页进行布局。Macromedia Dreamweaver CS5 提供了两种查看和操作表格的方式：在【标准】模式中，表格显示为行和列的网格；而【布局】模式允许在将表格用作基础结构的同时在页面上绘制、调整方框的大小以及移动方框。

 89

学以致用系列丛书

② 在菜单栏中选择【修改】|【表格】|【插入行】命令，如下图所示。

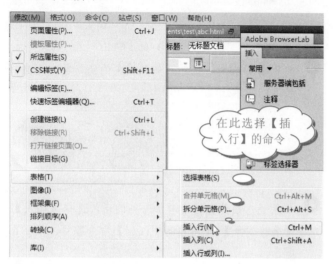

③ 可以看到在插入点的上面出现了一行，如下图所示。

④ 如果还想在此基础上增加一列的话，选择【修改】|【表格】|【插入列】命令即可，如下图所示。

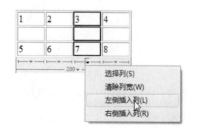

⑤ 或者单击列标题菜单，然后选择【左侧插入列】或【右侧插入列】命令来插入空白列，如下图所示。

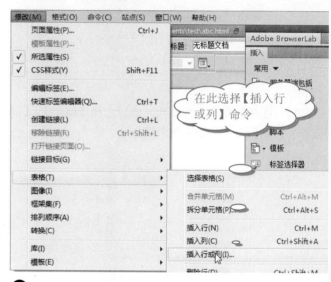

若要插入多行或多列，请执行以下操作。

操作步骤

① 建立一个 2 行 2 列的表格，输入数字后，将光标插

入数字"1"的前面，如下图所示。

② 在菜单栏中选择【修改】|【表格】|【插入行或列】命令，如下图所示。

③ 弹出【插入行或列】对话框，选中插入【行】单选按钮，设置行数为"2"，如下图所示。

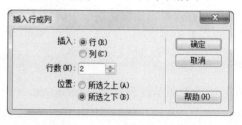

④ 单击【确定】按钮，可以看到第一行的下面添加了两行，如下图所示。

⑤ 或者单击列标题菜单，然后选择【左侧插入列】或【右侧插入列】命令，如下图所示。

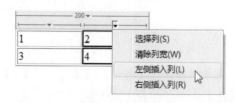

默认情况下，浏览器选择用一列来容纳表格中最宽的图像或最长的行。这就是为什么当将内容添加到某个列时，该列有时会变得比表格中其他列宽得多的原因。

⑥ 最后的效果如下图所示。

1		2
3		4

? 提示

总结一下插入行或列的方法，单击一个单元格，然后选择【修改】|【表格】|【插入行或列】命令；选择【插入】|【表格对象】|【在上面插入行】命令；右击单元格并在弹出的快捷菜单中选择【表格】|【插入行或列】命令。

8.3 单元格的基本操作

在 Dreamweaver CS5 中可以对单元格执行合并与分割操作，还可以剪切、复制、粘贴单元格并保留单元格的格式，本节将分别进行介绍。

8.3.1 单元格的【属性】面板

使用单元格的【属性】面板可以设置单元格的各种属性，如宽、高、对齐方式等，还可以对单元格中的文本、图像等进行编辑。选中表格中的任意一个单元格，即可看到单元格的【属性】面板，如下图所示。

单元格的【属性】面板分为两个部分。

❖ 上半部分用来对单元格内的文本进行编辑。
❖ 下半部分针对单元格本身进行编辑。

对文本进行编辑的操作在第 4 章已经介绍过了，下面主要介绍针对单元格本身的属性设置。

首先，在"单元格"三个字的左侧会显示当前选中的单元格的位置。其他各项参数的含义分别如下。

❖ 【合并单元格】按钮：表示合并所选单元格，可以把一行或者一列中的多个单元格合并成一个单元格，也可以把同行或同列中某几个单元格合并。
❖ 【拆分单元格】按钮：表示拆分所选单元格，可以将一个单元格拆分成几个按行或按列排列

的单元格，若要重新划分两个以上的单元格，需先执行合并单元格操作再执行拆分单元格操作。

! 注意

若执行合并操作，需要选中两个或两个以上连续区域的单元格，【合并单元格】按钮才会被激活。

❖ 水平和垂直：是指单元格内容水平和垂直时的对齐方式。【水平】有【默认】、【左对齐】、【居中对齐】和【右对齐】4 种方式；【垂直】有【默认】、【顶端】、【居中】、【底部】和【基线】5 种方式。
❖ 宽：设置单元格宽度的尺寸。
❖ 高：设置单元格高度的尺寸。
❖ 不换行：后面若是打上钩，则该单元格的内容不会自动换行。该选项属于强制不换行，所有内容在一行显示。

! 注意

选择不换行选项，往往会撑大整个表格，所以建议一般不要使用。

❖ 标题：后面打上钩，则设置该单元格为标题单元格，表示将当前单元格的内容变成标题。选中该复选框后，当前单元格里的内容将自动居中并加粗，如下图所示。

我的表格

春天	夏天
秋天	冬天

200 ▼

❖ 背景颜色：用于设置整个单元格的背景颜色。

在进行单元格的基本操作之前，首先要选中单元格，可以采取以下方法。

❖ 将光标定位在一个单元格内，此时标签栏显示出了表格标签，单击<td>即可选取单元格，如下图所示。

`<body><table><tr><td>`
属性

❖ 按住 Ctrl 键单击要选取的单元格。如果按住 Ctrl 键不放，依次单击单元格可以选取多个单元格，选取的单元格可以是连续的，也可以是不连续的。再次单击会将其从选择中清除。
❖ 按 Ctrl+[组合键选取当前光标所在的单元格。
❖ 将光标定位在单元格中，或者单击一个单元格，然后在菜单栏中选择【编辑】|【全选】命令，

当设置列的属性时，Dreamweaver 更改对应于该列中每个单元格的 td 标签的属性。但是，当设置行的某些属性时，Dreamweaver 将更改 tr 标签的属性而不是行中每个 td 标签的属性。在将同一种格式应用于行中的所有单元格时，将格式应用于 tr 标签会生成更简明易懂的 HTML 代码。

如下图所示。

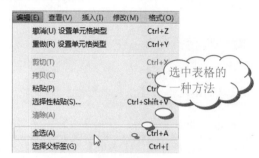

提示

　　选择一个单元格后，再次选择【编辑】|【全选】选项就可以选中整个表格。

　　若要选中一行或者矩形的单元格区域，可以使用以下方法之一。

- ❖ 从一个单元格拖到另一个单元格。
- ❖ 单击一个单元格，然后按住 Shift 键单击另一个单元格。这两个单元格定义的直线或矩形区域中的所有单元格都将被选中。
- ❖ 按住 Ctrl 键的同时单击要选择的行或列。

8.3.2　格式化单元格

　　对单元格进行格式化需要在单元格的【属性】面板中定义，方法其实与对文本或图像的设置很相似，只不过是将文本与图像置于一个单元格范围内。下面就让我们一起来试试吧。

操作步骤

❶ 新建一个 2×2 的表格，在 4 个单元格中分别输入"春天"、"夏天"、"秋天"和"冬天"，如下图所示。

我的表格

春天	夏天
秋天	冬天

❷ 将光标定位在第一个单元格中，然后在【属性】面板中设置【水平】方式为"居中对齐"，【宽】设为"20 像素"，【高】设为"40 像素"，【背景颜色】设置为"#00FF33"，如下图所示。

❸ 可以看到该单元格发生了变化，如右上图所示。

我的表格

提示

　　面板中上半部分是对单元格中元素的属性进行设置，前面已经讲过了，这里不再重复。

　　如果单元格中的对象是图像，或者是图像与文本的混合，其设置方式是一样的，请读者自行实践，这里不再赘述。

8.3.3　拆分与合并单元格

　　在 Dreamweaver 中允许把一个单元格拆分成多个单元格或者将多个单元格合并为一个单元格，以适合不同文本内容或排版的需要。

　　在 Dreamweaver CS5 中，只要整个选择部分的单元格形成一行或一个矩形，就可以合并任意数目的相邻的单元格，以生成一个跨多个列或行的单元格。还可以将单元格拆分成任意数目的行或列，而不管之前它是否是合并的。

1．拆分单元格

　　通过拆分单元格，可以制作各种表格效果，下面就让我们一起来动手试试吧。

操作步骤

❶ 新建一个 2 行 3 列的表格，把光标插入右上角的单元格中，如下图所示。

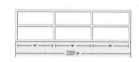

❷ 右击单元格，在弹出的快捷菜单中选择【表格】|【拆分单元格】命令，如下图所示。

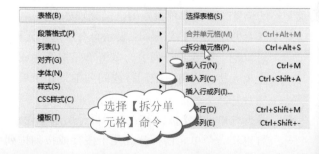

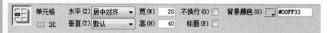

❸ 弹出【拆分单元格】对话框，选择把单元格拆分为"列"，列数为"2"，如下图所示。

选中此单选按钮后选择列数

❹ 单击【确定】按钮，可以看到右上角的单元格被分成左右两部分，如下图所示。

拆分单元格后的效果

提示

用同样的方法可以拆分"行"的单元格，拆分的行数和列数也可以自由设定为从2～50之间的任意数值。

2. 合并单元格

仍然以上面建立的2行3列的表格为例。

操作步骤

❶ 用之前的方法，选中表格最右侧一列，如下图所示。

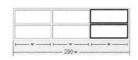

❷ 右击，在弹出的快捷菜单中选择【表格】|【合并单元格】命令，如下图所示。

选择【合并单元格】命令

❸ 选中的单元格即被合并到了一起，如下图所示。

合并单元格后的效果

注意

选择合并的单元格数目应是两个或两个以上，并且是位于一个连续相邻的区域，否则【合并单元格】的命令将被灰化，不能被选中。

用同样的方法可以合并其他行或列的单元格，读者可以自行尝试。

合并单元格以后，单个单元格的内容放置在最终的合并单元格中，所选的第一个单元格的属性将应用于合并的单元格，如下图所示。

拆分单元格以后，原来单元格的内容被放置在最左侧的第一个单元格中，原来单元格的属性将被应用于拆分的所有单元格，如下图所示。读者可以自己实践一下！

提示

选中要拆分或合并的单元格以后，可以通过单击【属性】面板中的 ⅲ 或 ⊡ 按钮来实现，而不必通过菜单操作。

8.3.4　复制、粘贴和删除单元格

在 Dreamweaver CS5 中，还可以一次复制、粘贴或删除单个单元格或多个单元格，并保留单元格的格式设置。下面就让我们一起来试试吧！

注意

删除操作只适用于矩形块的单元格，如整行或整列；复制和粘贴操作可用于对单个单元格的操作。

1. 剪切或复制单元格

剪切或复制单元格的操作与文本的剪切或复制操作类似，下面仍以上文建立的"我的表格"为例来介绍。

操作步骤

❶ 选择连续行中形状为矩形的一个或多个单元格，如下图所示。

提示

如果选中的不是矩形的单元格，就不能剪切或复制这些单元格。

❷ 选择菜单栏中的【编辑】|【拷贝】(或【剪切】)命令，如下图所示。

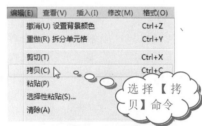

注意

如果选择了整个行或列，然后选择【编辑】|【剪切】命令，则将从表格中删除整个行或列，而不仅仅是单元格的内容。

技巧

也可以右击单元格，在弹出的快捷菜单中选择【剪切】或【复制】命令，如下图所示。

2. 粘贴单元格

接着上面的例子来介绍。

操作步骤

❶ 新建一个 3 行 3 列的表格，然后选中与上文复制或剪切的单元格部分同样行列数的一个矩形。例如，如果您复制或剪切了一块 1×2 的单元格，则可以选择另一块 1×2 的单元格，通过【粘贴】命令对其进行替换，如右上图所示。

❷ 右击并选择【粘贴】命令，如下图所示。

❸ 粘贴后的效果，由于单元格的大小限制，会与原来的内容有所区别，如下图所示。

❹ 如果选择粘贴的单元格数少于复制的单元格数，就会弹出一个提示对话框，如下图所示。

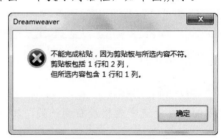

❺ 同样，如果选择粘贴的单元格数多于复制的单元格数，就会弹出一个提示对话框，如下图所示。

所以，选择正确的粘贴区域很重要，下面就来介绍几种常用的方法。

❖ 若要用正在粘贴的单元格替换现有的单元格，请选择一组与剪贴板上的单元格具有相同布局的现有单元格。例如，如果复制或剪切了一块 3×2 的单元格，则可以选择另一块 3×2 的单元格通过粘贴功能进行替换。

❖ 若要在特定单元格上方粘贴一整行单元格，单击该单元格。

长见识 当在【设计】视图中对表格进行格式设置时，可以设置整个表格或表格中所选行、列或单元格的属性。如果将整个表格的某个属性(例如背景颜色或对齐)设置为一个值，而将单个单元格的属性设置为另一个值，则单元格格式设置优先于行格式设置，行格式设置又优先于表格格式设置。

❖ 若要在特定单元格左侧粘贴一整列单元格，请单击该单元格。

❖ 若要用粘贴的单元格创建一个新表格，请将插入点放置在表格之外。

如果将整个行或列粘贴到现有的表格中，则这些行或列将被添加到该表格中。如果粘贴单个单元格，则将替换所选单元格的内容。如果在表格外进行粘贴，则这些行、列或单元格用于定义一个新表格。

3. 删除单元格

单个单元格是不能删除的，但是可以删除单元格中的内容。

操作步骤

❶ 选择一个或多个单元格，如"秋天"所在的单元格，如下图所示。

❷ 按 Delete 键或者选择菜单栏中的【编辑】|【清除】命令，如下图所示。

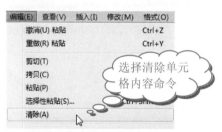

注意

如果选择【编辑】|【清除】命令或按 Delete 键时选择了完整的行或列，则将从表格中删除整个行或列，而不仅仅是它们的内容。

❸ 删除内容后的单元格成为空单元格，如下图所示。

8.4　表格的高级操作

上面介绍了表格和单元格的基本操作，有了这些基础，下面再来看一看表格的高级操作。

8.4.1　设置表格分隔线和边框效果

边框是表格的轮廓实线，其宽度以像素计量。通过对边框的设置，可以制作出各种不同效果的表格，为网页增加新的亮点，因此表格的边框应用十分广泛。下面就通过实例和相应的代码来讲解如何利用表格的边框实现不同的表格效果。

1. 设置表格分隔线

在表格的应用过程当中，经常需要对表格的分隔线进行设置。那么，如何为表格设置分隔线呢？ 下面一起来试试吧！

操作步骤

❶ 在菜单栏中选择【插入】|【表格】命令，如下图所示。

❷ 弹出【表格】对话框，设置行数为"3"，列数为"2"，宽度为"200 像素"，边框粗细为"1"，单元格间距为"0 像素"，如下图所示。

按住 Shift 键，然后拖动列的边框可更改某个列的宽度并保持其他列的大小不变。

❸ 单击【确定】按钮，在页面中插入一个 3 行 2 列带边框的表格，如下图所示。

❹ 切换到【代码】视图，在<table>标签中加入代码 rules="none"，如下图所示。

```
<table width="200" border="1" cellspacing="0" rules="none">
  <tr>
    <td> </td>
    <td> </td>
  </tr>
```

❺ 保存文档，在菜单栏中选择【文件】|【在浏览器中预览】| IExplore 命令或者按 F12 键，可以看到表格的分隔线全部隐藏了，如下图所示。

无分隔线的表格效果

在页面中插入表格后，单击【代码】按钮显示代码视图，查看表格代码的<table>标签，其中"width"表示表格的宽度，"border"显示表格的边框粗细，"cellspacing"表示单元格的间距，代码如下所示：<table width="200" border="1" cellspacing="0">。

隐藏单元格之间的分隔线关键是设置<table>标签中的 rules，它主要包括 cols、rows 和 none 这 3 个参数，其含义如下。

- ❖ 当 rules="cols" 时：表格会隐藏横向的分隔线，这样就只能看到表格的列。
- ❖ 当 rules="rows" 时：表格会隐藏纵向的分隔线，这样就只能看到表格的行。
- ❖ 当 rules="none" 时：横向分隔线和纵向分隔线将全部被隐藏。

下面分别介绍这 3 个参数在浏览器中的预览效果。

- ❖ 修改<table>标签，加入 rules="cols"，代码如下所示：<table width="200" border="1" cellspacing="0" rules="cols">。然后选择【文件】|【在浏览器中预览】| IExplore 命令或者按 F12 键，可以隐藏横向分隔线。
- ❖ 修改<table>标签，加入 rules=="rows"，代码如下所示：<table width="200" border="1" cellspacing="0" rules="rows">。然后选择【文件】|【在浏览器中预览】| IExplore 命令或者按 F12 键，可以隐藏纵向分隔线。

2. 隐藏表格边框

通过隐藏表格的边框，可以使表格达到一些特殊的效果，下面就一起动手试试吧！

操作步骤

❶ 在菜单栏中选择【插入】|【表格】命令，如下图所示。

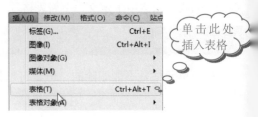

单击此处插入表格

❷ 弹出【表格】对话框，设置行数为"3"，列数为"2"，宽度为"200 像素"，边框粗细为"10 像素"，单元格间距为"0 像素"，如下图所示。

在此设置表格属性值

❸ 单击【确定】按钮，在页面中插入一个 3 行 2 列带边框的表格，如下图所示。

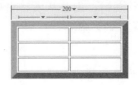

❹ 切换到【代码】视图，在<table>标签页中加入代码 frame="void"，如下图所示。

```
<table width="200" border="10" cellspacing="0" frame="void">
  <tr>
    <td> </td>
    <td> </td>
  </tr>
```

❺ 在菜单栏中选择【文件】|【在浏览器中预览】| IExplore 命令或者按 F12 键，可以看到表格的边框

长见识　使用【表格格式设置】命令可以将预先设置的设计快速应用到表格。然后，选择选项进一步自定义该设计。只有简单的表格才能使用预先设置的设计进行格式设置。不能使用这些设计对包含合并单元格(colspan 或 rowspan)、列组或任何其他表格进行格式设置。

部隐藏了,如下图所示。

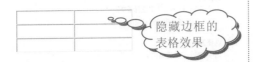

隐藏边框的表格效果

与隐藏单元格之间的分隔线的道理类似,隐藏表格的边框的关键是设置<table>标签中的 frame,它主要包括 above、below、vsides、hsides、lhs、rhs 和 void 这 7 个参数,并且它只控制表格的边框,而不影响单元格,其各个参数的含义如下。

❖　当 frame= "above" 时,显示上边框。
❖　当 frame= "below" 时,显示下边框。
❖　当 frame= "vsides" 时,显示左、右边框。
❖　当 frame= "hsides" 时,显示上、下边框。
❖　当 frame= "lhs" 时,显示左边框。
❖　当 frame= "rhs" 时,显示右边框。
❖　当 frame= "void" 时,不显示任何边框。

下面分别介绍其中 6 个参数在浏览器中的预览效果。

❖　修改<table>标签,加入 frame= "above",代码如下所示:<table width="200" border="10" cellspacing ="0" frame="above">。然后选择【文件】|【在浏览器中预览】|IExplore 命令或者按 F12 键,就可以看到只显示上边框的表格效果,如下图所示。

❖　修改<table>标签,加入 frame= "below",代码如下所示:<table width="200" border="10" cellspacing ="0" frame="below">。然后选择【文件】|【在浏览器中预览】|IExplore 命令或者按 F12 键,就可以看到只显示下边框的表格效果,如下图所示。

❖　修改<table>标签,加入 frame= "vsides",代码如下所示: <table width="200" border="10" cellspacing="0" frame="vsides">。然后选择【文件】|【在浏览器中预览】|【IExplore】命令或者按 F12 键,就可以看到只显示左、右边框的表格效果,如右上图所示。

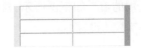

❖　修改<table>标签,加入 frame= "hsides",代码如下所示: <table width="200" border="10" cellspacing="0" frame= "hsides">。然后选择【文件】|【在浏览器中预览】|IExplore 命令或者按 F12 键,就可以看到只显示上、下边框的表格效果,如下图所示。

❖　修改<table>标签,加入 frame= "lhs",代码如下所示: <table width="200" border="10" cellspacing="0" frame=" lhs ">。然后选择【文件】|【在浏览器中预览】|IExplore 命令或者按 F12 键,就可以看到只显示左边框的表格效果,如下图所示。

❖　修改<table>标签,加入 frame= "rhs",代码如下所示: <table width="200" border="10" cellspacing="0" frame=" rhs ">。然后选择【文件】|【在浏览器中预览】|IExplore 命令或者按 F12 键,就可以看到只显示右边框的表格效果,如下图所示。

当在【代码】视图中输入参数时,先按空格键,屏幕上就会出现一个关于该标签可使用的参数列表,如下图所示。

在此快速选择参数

如果知道要选择的参数的首字母,在键盘中键入该字母,参数表就会自动滑动到以该字母开头的首个参数处,选中要设置的参数时,会在旁边以下拉列表的方式

学以致用系列丛书

弹出该参数可使用的值，如下图所示。再选择所需要的
值即可完成对该参数的设置。

在此快速设
置参数的值

8.4.2 制作特殊效果的表格

通过细线边框表格、格式化表格和立体化表格等操
作可以制作具有特殊效果的表格。

1. 细线边框表格

由于细线边框表格看起来比较美观清晰，所以在网
页制作中应用比较广泛。那么，如何制作细线边框表格
呢？下面就一起动手试试吧！

操作步骤

❶ 在页面中插入一个 3 行 3 列、宽度为 200 像素、边
框粗细为 0、单元格间距为 1 的表格，如下图所示。

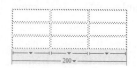

❷ 选中整个表格，如下图所示。

单击此处选中
整个表格

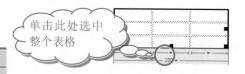

❸ 在【CSS 样式】面板的【所有规则】栏中，右键选
择【新建】命令，如下图所示。

❹ 弹出【新建 CSS 规则】对话框，设置上下文选择器
类型为"标签"，如右上图所示。

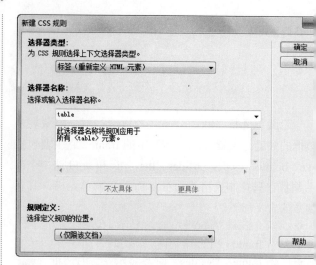

❺ 单击【确定】按钮，弹出【table 的 CSS 规则定义】
对话框，在【分类】栏选择【背景】选项，设
Background-color 项为"#000000"，即黑色，如
图所示。

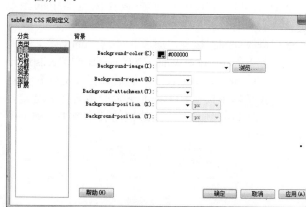

❻ 单击【确定】按钮，表格边框的颜色就改变了，
下图所示，然后选中表格中的所有单元格。

❼ 接着在单元格【属性】面板中设置单元格的背景
色为"#FFFFFF"，即白色，如下图所示。

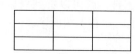

设置单元
的背景颜

❽ 在浏览器中预览最终的细线边框表格，如下图所示
还可以利用【属性】面板为该表格设置更多的属性

使用【扩展表格】模式可以临时向文档中的所有表格添加单元格边距和间距，并且增加表格的边框以使编辑操作
加容易。利用这种模式，可以选择表格中的项目或者精确地放置插入点。在【代码】和【设计】视图中，选择【查看】
【表格模式】|【扩展表格模式】命令即可切换到该模式下。

2. 并排两个表格

在插入两个表格时，会出现第二个表格跑到第一个表格下面去的现象。那么，怎样将这两个表格放置在同一行呢？ 具体操作步骤如下。

操作步骤

1 单击【常用】工具栏中的插入表格按钮 田，如下图所示。

2 在弹出的【表格】对话框中设置行数为 "2"，列数为 "2"，宽度为 "100像素"，边框粗细为 "0"，单元格间距为 "1像素"，如下图所示。

3 单击【确定】按钮，在页面中插入一个 2 行 2 列无边框的表格，如下图所示。

用同样的方法再插入一个表格，唯一的区别在于新插入的表格边框为 "1"，可以看到两个表是上下排列的，如右上图所示。

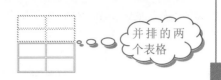

并排的两个表格

5 将光标定位在第一个表格中，按 Ctrl+A 组合键将其选中，如下图所示。

6 在表格的【属性】面板中，设置对齐方式为 "左对齐"，如下图所示。

7 页面中的两个表格变成了并排形式，如下图所示。

设置表格并排后的效果

提示

依此类推，读者还可以设置表格和文字、表格和图形、图形和图形在一行，或者更多的表格和图片混排的情况。如下图就是一个表格和文字并排的效果。

表格和文字的并排效果

3. 立体化表格

立体化表格一般是通过颜色对比达到立体效果的，可以使表格具有更加美丽的外观视觉。下面通过制作一个具有立体效果的表格，使用户更加容易地掌握如何设置表格的属性，以及如何查看表格的标签属性和编辑表格的标签。

操作步骤

1 在页面中插入一个 2 行 2 列，宽度为 "200像素"，边框粗细为 "1"，单元格边距、单元格间距均为 "0" 的表格，如下图所示。

当选中表格或插入点位于表格中时，Dreamweaver 将在列的顶部或底部显示列宽度和列标题菜单，可以根据需要使用【可视化助理】命令启用或禁用列标题菜单。

② 选中整个表格，如下图所示。

③ 使用之前的方法设置整个表格的背景颜色为"绿色"（#006600），边框颜色为"白色"（#FFFFFF），如下图所示。

④ 单击【确定】按钮，然后选中整个表格，选择【修改】|【编辑标签】命令，如下图所示。

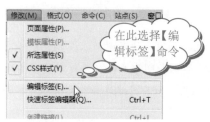

⑤ 弹出【标签编辑器-table】对话框，单击【浏览器特定的】选项，设置【边框颜色亮】为"#000000"（黑色），如下图所示。

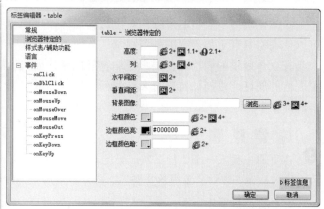

一定要选中整个表格，然后才能打开表格的【标签编辑器】，否则，很容易打开单元格的【标签编辑器】。

⑥ 单击【确定】按钮完成设置，在浏览器中预览效果，如下图所示。

⑦ 对表格的间距进行修改，就可以得到具有其他立体效果的表格，例如将间距设置为"5"，如下图所示。

⑧ 修改完成后，就会得到一个具有凸起感觉的立体表格效果，如下图所示。

4. 制作圆角表格

制作网页的时候为了美化网页，常常把表格边框的拐角处做成圆角，这样可以避免生硬的表格直角，使网页整体更加美观。那么，怎样制作圆角表格呢？下面让我们一起来试试吧。

操作步骤

① 首先准备好四个圆角的图片，如下图所示。

② 在页面中插入一个 3 行 3 列，表格宽度为"200像素"，边框粗细为"0"，单元格边距、间距均为"0"的表格，如下图所示。

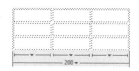

③ 选中左上角的单元格，如下图所示。

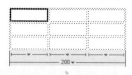

长见识　可以使用【插入图像】命令将 Fireworks 导出的图形直接放置在 Dreamweaver 文档中，也可以通过 Dreamweaver 图像占位符创建新的 Fireworks 图形。

4 选择【插入】|【图像】命令，弹出【选择图像源文件】对话框，选中左上角的圆角图像，如下图所示。

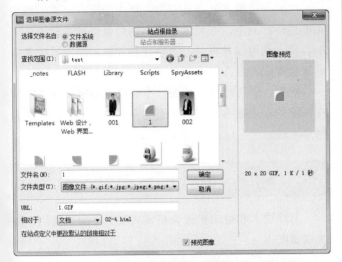

5 单击【确定】按钮，将选中的图形插入选中的单元格中，如下图所示。

6 按住键盘上的 Ctrl 键，选中左上角的单元格，如下图所示。

选中左上角的单元格

7 在【属性】面板中设置单元格的宽度和高度均为"21"，如下图所示。

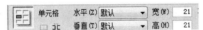

8 单元格的尺寸与插入的图形相同，使两者之间无缝结合，如下图所示。

设置单元格尺寸后的效果

9 使用同样的方法在表格的右上角插入右上角的圆角

图形，如下图所示。

10 按住 Ctrl 键，选中最上方一行中间的单元格，如下图所示。

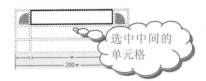

选中中间的单元格

11 在【属性】面板中设置单元格的宽度为"158 像素"，即表格的宽度减去两个圆角图形的宽度，设置单元格的高度为"21 像素"，背景颜色为"天蓝色" #2D96FF)，与圆角图形相同，如下图所示。

12 设置完成后，表格上半部分的效果如下图所示。

13 使用相同的方法制作圆角表格的下部。完成以后的效果如下图所示。

设置好圆角后的效果

14 按住键盘中的 Ctrl 键，选中表格中间一行的三个单元格，如下图所示。

15 右击并在弹出的快捷菜单中选择【表格】|【合并单元格】命令合并单元格，如下图所示。

选择此命令合并单元格

16 选中合并后的单元格，如下图所示。

学以致用系列丛书

　　将光标定位在任意一个单元格中后，可以使用箭头键或按 Tab 键移动到表格中的其他单元格中。若要退出表格，应按 Ctrl+A 组合键三次，然后按向上、向左或向右箭头键。

⑰ 在菜单栏中选择【插入】|【表格】命令，弹出【表格】对话框，设置表格的行数为 "3"，列数为 "2"，表格宽度为 "200 像素"，边框粗细为 "1"，单元格边距、间距均为 "0"，如下图所示。

⑱ 单击【确定】按钮，完成嵌套表格的插入。然后，把光标定位在其中一个单元格中，用鼠标单击 200 旁边的下拉按钮，就可以选中整个表格，如下图所示。

插入嵌套表格后的效果

⑲ 设置表格背景颜色为 "白色"，边框颜色为 "黑色"，如下图所示。

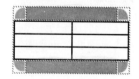

⑳ 在表格中输入相关的文字并设置为 "居中对齐" (也可插入图像)，如下图所示。

在此插入相关的文字

㉑ 按 F12 键，在浏览器中预览圆角表格的最终效果。

8.5 使用扩展表格模式

扩展表格模式是指临时向文档中的所有表格添加单元格边距和间距，并且增加表格的边框以使编辑操作更加容易。利用这种模式，可以选择表格中的项目或者精确地放置插入点。

例如，您可能需要扩展一个表格以便将插入点放置在图像的左边或右边，从而避免无意中选中该图像或表格单元格。

8.5.1 进入和退出扩展表格模式

怎样进入和退出扩展表格模式呢？下面让我们一起来试试吧。

操作步骤

① 在页面中插入一个 3 行 3 列、表格宽度为 "200 像素" 的表格，如下图所示。

② 选择【查看】|【表格模式】|【扩展表格模式】命令，如下图所示。

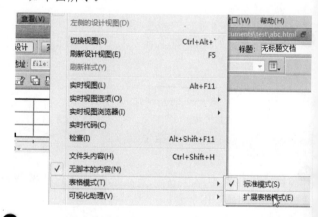

③ 在文档窗口顶部会显示 "扩展表格模式【退出】" 的标题，表格中单元格的边距和间距加大了，而且增加了表格边框，如下图所示。

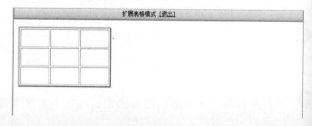

一旦做出选择或放置完插入点，您应该回到【设计】视图的标准模式进行编辑，诸如调整大小之类的一些可视操作在扩展表格模式中不会产生预期结果。

④ 单击文档窗口顶部的【退出】按钮，就可以退出扩展表格模式，或者再次选择【查看】|【表格模式】|【扩展表格模式】命令也可退出扩展表格模式。

8.5.2 应用扩展表格模式

扩展表格模式的实际应用是什么样的呢？下面让我们来亲自试试吧。

操作步骤

① 在页面中插入一个 3 行 3 列、表格宽度为"200 像素"的表格，如下图所示。

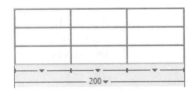

② 在单元格插入一幅图片，如下图所示。

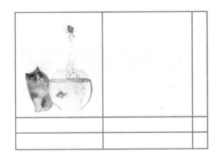

③ 若我们要在单元格中加入文字，会发现经常会选中该图像或表格单元格，而很难在其中放置插入点，这时我们就可以进入扩展表格模式，如下图所示。

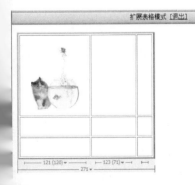

④ 此时可以很轻松地放置插入点，在单元格中加入文字，如右上图所示。

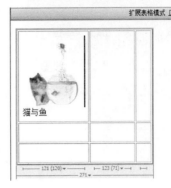

8.6 表格中的数据处理

在制作网页时，表格是一种很常见的数据储存形式，而对其中的数据进行处理也是经常会用到的。Dreamweaver 可以实现把表格数据导入网页中或把网页中的表格数据导出，还可以对表格中的数据进行排序操作。

8.6.1 导入和导出表格的数据

在 Dreamweaver 中可以将在另一个应用程序(例如 Microsoft Excel、Microsoft Word、记事本等)中创建的并以分隔文本的格式(其中的项以制表符、逗号、冒号或分号隔开)保存的表格式数据导入 Dreamweaver 中，并设置为表格格式。

也可以将表格数据从 Dreamweaver 导出到文本文件中，相邻单元格的内容由分隔符隔开。当导出表格时，将导出整个表格，而不能选择导出部分表格。

那么如何导入和导出表格的数据呢？

1. 导入表格数据

其实我们在之前章节就已经通过记事本向 Dreamweaver 导入过表格数据了，下面将学习如何导入 Excel 中的数据。

操作步骤

① 在 Excel 中输入一些数据，将其保存为"Book1"，并存放在站点文件夹下，如下图所示。

在【代码】视图下无法切换到扩展表格模式，如果使用的是【代码】视图，请先切换到【设计】视图或【拆分】视图，再进入扩展表格模式。

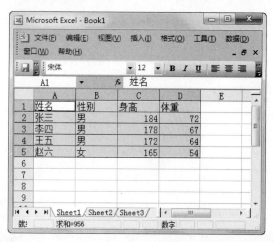

❷ 将光标放在要导入表格的页面空白处，然后在菜单栏中选择【文件】|【导入】|【Excel 文档】命令，如下图所示。

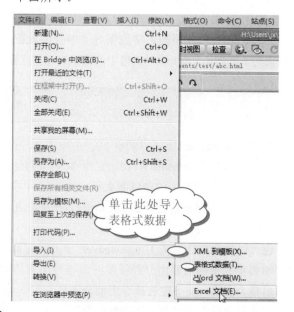

❸ 弹出【导入 Excel 文档】对话框，选择要导入的 Excel 文档，单击【打开】按钮，如下图所示。

❹ Excel 文档便被导入 Dreamweaver 文档中，如下图所示。

❺ 在【属性】面板中设置表格的边框等，最终效果如下图所示。

2. 导出表格数据

操作步骤

❶ 在 Dreamweaver 中创建一个表格，如下图所示。

春天	夏天
秋天	冬天

❷ 将光标放在要导出表格的任意单元格中，然后在菜单栏中选择【文件】|【导出】|【表格】命令，如下图所示。

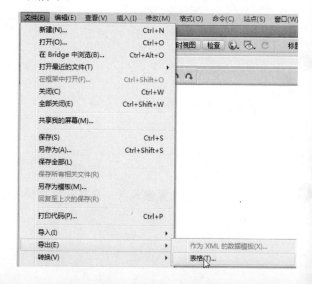

即使某些单元格是空的，Dreamweaver 也会在绘制单元格时指定显式单元格高度以显示布局。因此，在使用【清除行高】按钮 删除布局表格中所有单元格的显式高度设置时，应该先将内容放置到布局单元格后再单击【清除行高】按钮；否则，空单元格将在垂直方向上收缩。

❸ 弹出【导出表格】对话框，如下图所示。

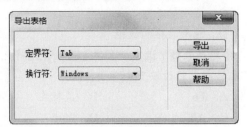

❹ 选择定界符和换行符，单击【导出】按钮，弹出【表格导出为】对话框，输入所要导出文件的名称并选择要存储的位置，如下图所示。

❺ 单击【保存】按钮即可导出表格。

8.6.2　排序表格

在 Dreamweaver 中可以根据单个列的内容对表格中的行进行排序，也可以根据两个列的内容执行更加复杂的表格排序。

操作步骤

❶ 创建一个表格，向其中输入一些数据，如下图所示。

姓名	性别	身高	体重
张三	男	184	72
李四	男	178	67
王五	男	172	64
赵六	女	165	54

❷ 选定该表格，选择【命令】|【排序表格】命令，如右上图所示。

❸ 弹出【排序表格】对话框，选择排序的顺序，单击【确定】按钮，如下图所示。

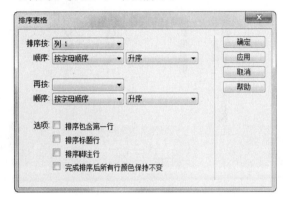

❖ 在【排序表格】对话框中，各个选项的含义如下。

❖ 【排序按】：确定使用哪个列的值对表格的行进行排序。

❖ 【顺序】：确定是按字母顺序还是按数字顺序，以及是以升序(A～Z，数字从小到大)还是以降序对列进行排序。

❖ 【再按】/【顺序】：确定将在另一列上应用的第二种排序方法的排序顺序。在【再按】弹出列表中指定将应用第二种排序方法的列，并在【顺序】弹出列表中指定第二种排序方法的排序顺序。

❖ 【排序包含第一行】：指定将表格的第一行包括在排序中。如果第一行是不应移动的标题，则不选择此选项。

❖ 【排序标题行】：指定使用与主题行相同的条件对表格的标题部分中的所有行进行排序。

❖ 【排序脚注行】：指定按照与主题行相同的条件对表格的脚注部分中的所有行进行排序。

【完成排序后所有行颜色保持不变】：指定排序之

排序表格时，当选择"按字母顺序"对一组由一位或两位数组成的数字进行排序时，则会将这些数字作为单词进行排序(排序结果如 1、10、2、20、3、30)，而不是将它们作为数字进行排序(排序结果如 1、2、3、10、20、30)。

后表格行属性(如颜色)应该与同一内容保持关联。

④ 选择依次按身高、体重排序，如下图所示，单击【确定】按钮。

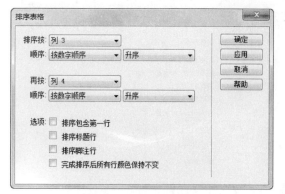

⑤ 排序后的结果如下图所示。

姓名	性别	身高	体重
赵六	女	165	54
王五	男	172	64
李四	男	178	67
张三	男	184	72

8.7 思考与练习

选择题

1. 【表格】对话框主要由 3 部分组成：表格大小、标题和辅助功能，其中标题有_____形式。

    A. 1 种　　　　　　　B. 2 种

    C. 3 种　　　　　　　D. 4 种

2. 在表格的【属性】面板中，图标的含义是_____。

    A. 将表格宽度转换为像素

    B. 将表格高度转换为像素

    C. 将表格宽度转换为百分比

    D. 将表格高度转换为百分比

3. 下列不属于对表格的基本操作的是_____。

    A. 选择行

    B. 删除列

    C. 插入行或列

    D. 隐藏表格的边框

4. 要想在表格中选中一个单元格，首先将光标定位在该单元格内，然后按下_____键。

    A. F6　　　　　　　　B. 鼠标左

    C. Alt　　　　　　　　D. Shift

5. 设置拆分单元格的取值范围是_____。

    A. 2～10　　　　　　　B. 2～50

    C. 1～50　　　　　　　D. 0～10

6. 下列与表格相关的标签有_____。

    A. <table>　　　　　　B. <rules>

    C. <frame>　　　　　　D. <td>

7. 导入表格的分隔符有_____。

    A. 制表符　　　　　　B. 逗号

    C. 冒号　　　　　　　D. 分号

8. 在【代码】视图中是不能进入扩展表格模式的，需要切换到_____视图中，然后再切换到扩展表格模式下。

    A. 设计　　　　　　　B. 拆分

    C. 标准　　　　　　　D. 扩展

操作题

1. 在网页中插入一个 2 行 3 列的表格，宽度为 500 像素，单元格边距、间距都为 0，设置边框为 5 像素，然后在单元格中分别插入文本或图像。

2. 在网页中插入一个嵌套的表格，设置外层表格的单元格间距为 2、边距为 2，合并第一行的表格为一个单元格，然后拆分为一个 2 行 2 列的表格，内层表格为一个格式化表格，并重新增加两行一列。

3. 在网页中插入一个 2 行 3 列、边框不为 0 的表格，隐藏所有的表格分隔线，只显示左、右两边的边框。

4. 制作一个圆角表格。

5. 创建一个表格，用来展示你的漂亮图片，并配以标题和说明性的文字(需要进入扩展表格模式)。

在表格的【属性】面板中，选中【不换行】复选框，布局单元格按需要加宽以适应文本，而不是在新的一行上继续该文本。

第 9 章

统筹兼顾——应用框架

框架与表格一样是对网页进行布局的良好工具！本章将介绍创建和设置框架以及框架集的各种方法和技巧，这将轻松解决网页设计中对界面进行管理的难题！

 学习要点

- ❖ 框架和框架集的工作原理
- ❖ 创建框架和框架集
- ❖ 框架和框架集的基本操作
- ❖ 使用框架的利与弊

 学习目标

通过本章的学习，读者应该掌握创建框架和框架集、加载预定义的框架集、创建嵌套框架集、选中框架或框架集、删除框架、设置框架和框架集属性、用链接来控制框架内容、保存框架和框架集等多种操作。然后，使用这些操作，全面提高对框架和框架集的应用能力。

9.1 框架和框架集的工作原理

在网页设计中，框架与表格一样都可用于对网页进行布局。使用框架可以将一个浏览器窗口划分为多个区域，并且每个区域都可以显示不同的 HTML 文档；而表格的作用侧重于对文字和图片进行精确定位，使页面保持一定的版式。

使用框架最常见的情况就是一个框架显示包含导航控件的文档，而另一个框架显示含有内容的文档。由于框架具有文档与结构分离的功能，因此使用框架布局可以使网页布局效率大大提高。

9.1.1 框架的定义和工作原理

框架是浏览器窗口中的一个区域，它可以显示与浏览器窗口的其余部分中所显示内容无关的 HTML 文档。可以理解为框架把浏览器窗口划分成若干区域，每个区域都可以看作是一个独立的页面进行编辑。

很多网页都使用框架结构，比如，经常用到的 QQ 空间页面就是使用框架最好的一个例子，无论你是谁，发表任何话题，所打开的主页框架都是一样的，如下图所示。

网页浏览者可以很方便地在不同的页面之间切换。

框架是由单个框架和框架集组成的。框架集是 HTML 文件，它定义一组框架的布局和属性，包括框架的数目、框架的大小和位置以及在每个框架中初始显示的页面的 URL。框架集文件本身不包含要在浏览器中显示的 HTML 内容，但<noframes>标签部分除外；框架集文件只是向浏览器提供应如何显示一组框架以及在这些

框架中应显示哪些文档的有关信息。

> **！注意**
>
> 框架不是文件，它是存放文档的容器——任何一个框架都可以显示一个文档。

用户很可能会以为当前显示在框架中的文档是构成框架的一部分，但该文档实际上并不是框架的一部分，任何框架都可以显示各种文档。

另外，并不是所有的浏览器都提供了良好的框架支持，框架对于无法导航的访问者而言可能难以显示。所以，如果确实要使用框架，应始终在框架集中提供<noframes>标签部分，以方便不能查看这些框架的访问者。

9.1.2 框架和框架集的联系与区别

框架集和框架是两个完全不同但又彼此联系的概念。框架把浏览器窗口划分成若干区域，框架集则定义这一组框架的布局和属性，框架集被框架划分成不同的区域，而且各个框架之间是相互独立的。框架集的作用在于管理单个框架的属性和布局。一张网页就是由框架形式和文档内容组合而成的。

下面这个例子是一个由 3 个框架组成的简单网页。

上图是一个个人的博客网页，网页的框架集由 3 部分框架组成的。正面横放的框架显示了新浪博客的站点的标志，侧面竖放的框架是个人资料栏，中间部分框架显示主要的文档内容。各个框架都包含独立的 HTML 文档。

浏览网页时顶部横放的框架是不会改变的，而侧面的框架则连向其他不同的链接，中间主要部分框架会根据侧面的链接显示不同的内容。

要在浏览器中查看一组框架，请输入框架集文件的 URL；浏览器随后打开要显示在这些框架中的相应文档。通常将一个站点的框架集文件命名为 "index.html"，以便当访问者未指定文件名时默认显示该名称。

如果一个站点在浏览器中显示为包含 3 个框架的单个页面,则它实际上至少由 4 个单独的 HTML 文档组成:框架集文件以及 3 个文档,这 3 个文档包含这些框架中初始显示的内容。当在 Dreamweaver 中设计使用框架集的页面时,必须保存这 4 个文件,以便该页面可以在浏览器中正常工作。

9.2 创建框架和框架集

Dreamweaver 为用户提供了两种创建框架集的策略。

❖ 一是根据需要自主设计框架集格式并为每个框架添加内容。

❖ 二是通过 Dreamweaver 提供的预定义框架集直接引用。

9.2.1 直接创建

在 Dreamweaver CS5 中可以使用预定义框架集,也可以根据网页制作的具体需要自己设计框架集。直接创建框架和框架集的方法有使用鼠标拖动和使用菜单插入两种方式,本节将分别进行介绍。

1. 使用鼠标拖动框架

使用鼠标拖动框架的方法设计框架集,能使设计者拥有更大的自主空间,可以根据自己的需要用鼠标拖曳出不同大小的框架。下面一起来试试吧!

操作步骤

❶ 选择【查看】|【可视化助理】|【框架边框】命令,显示框架页的边框,如下图所示。

❷ 把鼠标定位在框架边缘至鼠标指针变成双箭头时便可以拖动框架,如右上图所示。

❸ 按住鼠标左键拖动边框到所需位置,再松开鼠标,就可以把框架分成两部分了,如下图所示。

❹ 可以看到,新增的边框已经形成,如下图所示。

若要创建 3 个框架,请首先创建 2 个框架,然后拆分其中一个框架。不编辑框架集代码是很难合并两个相邻框架的,所以将 4 个框架转换成 3 个框架要比将 2 个框架转换成 3 个框架更难。

提 示

在使用 Dreamweaver 可视工具创建一组框架时，框架集将在创建过程中自动获得一个默认的文件名。例如上面操作例子中的"UntitledFrameset-1"就表示第一个框架集文件。随后在框架里创建文档时将遇到"UntitledFrame-1"，它表示第一个框架文档。

通过上面的操作，学会了如何用鼠标拉动边框把页面一分为二，这是一个最简单的框架。除此之外，还可以做到"一分为四"，具体操作步骤如下。

操 作 步 骤

1 将鼠标定位在框架边框的一角至鼠标指针变成十字箭头，如下图所示。

2 按住鼠标左键并拖动，到一定位置释放鼠标，框架就"一分为四"了，如下图所示。

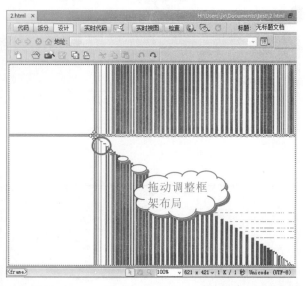

3 可以看到由 4 个框架组成的框架集，如下图所示。

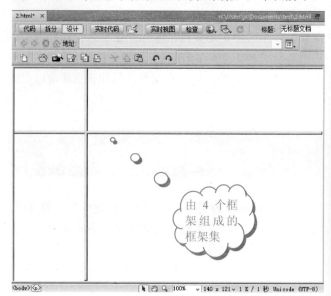

如果不使用拖动边框的方法来划分框架，也可以使用已经划分好的新边框来划分框架。技巧就在于拖动新的边框的同时按住 Alt 键。注意，如果没有按 Alt 键，拖动鼠标只能移动新边框并不能划分框架。下面就是一个对比的例子。

操 作 步 骤

1 将鼠标指针定位在框架边框的一角至鼠标指针变成双箭头，如下图所示。

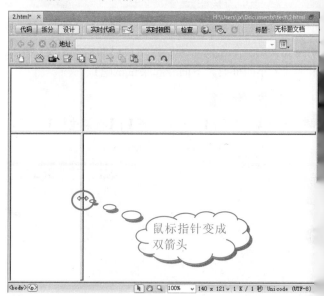

2 按下鼠标左键的同时按下 Alt 键，再拖动鼠标指针到所需位置释放即可，如下图所示。

关于框架的使用，它最常用于导航。一组框架中通常包含两个框架，一个含有导航条，另一个显示主要内容页面。

下图是没有按住 Alt 键的效果。

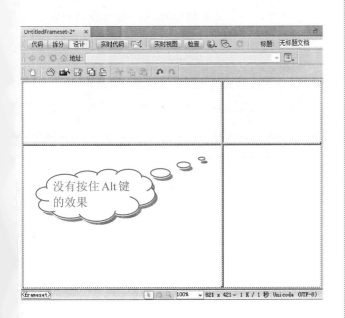

使用 Alt 键还可以完成更加复杂的框架划分。具体操作步骤如下。

操作步骤

1 同时按住 Shift+Alt 键不放，再用鼠标左键单击右下角的框架，弹出 Dreamweaver 提示框，单击【确定】按钮，被单击的框架边框四周出现虚线，如右上图所示。

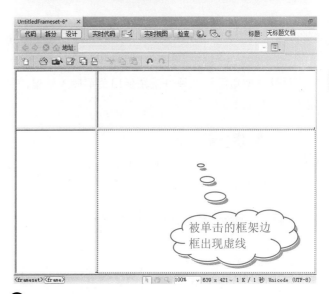

2 释放 Shift 键，继续按住 Alt 键不放，再用鼠标拖动框架的边框，如下图所示。

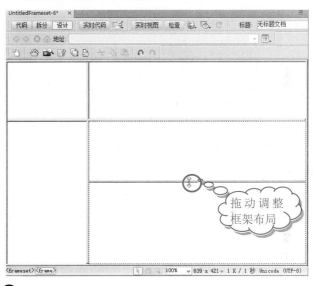

3 由 5 个框架组成的框架集如下图所示。

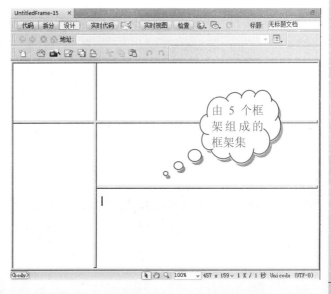

框架并不等于文件。最常犯的一个错误就是把当前页面框架里所显示的文档内容当作网页框架的组成部分。其实，框架本身不包含具体的文档内容。

2. 使用菜单插入框架

设计框架集的第二种方法是使用菜单插入框架，具体操作步骤如下。

操作步骤

❶ 选择【修改】|【框架集】|【拆分上框架】命令，横向把原框架一分为二，如下图所示。

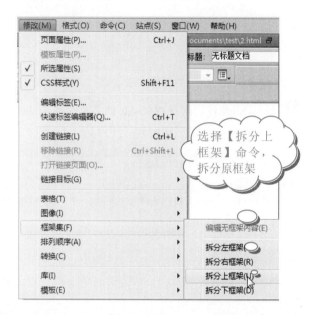

选择【拆分上框架】命令，拆分原框架

❷ 将鼠标定位在上半个框架，如下图所示。

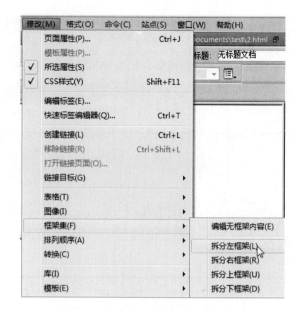

❸ 光标定位后，选择【修改】|【框架集】|【拆分左框架】命令，在横向上把原框架一分为二，如右上图所示。

？ 提 示

还可以用上文介绍过的 Alt+鼠标拖动的方法操作上例！

❹ 操作完成后的界面如下图所示。

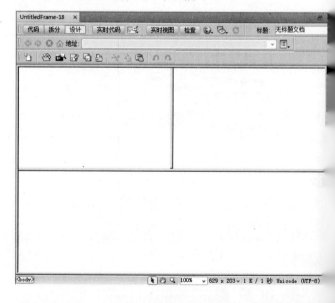

9.2.2 加载预定义的框架集

选择预定义的框架集将自动设置创建布局所需的框架集和框架，它是迅速创建基于框架布局的最简单的方法。

在使用 Dreamweaver 中的可视工具创建一组框架时，框架中显示的每个新文档将获得一个默认文件名。例如，第一个框架集文件被命名为 UntitledFrameset-1，而框架中第一个文档被命名为 UntitledFrame-1。

1. 使用布局框架

引用预定义的框架集创建框架的最大优点就是简单现成，Dreamweaver 带有各种预定义的框架集。通过单击【插入】面板的【布局】工具栏中的 ▦▾ 按钮，选择所需要的框架集就可以了。下面一起来试试吧！

操作步骤

❶ 将光标定位在文档中，如下图所示。

❷ 单击【插入】面板的【常用】工具栏选项旁边的下三角按钮，在弹出的下拉列表中选择【布局】命令，切换到【布局】工具栏状态，如下图所示。

切换到【布局】工具栏

❸ 在【布局】工具栏中，单击框架图标 ▦▾ 右边的下三角按钮，从弹出的列表中单击需要的框架集图标，例如【顶部框架】选项，如下图所示。

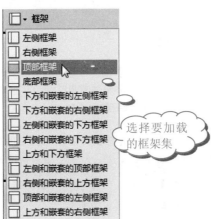

选择要加载的框架集

---

❹ 如果已经在【首选参数】中激活了【框架标签辅助功能属性】对话框，那么该对话框将出现，如下图所示。

❺ 单击【确定】按钮，顶部框架型的框架集便出现在文档窗口中，如下图所示。

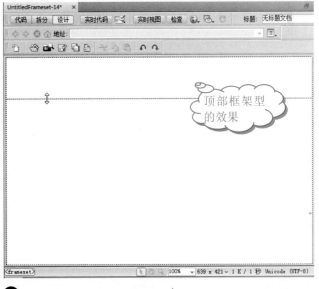

顶部框架型的效果

❻ 完成框架集创建的界面如下图所示。

如果所有宽度都是以像素为单位指定的，而指定的宽度对于访问者查看框架集所使用的浏览器而言太宽或太窄，则架将按比例伸缩以填充可用空间。这同样适用于以像素为单位指定的高度。因此，至少将一个宽度或高度指定为相对小通常是一个不错的主意。

完成框架创建后的效果

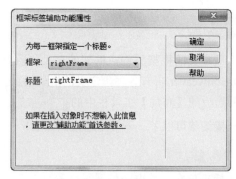

注意

只能在文档窗口的【设计】视图中插入预定义的框架集。

2. 使用【框架】子菜单创建框架

除了使用【布局】工具栏创建框架外，还可使用【框架】子菜单来创建框架。具体操作步骤如下。

操作步骤

① 将光标定位在文档中，如下图所示。

② 选择【插入】|HTML|【框架】|【右侧及上方嵌套】命令，如下图所示。

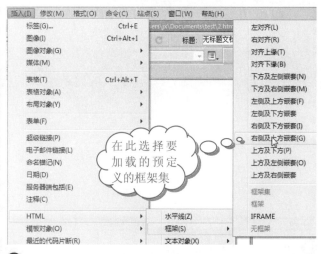

在此选择要加载的预定义的框架集

③ 弹出【框架标签辅助功能属性】对话框，如右上图所示，单击【确定】按钮。

④ 右侧及上方嵌套型的框架集出现在文档窗口中，如下图所示。

预定义的框架效果

3. 从新建文档创建框架

除了可以直接应用预定义的框架集外，Dreamweaver 还可以新建空白的框架集。具体操作步骤如下。

操作步骤

① 选择【文件】|【新建】命令，如下图所示。

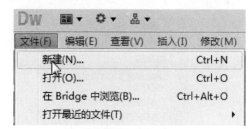

② 打开【新建文档】对话框，在左侧列表框中选择【示例中的页】选项，在【示例文件夹】列表中选择【框架页】选项，在【示例页】列表框中选择所需新建的框架页，如下图所示。

长见识 页面一词含义较为宽泛，既可以表示单个 HTML 文档，又可以表示给定时刻浏览器窗口中的全部内容，即使当时同时显示有几个 HTML 文档。例如，短语"使用框架的页面"通常表示一组框架以及最初在这些框架中显示的文档。

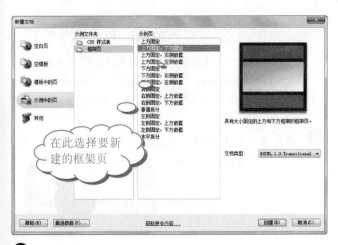

在此选择要新建的框架页

❸ 弹出【框架标签辅助功能属性】对话框，如下图所示，单击【确定】按钮。

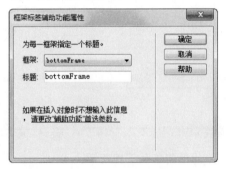

❹ 完成框架页创建的界面如下图所示。

完成框架创建后的效果

❓提示

当应用框架集时，Dreamweaver 将自动设置该框架集，以便在某一框架中显示当前文档(插入点所在的文档)。

在实际的网页设计过程中，用户可以灵活使用上面介绍的 3 种创建框架和框架集的方法，以便设计出符合

特定需求的网页框架结构。

9.2.3 创建并加载框架集

在实际的网页设计过程中，往往需要综合上面讲过的 3 种创建框架集的方法来制作出用户所希望的框架结构。通过上面的学习，这已经不是难事，下面就通过一个实例来温习一下吧！

操作步骤

❶ 新建一个 HTML 网页，选择【查看】|【可视化助理】|【框架边框】命令，显示框架页的边框，如下图所示。

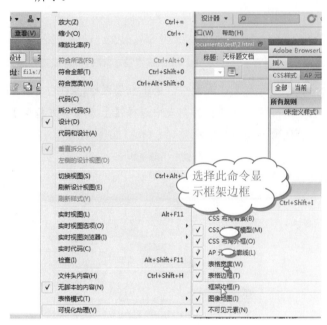

选择此命令显示框架边框

❷ 将鼠标定位在框架边框左侧边缘至鼠标指针变成双箭头时，向右拖动框架，如下图所示。

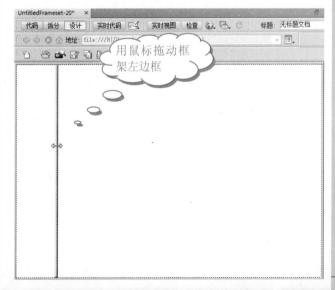

用鼠标拖动框架左边框

在框架中有时候会出现水平和垂直的滚动条，如果不想让它出现的话，可以修改代码，设置 frame 中的 CROLLING="YES"就可以了，不过如果还不行的话，那么记得一定要去掉你网页中的这句代码：<!DOCTYPE HTML UBLIC \"-//W3C//DTD HTML 4.01 Transitional//EN\"\"\".

 115

❸ 至适当位置后释放鼠标，可以看到新增的边框已经形成，然后把光标定位在右框架中，如下图所示。

❹ 在【布局】工具栏中，单击框架图标□·右边的下三角按钮，从弹出的列表中选择【上方和下方框架】选项，如下图所示。

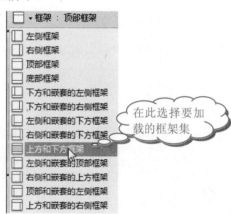

在此选择要加载的框架集

❺ 弹出【框架标签辅助功能属性】对话框，如下图所示。

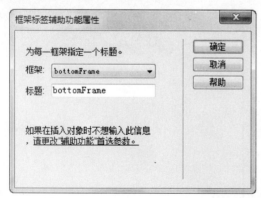

学以致用系列丛书

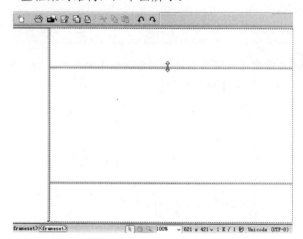

？ 提示

如果没有对该对话框做出任何更改就单击【确定】按钮，则 Dreamweaver 会为该框架提供与其名称相同的标题。框架名称与其在框架集中的名称相对应。

❻ 单击【确定】按钮，可以看到"上方和下方框架"型的框架集出现在文档窗口，单击框架边缘可以调整框架的结构，如下图所示。

❼ 完成后的框架集如下图所示。

创建并加载框架集后的效果

也可以先加载 Dreamweaver 预定义的框架集，然后再使用鼠标拖动框架或使用菜单插入框架。

下面来看一下如果采取相同的命令，但是顺序不一样，会产生什么样的效果。

操作步骤

❶ 将光标定位在文档中，然后在【布局】工具栏中，单击框架图标□·右边的下三角按钮，从弹出的列表中选择【上方和下方框架】选项，如下图所示。

设置框架大小的最常用方法是将左侧框架设置为固定像素宽度，将右侧框架大小设置为相对大小，这样在分配像素宽度后，能够使右侧框架伸展以占据所有剩余空间。

在此选择要加载的框架集

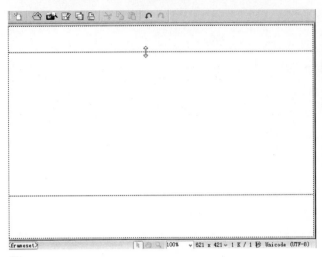

2 弹出【框架标签辅助功能属性】对话框，在这里可以为框架设置名称和标题，也可以不设置，或者采用默认的设置，如下图所示。

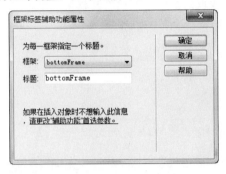

5 按照同样的方法向下拖动第二个框架边框到适当的位置，如下图所示。

正在向下拖动框架边框

3 单击【取消】按钮，上方和下方框架型的框架集出现在文档窗口，如下图所示。

创建上方和下方框架集

6 完成后，将鼠标定位在窗口左侧边缘至鼠标指针变成双箭头，然后向右拖动鼠标，创建新的框架，如下图所示。

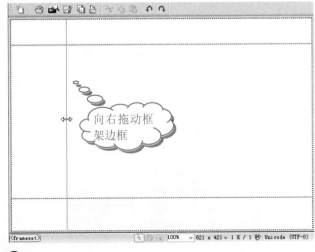

向右拖动框架边框

提示

如果单击【取消】按钮，该框架集将出现在文档中，但 Dreamweaver 不会将它与辅助功能标签或属性相关联。

4 将鼠标定位在文档中第一个边框边缘至鼠标指针变成双箭头时向上拖动框架边框至适当位置，如右上图所示。

7 完成后的框架集如下图所示。

在许多情况下，可以创建没有框架的网页，它可以达到一组框架所能达到的同样效果。例如，如果您想让导航条显示在页面的左侧，则既可以用一组框架代替您的页面，也可以只是在站点中的每一页上包含该导航条。

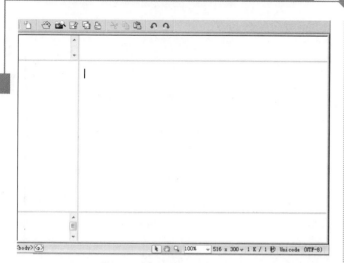

灵活使用预定义的框架集可以帮助你实现很多不同结构的框架集。读者要多实践哦！

9.2.4 创建嵌套框架集

在另一个框架集之内的框架集称作嵌套的框架集。一个框架集文件可以包含多个嵌套的框架集。

大多数使用框架的 Web 页实际上都使用嵌套的框架，并且在 Dreamweaver 中大多数预定义的框架集也使用嵌套。

注意

如果在一组框架里，不同行或不同列中有不同数目的框架，则要求使用嵌套的框架集。

操作步骤

❶ 将光标定位在文档中，然后单击框架图标 □ 右边的下三角按钮，从弹出的列表中选择【左侧框架】选项，如下图所示。

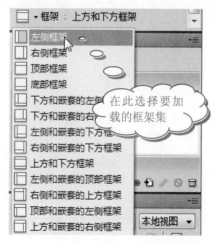

❷ 弹出【框架标签辅助功能属性】对话框，或者采用

默认的设置，如下图所示。

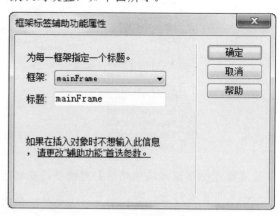

❸ 单击【取消】按钮，"左侧框架"型的框架集出现在文档窗口，如下图所示。

❹ 将鼠标定位在文档的左侧框架中，重复上面的步骤，在左侧框架中嵌套一个顶部框架，如下图所示。

❺ 如果先选择【顶部框架】再选择【左侧框架】，则创建的嵌套框架集如下图所示。

每个框架都有自己的滚动条，因此访问者可以独立滚动这些框架。例如，当框架中的内容页面较长时，如果导航条位于不同的框架中，那么滚动到页面底部的访问者不需要再滚动回顶部就能使用导航条。

除了自己创建嵌套框架集之外，还可以直接使用预定义的嵌套框架集，如下图所示。

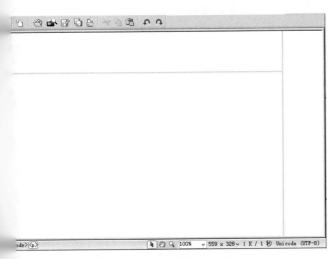

在嵌套框架集中，被嵌套的框架集称为子框架集，嵌套了另一个框架集的框架集称为父框架集。

通常情况下，Dreamweaver 会根据需要自动嵌套框架集。

9.3 框架和框架集的基本操作

创建框架和框架集以后，就可以通过【属性】面板对框架和框架集的属性进行编辑了，还可以保存框架和框架集、删除多余的框架或框架集。这些针对框架和框架集的基本操作，正是本节所要介绍的内容。

9.3.1 选中框架或框架集

学了这么多，用户一定知道，只有先选择对象，才能打开相应的【属性】面板。同样地，要打开框架或框架集的【属性】面板，就必须先选中框架及框架集，可是，框架和框架集的选择操作究竟是怎么进行的？下面一起来看看吧！

1. 在文档窗口中选择框架或框架集

在文档窗口中选择框架的方法是：在【设计】视图中，按住 Shift+Alt 键的同时单击框架内部，在框架周围将显示一个选择轮廓，如下图所示。

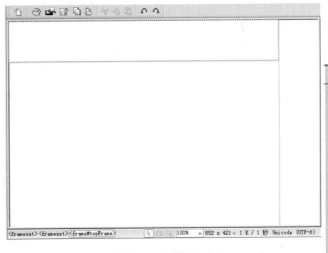

!注意

将插入点放置在框架内显示的文档中并不等同于选择一个框架。

要选择一个框架集，可单击框架集内的某一内部框

无论使用 CSS、表格还是框架对页面进行布局，Dreamweaver 都用标尺和网格作为布局中的可视化指导。Dreamweaver 还提供跟踪图像功能，可以使用该功能来重新创建经使用图形应用程序创建的页面设计。

119

架边框，在框架集周围将显示一个选择轮廓，如下图所示。

❖ 在【框架】面板中选择框架集：单击环绕框架集的边框即可，如下图所示。

被选中的框架集如下图所示。

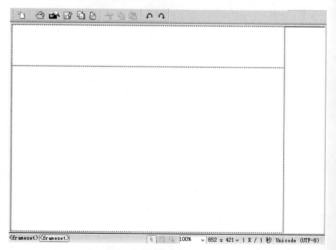

可见，在【框架】面板中选择框架集通常比在文档窗口中选择框架集更容易。

另外，还可以在选取一个框架的基础上用快捷键选取其他框架，其方法是：按住 Alt 键再按键盘上的方向键选取同级、不同级的框架。

❖ Alt 和→、←键配合：选取同级框架或框架集。

❖ Alt 和↑键配合：可以从文档编辑状态、框架、框架集逐步扩大范围选取，即升级选取。

❖ Alt 和↓键配合：降级选取。

选中框架或框架集以后，切换到【代码】视图，可以查看框架和框架集的代码，其代码与下面的代码类似：

```
<frameset rows="80,*" frameborder="no"
border="0" framespacing="0">
    <frame src="file:///H|/Users/jx/
Documents/test/UntitledFrame-20"
name="topFrame" scrolling="No"
noresize="noresize" id="topFrame" />
    <frame src="file:///H|/Users/jx/
Documents/test/2.html" name="mainFrame"
id="mainFrame" />
```

提示

要执行这一操作，框架边框必须是可见的。如果看不到框架边框，可以选择【查看】|【可视化助理】|【框架边框】命令以使框架边框可见。

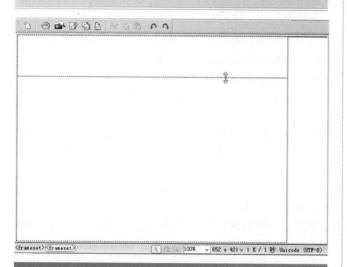

2. 在框架面板中选择框架或框架集

【框架】面板提供框架集内各框架的可视化表示形式。它能够显示框架集的层次结构，而这种层次在"文档"窗口中的显示可能不够直观。

在【框架】面板中，环绕每个框架集的边框非常粗；而环绕每个框架的边框是较细的灰线，并且每个框架由框架名称标识。

选择【窗口】|【框架】命令或者按下 Shift+F12 组合键可以打开【框架】面板，如下图所示。

在框架文档中进行新建框架、删除某个现有框架，或修改框架的尺寸、名称等时，【框架】面板中的示意图会跟随变化。

❖ 在【框架】面板中选择框架：只要单击框架即可，如右上图所示。

```
</frameset>
```

9.3.2 删除框架

如果文档中添加了不必要的框架，怎样删除它呢？快跟我一起操作吧！

操作步骤

❶ 打开一个包含框架的文档，将鼠标指针停留在要删除的框架的边框上，如下图所示。

注意

框架可以根据需要进行删除；而框架集一旦形成就无法删除。

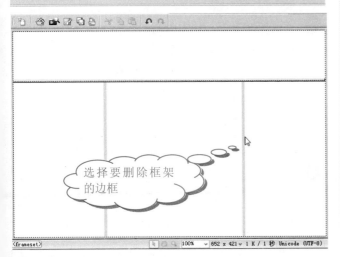

选择要删除框架的边框

❷ 把鼠标指针移到框架上，当指针变成左右箭头时，按住鼠标左键将边框拖到页面外(或者拖到父框架的边框上)，如下图所示。

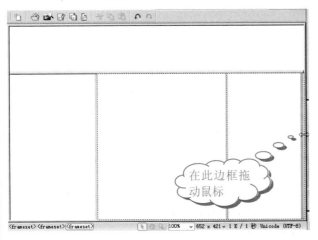

在此边框拖动鼠标

注意

不能通过拖动边框完全删除一个框架集。要删除一个框架集，请关闭显示它的文档窗口。如果该框架集文件已保存，则删除该文件。

❸ 删除此框架的效果如下图所示。

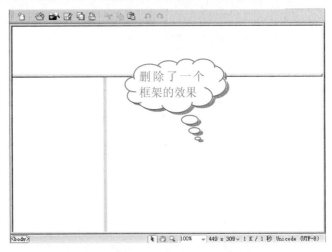

删除了一个框架的效果

注意

如果框架中有文字或图片内容，删除框架后，会弹出一个提示对话框，询问是否保存改动，如下图所示。

单击【是】按钮，将保存删除框架的操作；单击【否】按钮，不保存删除框架的操作；单击【取消】按钮，则取消本次操作。

9.3.3 认识框架及框架集的【属性】面板

对于【属性】面板相信你已经不陌生了，使用【属性】面板可以查看和设置大多数框架集属性。下面还是先来快速浏览一下框架和框架集的【属性】面板吧！

1. 框架的【属性】面板

选中某个框架后，框架的【属性】面板将被打开，

如果文档包含框架，则可以使用箭头键将焦点切换到框架上。按 Alt+向上箭头键，以选择当前具有焦点的框架；继续按 Alt+向上箭头键，将焦点切换到框架集，如果存在嵌套框架集，则再切换到父框架集；按 Alt+向下箭头键，将焦点切换到于框架集或该框架集中的一个框架。

如下图所示。

各个属性设置的含义如下。

❖ 框架名称：为所选的框架命名。

❖ 源文件：显示框架源文件的文件名称，单击文本框后面的文件夹图标可以重新设置框架源文件的地址。

❖ 滚动：设置框架滚动条的方式。其中，【是】表示在框架中显示滚动条；【否】表示不显示滚动条；【自动】表示当框架中的内容超过框架大小时，显示滚动条；【默认】则采用多数浏览器默认的方式。

❖ 边框：设置是否显示框架的边框。

❖ 边框颜色：单击小三角按钮打开颜色选择器，设置边框的颜色。

❖ 边界宽度/边界高度：设置框架内容距离框架左右和上下的数值大小。

❖ 不能调整大小：如果选中了该复选框，则不能在界面中通过拖动边框来实现框架大小的调整。

2. 框架集的【属性】面板

选中整个框架集之后，框架集的【属性】面板也将被打开，如下图所示。

各个属性设置的含义如下。

❖ 边框：设置框架集中边框显示与否。其中，【是】表示采用显示边框；【否】表示不显示边框；【默认】表示采用浏览器中的自动设置。

❖ 边框宽度：设置框架集中全部边框的宽度大小。

❖ 边框颜色：设置边框颜色。

单击【行列选定范围】区域相应的部分，可以设置各行各列框架的大小。

如果框架和框架集的属性设置出现冲突，则框架属性设置的优先级将高于框架集的属性设置。也就是说，在框架和框架集都能设置的选项中，实际的设置效果将取决于框架的属性设置。

9.3.4 设置框架和框架集属性

Dreamweaver 提供了【属性】面板来设置框架和框架集的大多数属性，如果熟悉 HTML 代码，也可以直接编辑代码来设置框架和框架集的属性。

【属性】面板也称作属性检查器，两者仅仅是叫法不同而已。

1. 设置框架集的属性

设置框架集属性的操作方法如下。

操作步骤

❶ 在【框架】面板中单击围绕框架集的边框，即可选中框架集，如下图所示。

❷ 在框架集的【属性】面板中，选择【边框】为"是"，设置【边框宽度】为"10"，【边框颜色】为"#330099"，如下图所示。

❸ 可以看到框架集的边框颜色改变了，如下图所示。

❹ 在【文档】工具栏的【标题】文本框中，输入框架集文档的名称如"内部框架集"，如下图所示。

当创建实体模型并设计页面的最终布局时，Dreamweaver 提供了很大的灵活性：可以使用 Dreamweaver 层或 CSS 定位样式创建布局；利用 Dreamweaver 中的表格工具和布局模式，可以通过拖动并重新安排页面结构来快速地设计 Web 页；如果要在 Web 浏览器中同时显示多个文档，则可以使用框架对文档进行布局。

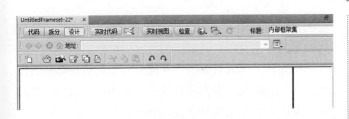

提 示

当访问者在浏览器中查看该框架集时，标题将显示在浏览器的标题栏中。

❹ 可以看到框架的边框立刻变成了黑色，如下图所示。

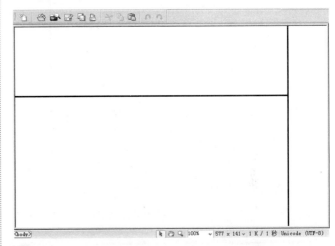

2. 设置框架的属性

在下面的例子中，将以设置框架的辅助功能值为例，更改框架的背景颜色以及边框的颜色。

操作步骤

❶ 在【框架】面板中通过将插入点放在一个框架中来选择框架，如下图所示。

❺ 将光标定位在框架中，选择【修改】|【页面属性】命令(或者单击【属性】面板上的【页面属性】按钮)，如下图所示。

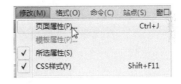

❷ 选择【修改】|【编辑标签】命令，如下图所示。

❻ 打开【页面属性】对话框，然后在【分类】栏中选择【外观(CSS)】选项，接着设置【背景颜色】为"#99FF00"，如下图所示，再单击【确定】按钮。

❸ 弹出【标签编辑器-frame】对话框，在左侧列表中选择【浏览器特定的】选项，设置【边框颜色】为"黑色"(#000000)，如右上图所示，再单击【确定】按钮。

学以致用系列丛书

Dreamweaver 允许指定在不支持框架的基于文本的浏览器和较旧的图形浏览器中显示内容。此类内容存储在框架集文件中，用<noframes>标签括起来。当不支持框架的浏览器加载该框架集文件时，浏览器只显示用<noframes>标签括起来的内容。

123

提示

要更改框架的背景颜色，请在【页面属性】对话框中设置该框架中文档的背景颜色。

❼ 可以看到框架的背景发生了变化，如下图所示。

> 更改框架背景后的效果

❽ 在框架的【属性】面板中，同样可以设置边框的颜色，选中上面的框架，在【属性】面板中设置【边框颜色】为红色，如下图所示。

❾ 可以看到连框架集的边框颜色都变成了红色，如下图所示。

之所以会出现这种现象，细心的读者一定可以猜到原因：框架的属性设置优先于框架集的属性设置。

9.3.5　用链接来控制框架内容

在一个框架中可以使用链接以打开另一个框架中的

文档，这可以通过设置链接目标来实现。链接的目标属性用于指定在其中打开链接的内容的框架或窗口。

例如，如果导航条位于左框架，并且希望链接的材料显示在右侧的主要内容框架中，那么，必须将主要内容框架的名称指定为每个导航条链接的目标。当访问者单击导航链接时，将在主框架中打开指定的内容。

下面就用一个制作链接框架网页的实例来介绍用链接控制框架内容的方法。

操作步骤

❶ 在【插入】面板的【布局】工具栏中，在【框架】下拉列表框中选择【顶部和嵌套的左侧框架】选项，如下图所示。

❷ 打开【框架标签辅助功能属性】对话框，保持默认设置，如下图所示。

❸ 单击【确定】按钮，创建一个框架网页，该框架的导航条位于左框架，链接的文件显示在右边的主要内容框架中，如下图所示。

在 Dreamweaver 中，使用外部框架集文件的最常见情况如下：使用【在框架中打开】命令在框架内打开框架集文件时，可能会导致设置链接目标时出现问题，通常最简单的方法是在单个文件中定义所有的框架集。

❹ 下面准备好用于在框架中显示的网页文件，分别为在顶部框架中显示的网页文件"title.html"，在左边导航框架中显示的网页文件"guide.html"，以及在内容框架中显示的网页文件"text1.html"和"text2.html"，如下图所示。

❺ 按住 Alt+Shift 组合键的同时单击顶部框架选中它，在【属性】面板的【源文件】文本框中输入网页文件的名称为"title.html"，将【边界宽度】和【边界高度】均设为"0像素"，将边界的间隙去掉，如右上图所示。

❻ 使用上面的方法在左侧框架中加入导航框架，然后在导航框架中选中"万里长城"，在【属性】面板中，选择【链接】后面的 ⚙ 图标，拖曳至【文件】面板中的"text1.html"选项上，在【目标】下拉列表框中选择 mainframe 选项，如下图所示。

❼ 按照同样的方法为"九寨沟"设置链接，如下图所示。

链接(L) file:///H:/Users/jx/Document: 目标(G) mainFram

❽ 保存所做的修改，按下 F12 键在浏览器中预览效果，如下图所示。

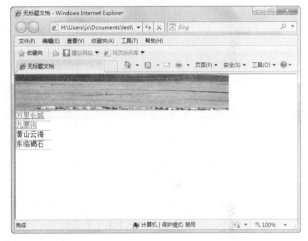

❾ 单击导航栏中的【万里长城】链接，可以看到在内容框架中出现了相应的内容，如下图所示。

如果您的导航条位于左框架，并且希望链接的材料显示在右侧的主要内容框架中，则必须将主要内容框架的名称指定为每个导航条链接的目标。当访问者单击导航链接时，将在主框架中打开指定的内容。

9.3.6 保存框架和框架集

框架和框架集的保存方法，与普通网页的保存方法不一样，首先是对框架集的保存，即对其 HTML 文档本身的保存；其次是对框架的保存，即对框架中显示的每个页面的保存。在 Dreamweaver CS5 中，既可以单独保存每个框架集文件和带框架的文档，也可以同时保存框架文件和框架中出现的所有文档。

1. 保存框架集

框架集定义一组框架的布局和属性，保存框架集就是保存这种定义，而框架中的文档并没有被保存。

操作步骤

❶ 选择要保存的框架集，只要单击框架集的边框即可，注意全部边框都有虚线围绕，如下图所示。

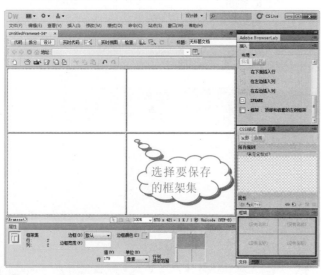

❷ 在菜单栏中选择【文件】|【框架集另存为】(或者选择【保存框架页】)命令，如下图所示。

❸ 弹出【另存为】对话框，显示默认的文件名，用户可以使用默认文件名，也可以重新命名，然后单击【保存】按钮，如下图所示。这样，框架集就保存好了。

2. 保存框架中的页面

保存框架集并不能保存框架中的 HTML 文档，这就需要对这些文档进行单独保存。具体操作步骤如下。

操作步骤

❶ 首先把光标定位在要保存的框架文档中，表示保存该框架中的文档，如下图所示。

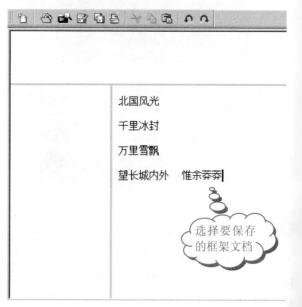

❷ 在菜单栏中选择【文件】|【框架另存为】(或者选择【保存框架】)命令，如下图所示。

使用 Dreamweaver 附带的几种以专业水准开发的页面布局和设计元素文件，可以将这些设计文件作为设计站点页面的起点。如果创建基于预定义框架集的文档，则仅复制框架集结构，而不复制框架内容。另外，需要分别保存每个框架文件。

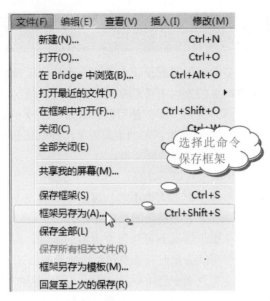

选择此命令保存框架

操作步骤

❶ 在 Dreamweaver 界面中，选择【文件】|【保存全部】命令，如下图所示。

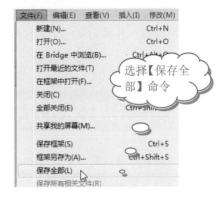

选择【保存全部】命令

❸ 弹出【另存为】对话框，输入文件名，然后单击【保存】按钮，如下图所示。

提示

想必细心的读者已经发现：无论在保存框架集还是在保存框架的过程中，【文件】下拉菜单上都会有两个命令(【框架集另存为】和【保存框架页】以及【框架另存为】和【保存框架】)，其实它们都有一样的保存功能，区别在于是否是第一次保存，是的话就会显示后者，否则就显示前者。

在此输入要保存的文件名

❷ 弹出【另存为】对话框，重新为框架命名后，单击【保存】按钮，如下图所示。

在此为框架重新命名

❸ Dreamweaver 依次跳出各个框架的【另存为】对话框，同时相应的框架边框出现粗的边框虚线，依次命名并单击【保存】按钮即可，如下图所示。

3. 保存全部

除了单独保存框架和框架集文件外，Dreamweaver 还提供了一次性保存包括框架集和框架文档的操作。具体操作步骤如下。

在此依次保存各个框架

【保存全部】命令将保存框架集中的所有文档，包

对于应始终保持相同大小的框架(例如导航条)而言，将选定行或列设置为固定大小是最佳选择。设置框架大小的最常用方法是将左侧框架设置为固定像素宽度，将右侧框架大小设置为相对大小，这样在分配像素宽度后，能够使右侧框架伸展以占据所有剩余空间。

括框架集文件和所有带框架的文档。

如果该框架集文件未保存过，则在【设计】视图中框架集的周围出现粗边框，并且出现一个对话框，可从中选择文件名。对于尚未保存的每个框架，在框架的周围都将显示粗边框，并且出现一个对话框，可从中选择文件名。

9.4 使用框架的利与弊

框架的最常见用途就是导航。一组框架通常包括一个含有导航条的框架和另一个要显示主要内容页面的框架。但是，框架的设计可能比较复杂，并且在许多情况下，创建没有框架的网页，也可以达到使用一组框架所能实现的许多效果。因此在实际的网页设计过程中，设计者需要衡量一下使用框架的利与弊，再决定是否使用框架。

9.4.1 使用框架的利

使用框架具有以下优点。

❖ 节省网页访问者访问网页的时间。访问者的浏览器不需要为每个页面重新加载与导航相关的图形。

❖ 方便网页访问者访问内容页面较长的网页。访问者可以利用框架自身带有的滚动条独立调节要访问的文档，而不需要重新回到页首。例如，如果导航条位于不同的框架中，那么向下滚动到页面底部的访问者就不需要再滚动回顶部来使用导航条，如下图所示。

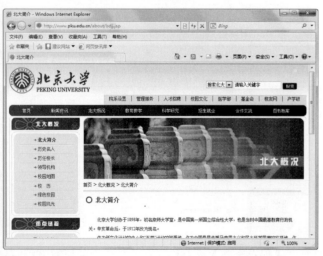

9.4.2 使用框架的弊

许多专业的网页设计人员不喜欢使用框架，并且许多浏览网页的人也不喜欢框架。在大多数情况下，这种反感是因为遇到了那些使用框架效果不佳或不必要地使用框架的站点(例如，每当访问者单击导航按钮时就重新加载导航框架内容的框架集)。

使用框架有以下缺点。

❖ 各个框架大小不一，可能难以实现不同框架中各元素的精确图形对齐。

❖ 由于导航条可能包含大量的链接，网页访问者可能会把时间浪费在对导航条的测试上。

❖ 在页面中使用框架，框架内的对象的 URL 不显示在浏览器中，因此，访问者难以将框架页面设为书签，或者不能一步到位浏览所需要的文件。

9.5 思考与练习

选择题

1. 框架是浏览器窗口中的一个区域，可以显示与浏览器窗口的其余部分中所显示内容无关的 HTML 文档。框架和框架集的关系是_____。

    A. 部分与总体的关系

    B. 被包含与包含的关系

    C. 一对多的关系

    D. 没有任何关系

2. 在文档窗口的【设计】视图下，创建框架和框架集的方法有_____。

    A. 使用鼠标拖动直接创建

    B. 选择【修改】|【框架集】|【拆分上框架】命令

    C. 单击【布局】工具栏中的 按钮选择所要的框架集

    D. 选择【插入】|HTML|【框架】|【右侧及方嵌套】命令

3. 要使用 Alt+Shift 组合键选中框架，框架边框必须是可见的；如果看不到框架边框，则选择_____命令使框架边框可见。

    A. 【查看】|【可视化助理】|【层外框】

    B. 【查看】|【可视化助理】|【表格边框】

    C. 【查看】|【可视化助理】|【框架边框】

为文档创建导航条后，可使用【修改导航条】命令向导航条添加图像，或从导航条中删除图像。

D. 【查看】|【可视化助理】|【不可见元素】

4. 使用框架布局网页的好处在于_____。

A. 对网页中的文本、图像进行精确定位

B. 节省网页访问者访问网页的时间

C. 方便网页访问者访问长篇的网页

D. 使网页具有复杂的结构

操作题

1. 分别使用下列方法直接创建框架和框架集。

(1) 使用鼠标拖动。

(2) 使用菜单插入。

2. 利用【插入】面板的【布局】类别，按下面要求创建预定义框架集。

(1) 调出【插入】面板的【布局】类别。

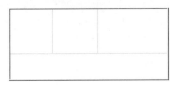

(2) 创建如下框架集。

(3) 一次性保存所有框架。

3. 选中上题中左上侧的框架，删除该框架。

4. 为创建的框架设置背景颜色，并修改边框的颜色。

5. 使用学过的知识创建一个链接框架网页。

学以致用系列丛书

在页面中插入导航条时，可以执行以下操作：创建一个导航条、将导航条复制到站点内的其他页面以及将导航条与框架一起使用等。

第 10 章

层楼叠榭——应用层

大家在浏览网页时，有没有注意到上面的浮动面板、弹出式菜单等，还有那些作为 HTML 元素，却能够响应鼠标或键盘事件的区域，它们是如何实现的呢？由 <div> 标签衍生的层即给出了一种解决方案。

 学习要点

- ❖ 层的生成和层面板
- ❖ 层的基本操作
- ❖ 层的属性面板
- ❖ 层与表格的互换

 学习目标

通过本章的学习，读者应该了解 Dreamweaver CS5 中的层，并掌握对层的各项操作，包括层的创建、设置格式、设置其基本参数等；通过 Dreamweaver 提供的辅助工具，可以对层进行精确的定位、同时调整多个层的属性，以及进行层与表格相互转换等。

10.1 认识层和层面板

层是被分配了绝对位置的 HTML 页面元素，在 Dreamweaver 中表现为用<div>标签组织起来的页面内容。可以在层中包含任意文本、图像，以及任何可以在网页中输入的内容。

通过 Dreamweaver，可以使用层来设计页面的布局；可以将一个层放置到其他层的前面或后面，隐藏某些层而显示其他层以及在屏幕上移动层；可以在一个层中放置背景图像，然后在该层的前面放置另一个包含带有透明背景的文本的层。

层通常是绝对定位的 div 标签，可以将任何 HTML 元素(例如，一个图像)作为层进行分类，方法是为其分配一个绝对位置。

通过使用层，可以使页面布局更加整齐、美观，为设计者提供了强大的网页控制能力。

提示

在 Dreamweaver 中，层也被称为 AP DIV。

10.1.1 创建层

在 Dreamweaver 中，可以方便地在网页上的任何地方创建一个层，具体操作步骤如下。

操作步骤

❶ 在网页的正文中将光标定位在想要插入层的位置，然后选择【插入】|【布局对象】|AP DIV 命令，如下图所示。

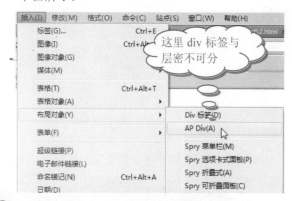

❷ 文档界面中出现了一个层，如右上图所示。

这是新建的层

❸ 在【标签选择器】栏中出现了 "div#apDiv1" 的标签，这是系统自动给层生成的名称，如下图所示。

技巧

还可以通过在【插入】面板的【布局】工具栏中单击【绘制 AP DIV】按钮，然后在文档窗口中拖动鼠标来绘制层，如下图所示。

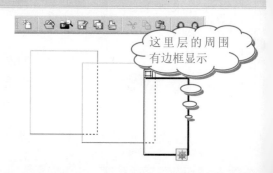

单击【绘制层】按钮

技巧

如果在绘制层时按下 Ctrl 键，则可以连续地绘制多个层，如下图所示。

这里层的周围有边框显示

10.1.2 创建嵌套层

嵌套层是其代码包含在另一个层中的层，这与层在【设计】视图中的布局位置并无绝对的联系。嵌套层常用于层的组织。被设定为嵌套的子层可以随父层一起移动，而且可以继承其父层的可见性。在 Dreamweaver 中我们可以用直观的方法来创建嵌套层，具体操作步骤如下。

可以使用 Dreamweaver 中的层来设计页面的布局，可执行的操作包括将层前后放置，隐藏某些层而显示其他层，以及在屏幕上移动层，或是在一个层中放置背景图像，然后在该层的前面放置第二个层，它包括了带有透明背景的文本。

操作步骤

1 进入【插入】面板的【布局】工具栏中，单击【绘制 AP DIV】按钮，在网页的【设计】视图中绘制一个层，以作为嵌套层的包容器，如下图所示。

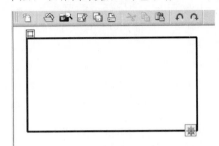

2 将光标定位在创建的层中，选择【插入】|【布局对象】|AP DIV 命令，新创建的层将被嵌套在绘制的起始点所在的层中，拖动鼠标以改变其位置。Dreamweaver 允许创建多级嵌套层，如下图所示。

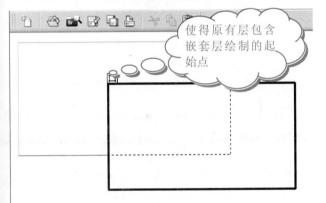

使得原有层包含嵌套层绘制的起始点

3 选择【窗口】|【AP 元素】命令，或直接按下 F2 键，进入【AP 元素】面板，可以发现这里用树状的列表清楚地标明了网页中所包括各层的关系，如下图所示。

4 可以通过单击父层前方的上下箭头来展开或最小化该层所包含的嵌套层。可以在【AP 元素】面板中单击层的名称以选择该层，并在【设计】视图中清晰地显示它所包含的所有子级嵌套层；或双击层以对其进行重命名。在可见性栏中单击，则可更改层的可见性，如右上图所示。

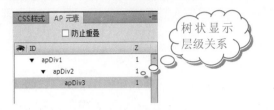

树状显示层级关系

> **提示**
>
> 【AP 元素】面板中的【防止重叠】复选框决定了创建或移动层时，是否允许层进行重叠。而 Z 栏则说明了层的层叠顺序，即 CCS 属性中的"z-index"值，代表着层在网页上的纵深显示方式。

10.1.3 设置层格式

创建层之后，还可以对它进行修改。事实上，进入【代码】视图后，可以发现所绘制的层是由具有一定 CSS 样式的<div>标签组织而成的，这就提供了设置层格式的方法，就是 CSS 面板。

操作步骤

1 选择【窗口】|【CSS 样式】命令，或直接按下 Shift+F11 组合键，进入【CSS 样式】面板，单击这里的【全部】按钮，可以发现页面中使用的所有层的样式。单击一个层样式的名称，即会在面板中列出该层的属性，如下图所示。

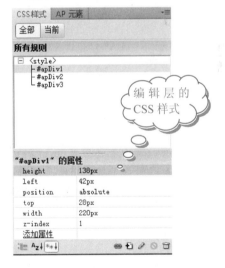

编辑层的 CSS 样式

2 选择一个样式，单击面板下方的【编辑样式】按钮，在弹出的【CSS 规则定义】对话框中可以对层进行更详细的设定，如下图所示。

绘制层时，Dreamweaver 会在文档中插入<div>标签，并为层分配 id 值（默认情况下，Layer1 表示绘制的第一层，Layer2 表示绘制的第二层，以此类推）。<layer>与<ilayer>标签也可以用于创建层，但只有 Netscape Navigator 4 支持它们。Dreamweaver 可以识别<layer>和<ilayer>标签，但不使用这些标签来创建层。

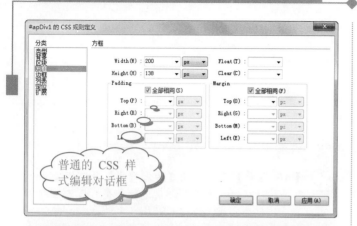

普通的 CSS 样式编辑对话框

10.1.4 设置层参数属性

在插入或绘制新层时，可以指定该层所具有的一些常用属性的默认设置，具体操作步骤如下。

操作步骤

❶ 选择【编辑】|【首选参数】命令，或直接按下 Ctrl+U 组合键，弹出【首选参数】对话框，选择【分类】列表框中的【AP 元素】选项，如下图所示。

设置层的首选参数

❷ 注意到了吗？在这里可调整新层的默认可见性、通过【插入】菜单插入新层时的宽与高以及背景颜色和背景图片等。而通过选中【在 AP DIV 中创建以后嵌套】复选框，只需将新层绘制在另一个层中，两者就会自动进行嵌套。参数设置完毕后，单击【确定】按钮即可。

10.2 层的基本操作

作为网页上的一个元素，Dreamweaver 中的层提供了对于网页内容更加灵活的组织与编排方式，下面就来一

起管理与操作层。

10.2.1 激活层

在网页中激活指定的层后，即可在其中输入内容并进行编辑了。那么，如何激活层呢？具体操作步骤如下。

操作步骤

❶ 在【设计】视图中将光标定位到层的内部并单击，此时层内会有闪现的插入提示符，输入内容即可，如下图所示。

在插入符后输入内容

注意

如果没有在【设计】视图中看到所要编辑的层，那可能是它被隐藏了。可以按 F2 键进入【AP 元素】面板，在此单击层名称前的【可见性】栏，将其调整为 👁 (可见)即可。或是在【CSS 样式】面板中将指定层的 visibility(可见性)属性值改为 visible(可见)，这样，就可以在【设计】视图中通过光标来激活层了。

❷ 或者进入【代码】视图，在这里找到标明层的<div>标签，并将内容输入到<div>与</div>标签对之间即可，如下图所示。

直接在代码中输入文本

可以启用【嵌套】选项，这样，在从另一个 AP DIV 内部开始绘制 AP DIV 时将实现 AP DIV 的自动嵌套。若要在另一个 AP Div 的内部或上方进行绘制，还必须取消选中【防止重叠】复选框。

10.2.2　选中层

要想设置层的属性参数，需要先选中该层。选中层的操作步骤如下。

操作步骤

最直接的方式莫过于在【设计】视图中单击层的边框或是其选择柄▢ (若调节柄不可见，则在层中的任意位置单击以激活层即可)，此时在层的周围会出现调节柄，如下图所示。

层的选择柄，可用于控制层的移动

技巧

还可以使用下述方法选中层。

❖ 将光标定位到层所包含的内容后，在【设计】视图或【代码】视图下方的标签选择器中选择层所对应的<div>标签，或是在【代码】视图中拖动光标并选择整个<div>标签。

❖ 按下 Ctrl+Shift 组合键的同时单击层的任一位置，或是激活层后连续两次按下 Ctrl+A 组合键，即可选择该层(第一次是选择层所包含的内容)。

❖ 如果要选择多个层，可以在按住 Shift 键的同时依次单击多个层的边框或内部，也可以在【层】面板中按住 Shift 键后单击多个层的名称。最后一个被选择的层将有实心的调节柄，如下图所示。

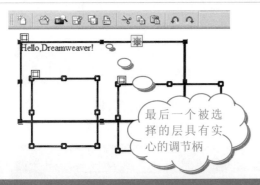

最后一个被选择的层具有实心的调节柄

10.2.3　调整层

选择特定的层后，就可以调整层的各项属性了。当然，在【CSS 规则定义】对话框中就能够进行详细的指定，但 Dreamweaver 提供了更为简便的方式。

1. 调整层的大小

层的大小由其 CSS 样式中的 height(高度)与 width(宽度)属性来指定，除了输入数据外，有没有更直观的方法呢？

操作步骤

❶ 选择一个层后，将鼠标指针移动到层边框的调整柄上，然后按下鼠标左键，拖动鼠标，如下图所示。

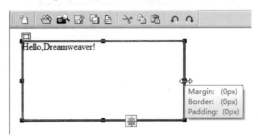

❷ 拖动到适当位置后，释放鼠标，即可得到调整后的层，如下图所示。

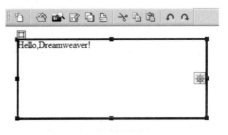

技巧

❖ 如果要精确地调整层的大小，使用 Ctrl+方向键的组合来一次调整一个像素的大小。而通过 Ctrl+Shift+方向键可以按网格靠齐增量来进行大小调整。

❖ 也可以选择层后，直接在【属性】面板中输入其宽度值和高度值，如下图所示。

2. 移动层

层在网页中的布局位置由其 CSS 样式中的 left(左)与 top(上)属性来指定。当然，在【设计】视图中可以更方便地移动层到页面的任何位置。

标尺可以帮助测量、组织和规划布局，它可以显示在页面的左边框和上边框中，以像素、英寸或厘米为单位来标记。辅助线是从标尺拖动到文档上的线条。它们有助于更加准确地放置和对齐对象。可以使用辅助线来测量页面元素的大小，或者模拟 Web 浏览器的重叠部分(可见区域)。

 135

操作步骤

❶ 选择一个或多个层，拖动最后一个选定的层，即具有实心调节柄边框的层的选择柄□，如下图所示。拖动鼠标，至合适的位置后释放鼠标。

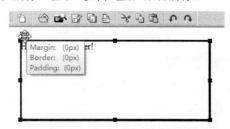

❓提示

选择一个层后直接按下键盘上的方向键，即可将层移动一个像素；若同时按住 Shift 键，则可按当前网格靠齐增量来移动层。

❷ 瞧，层被移动过来了，如下图所示。

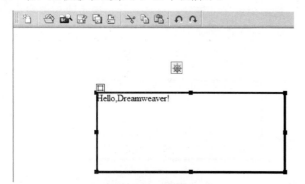

✅技巧

除了在【CSS 样式】面板中更改层的定位值外，还可在选择层后进入【属性】面板，输入其左边距和上边距值来定位，如下图所示。

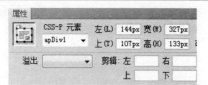

3. 对齐层

在组织多个层的页面布局时，对齐层成了最常用的功能之一，下面就来一起操作吧！

操作步骤

❶ 依次选择多个层，注意到以实心调节柄表示的最后选定层，如右上图所示。

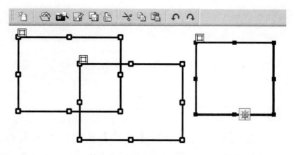

❷ 选择【修改】|【排列顺序】命令，在弹出的子菜单中选择对齐方式，比如选择【左对齐】命令，如下图所示。

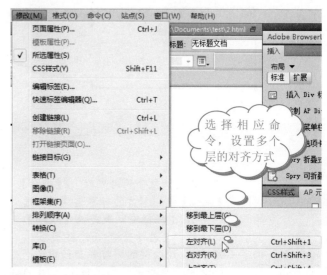

❸ 左对齐的效果如下图所示。

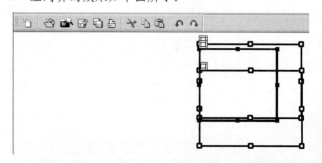

10.2.4　使用定位辅助工具

Dreamweaver 提供了标尺、辅助线与网格等可视化定位辅助工具来对元素进行定位、测量或调整大小。

1 使用标尺

标尺可用于测量、组织和规划网页的布局。它可以显示在页面的边框上，并以不同的单位来进行标记。

操作步骤

❶ 若要在【设计】视图中显示标尺，只需选择【查看】

将辅助线添加到 Dreamweaver 模板之后，模板的所有实例都会继承辅助线。不过，模板实例中的辅助线被视为可编辑区域，因此用户可以修改它们。当模板实例被主模板更新时，模板实例中经过修改的辅助线总会恢复到它们的原始位置。还可以向模板实例中添加自己的辅助线。当模板实例被主模板更新时，不会覆盖以这种方式添加的辅助线。

|【标尺】】|【显示】命令，或按下 Ctrl+Alt+R 组合键，如下图所示。

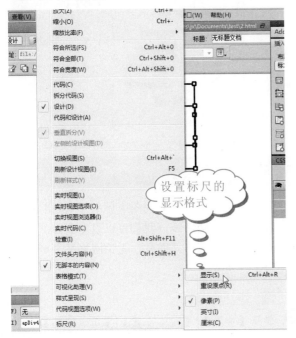

2. 使用辅助线

辅助线是从标尺拖动到页面上的线条，它有助于更精确地放置网页中的元素。下面就来一起创建并使用辅助线吧！

操作步骤

❶ 在【设计】视图中将标尺显示出来，在标尺上按下左键并拖动到页面中的某一位置即可创建一条辅助线，拖动时会显示出辅助线的坐标值，如下图所示。

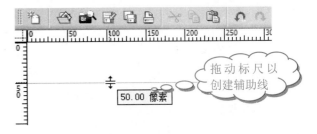

提示

默认情况下以绝对像素度量值来记录辅助线与文档顶部或左侧的距离，并相对于标尺原点显示辅助线。若在创建或移动辅助线时按下 Shift 键，即可以百分比形式显示和拖动，如下图所示。

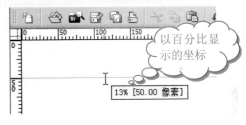

❷ 默认情况下，标尺的原点在【设计】视图的左上方。若要更改其位置，只需将标尺的原点图标┼拖动到相应的位置即可，如下图所示。

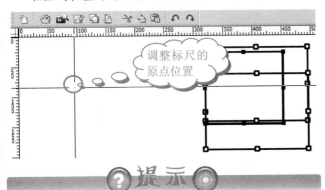

提示

若要将原点恢复到其默认位置，只需选择【查看】|【标尺】|【重设原点】命令即可。

❸ 默认情况下标尺是以像素作为度量单位的，Dreamweaver 还提供了其他两种度量单位：英寸与厘米，这可以通过选择【查看】|【标尺】命令，并在弹出的子菜单中选择相应的单位来实现。下面是将标尺的度量单位设为厘米后的效果，如下图所示。

❷ 将光标移动到辅助线上后再次拖动，即可重新定位辅助线，而将辅助线拖到文档之外即可将其删除。如果辅助线不能移动，可以通过选择【查看】|【辅助线】|【锁定辅助线】命令，去掉前面的选中项即可(或直接按下 Ctrl+Alt+; 组合键)。而若要精确地控制辅助线的位置，则可以双击辅助线，在弹出的【移动辅助线】对话框中输入新的偏移量和单位，如下图所示。

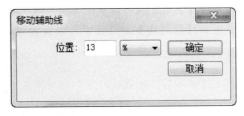

对于辅助线的设置，【辅助线颜色】指定辅助线的颜色；【距离颜色】指定将鼠标指针保持在辅助线之间时，作为距离指示器出现的线条的颜色；【靠齐辅助线】使页面元素在页面中移动时能靠齐辅助线；【锁定辅助线】将辅助线锁定在适当位置；【辅助线靠齐元素】使在拖动辅助线时将辅助线靠齐页面上的元素。

❸ 事实上，辅助线是可以显示或隐藏的，选择【查看】|【辅助线】|【显示辅助线】命令，或是按下 Ctrl+;组合键，即可切换辅助线的显示状态，如下图所示。

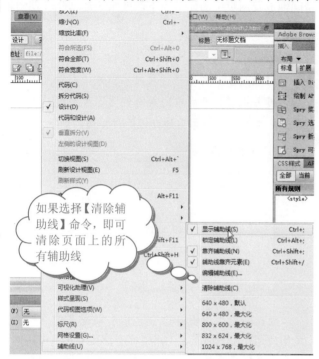

> 如果选择【清除辅助线】命令，即可清除页面上的所有辅助线

技巧

注意到 Dreamweaver 预设的几组辅助线了吗？这是针对不同的分辨率和浏览器大小进行设计。

❹ 辅助线比较常用的功能是用于对齐页面上的各元素，通过选择【查看】|【辅助线】|【靠齐辅助线】及【辅助线靠齐元素】命令，可以使得移动网页上的元素时自动对齐到辅助线，或移动辅助线时对齐到网页元素，即距离较小时自动进行依附。

❺ 将光标移动到辅助线上即可显示出辅助线的绝对坐标值。而当文档中存在多条辅助线时，将光标移动到任意两条辅助线之间，按下 Ctrl 键即可查看各辅助线之间的距离。需要注意的是，这里的标示值均与标尺的度量单位相同。

❻ 通过选择【查看】|【辅助线】|【编辑辅助线】命令，在弹出的【辅助线】对话框中可以设置辅助线的各种格式，如右上图所示。

3. 使用网格

网格用于在【设计】视图中显示一系列的水平线和垂直线。类似于辅助线，我们可以设定页面上的元素在移动时自动靠齐网格，而且，无论网格是否可见，都可以使用靠齐功能。

操作步骤

❶ 选择【查看】|【网格设置】|【显示网格】命令，或按下 Ctrl+Alt+G 组合键，即可在【设计】视图中显示网格，如下图所示。

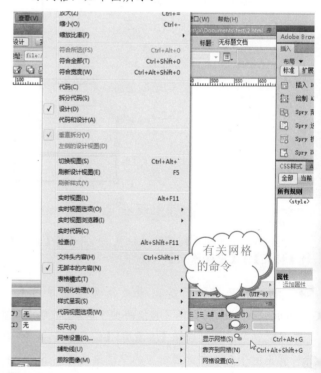

> 有关网格的命令

❷ 现在可以看到【设计】视图中显示出的网格了，如下图所示。通过选择上面菜单中的【靠齐到网格】命令，或是直接按下 Ctrl+Alt+Shift+G 键，可以使得在网页上拖动元素的同时自动对齐到网格。

跟踪图像只有在 Dreamweaver 中才是可见的，它在浏览器中是永远不可见的，与页面背景的不同之处在于，跟踪图像仅仅是作为一个辅助定位工具。当显示跟踪图像时，【设计】视图中页面的实际背景图像与颜色将会被跟踪图像所覆盖。

学以致用系列丛书

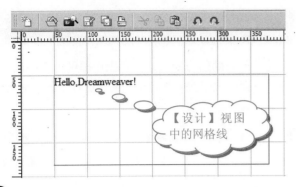

【设计】视图中的网格线

❸ 通过选择【网格设置】命令，可在弹出的【网格设置】对话框中确定网格的颜色、间隔及显示方式等信息，单击【确定】按钮即可使更改生效，如下图所示。

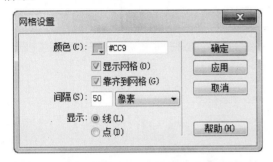

上面对话框中对于网格的设置，各选项的含义如下。

❖ 【颜色】：指定网格线的颜色。可以从颜色选择器中选取颜色，或直接输入颜色值。

❖ 【显示网格】：控制网格在【设计】视图中是否可见。

❖ 【靠齐到网格】：与菜单栏中的命令一致，用于使页面上的元素在移动时能靠齐到网格。

❖ 【间隔】：指定了网格线的间距。这里提供了像素、英寸与厘米 3 种度量单位。

❖ 【显示】：指定网格的显示方式为点状或线状。

10.2.5　使用跟踪图像

跟踪图像是在【设计】视图窗口背景中显示的 JPEG、GIF 或 PNG 等图像，可用于整体网页的布局与设计。

操作步骤

❶ 要使用跟踪图像，需要先将一幅图片进行加载。选择【修改】|【页面属性】命令，或直接按下 Ctrl+J 组合键，或选择【查看】|【跟踪图像】|【载入】命令，如右上图所示。

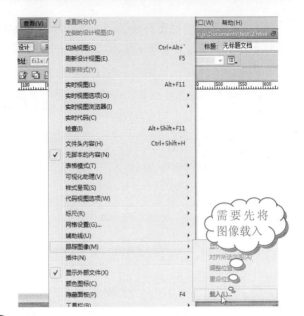

需要先将图像载入

❷ 弹出【页面属性】对话框，切换到【分类】列表框中的【跟踪图像】选项，在此单击【浏览】按钮并确定图像的路径，然后设定其透明度，单击【确定】按钮即可，如下图所示。

设置跟踪图像的相关属性

❸ 选择【查看】|【跟踪图像】|【显示】命令，即可将图像显示在【设计】视图中，如下图所示。

仅在设计时显示的跟踪图像

❹ 若要更改跟踪图像的位置，需要选择【查看】|【跟

学以致用系列丛书

长见识

跟踪图像只有在 Dreamweaver 中才是可见的，它在浏览器中是永远不可见的——与页面的背景(background-image 属性)的不同之处在于，跟踪图像仅仅是作为一个辅助定位工具。当显示跟踪图像时，【设计】视图中页面的实际背景图像与颜色将会被跟踪图像所覆盖。

踪图像】|【调整位置】命令，在弹出的【调整跟踪
图像位置】对话框中输入其横、纵坐标即可，如下
图所示。选择同一子菜单下的【重设位置】命令，
可以将跟踪图像的坐标设为(0,0)，即与网页的左上角
对齐。

✅ 技巧 ❄

输入确切的坐标值后，只有当单击【确定】按钮
后才会生效，有没有办法即时显示出调整的效果呢？
事实上，可以在上面的对话框中使用键盘上的方向键
来逐个像素地移动图像，而且即刻会在【设计】视图
中体现出变化。若使用方向键的同时按下 Shift 键，
则可一次移动 5 个像素。

❺ 为了使跟踪图像与网页中已存在的内容对齐，可以
选定【设计】视图中的特定内容或元素，然后选择
【查看】|【跟踪图像】|【对齐所选范围】命令，此
时跟踪图像的左上角将与所选元素区域的左上角对
齐，如下图所示。

10.3 层的属性面板

除了可以在【CSS 样式】面板中详细指定层的各种
属性外，更为简便的方法是进入【属性】面板进行
更改。

10.3.1 单个层的属性面板

通过前面的学习知道，很多操作都可以直接在层
完成。下面先来了解一下单个层的【属性】面板吧！

操作步骤

❶ 选择【窗口】|【属性】命令，或直接按下 Ctrl+
组合键，即可打开【属性】面板。这样，在选择
个层后，【属性】面板中将会显示出层的各个常
属性，用户就可以直接进行更改了，如下图所示。

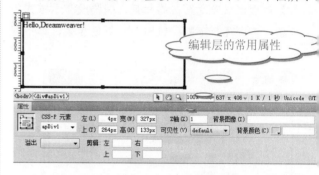

编辑层的常用属性

❓ 提示 ❖

这里的【可见性】指定了层的 visibility 属性值，
【属性】面板中提供了以下 4 个选项。

❖ Default(默认)：不指定层的可见性属性，此
时大多数浏览器将默认为"继承"。

❖ Inherit(继承)：用于嵌套层，表示使用该层父
级的可见性属性。

❖ Visibility(可见)：显示层中的内容，而不管
父级的值是什么。

❖ Hidden(隐藏)：隐藏层中的内容，而不管父
级的值是什么。

❷ 单击【属性】面板右下角的展开箭头 ▽，可以查
更多的属性，如下图所示。

长见识 可以使用【首选参数】对话框中的【AP 元素】类别来指定新建层的默认设置。选择【编辑】|【首选参数】命令，
弹出【首选参数】对话框，从左侧的【类别】列表框中选择【AP 元素】选项，按需要进行更改，然后单击【确定】按
钮即可。

提示

这里的【溢出】选项用于控制当层的内容超过层的指定大小时如何在浏览器中显示层。

❖ Visible(可见)：显示层中的所有内容，层会自动延伸以容纳当前尺寸无法显示的内容。

❖ Hidden(隐藏)：不在浏览器中显示超出层范围的内容。

❖ Scroll(滚动)：总是在层上添加滚动条，而不管层中的内容是否超出范围。

❖ Auto(自动)：浏览器仅在需要时(层中的内容已超出其边界)才在层上显示滚动条。

10.3.2　多个层的属性面板

选择多个层时，【属性】面板将会显示层中所包含文本的属性，以及全部属性的一部分，这便于同时修改多个层。

事实上，在选择多个层后展开【属性】面板，即可在【属性】面板中看到"多个层"属性组了，如下图所示。

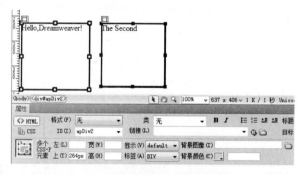

10.3.3　【AP 元素】面板

可以使用【AP 元素】面板(选择【窗口】|【AP 元素】命令显示)来管理文档中的 AP 元素。使用【AP 元素】面板可防止重叠，更改 AP 元素的可见性，嵌套或堆叠 AP 元素，以及选择一个或多个 AP 元素。

【AP 元素】面板的布局如下图所示。

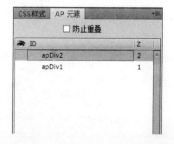

AP 元素将按照 Z 轴的顺序显示为一列名称；默认情况下，第一个创建的 AP 元素(Z 轴为1)显示在列表底部，最新创建的 AP 元素显示在列表顶部。不过，您可以通过更改 AP 元素在堆叠顺序中的位置来更改它的Z轴。例如，如果创建了8个 AP 元素并想将第四个 AP 元素移至顶部，则应为其分配一个高于其他 AP 元素的 Z 轴。

【AP 元素】面板的"眼形"图标可以用来更改 AP 元素的可见性，可以直接单击它改变所有 AP 元素的可见性，也可以改变每一个 AP 元素的可见性。

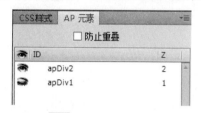

❖ 眼睛睁开表示该 AP 元素是可见的。

❖ 眼睛闭合表示该 AP 元素是不可见的。

❖ 如果没有眼形图标，该 AP 元素通常会继承其父级的可见性(如果 AP 元素没有嵌套，父级就是文档正文，而文档正文始终是可见的)。

10.4　层与表格的互换

作为页面布局常用的工具，层与表格可以相互来回转换，以适应不同的浏览环境及编排习惯。灵活地运用层和表格，可以有效地提升整体的布局效率，并保证网页的浏览速度。

需要注意的是，进行层与表格的相互转换时，不能在特定的表格或层之间进行转换，而必须将整个页面上的层转换为表格或将表格转换为层。

注意

由于表单元格不能重叠，Dreamweaver 无法从重叠层创建表格。如果要进行层到表格的转换，可以选择菜单栏中的【修改】|【排列顺序】|【防止层重叠】命令，或是直接在【层】面板中选中【防止重叠】复选框，以防止层移动时重叠在一起，如下图所示。

利用层可以非常灵活地放置内容。但是，使用旧版本的网页浏览器的站点访问者查看层时可能会遇到麻烦。若要确保所有人都能够正确查看网页，可以使用层设计页面布局，然后将层转换为表。但是，如果访问者很可能使用最新的浏览器，则可以完全用层来设计布局，而无需将层转换为表格。

141

10.4.1 层到表格

创建层后，可以将其转换为表格，在此之前要确保没有相互重叠或嵌套的层。把层转换为表格的具体操作步骤如下。

操作步骤

❶ 创建如下图所示的 3 个层。

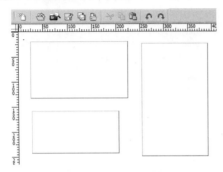

❷ 选择【修改】|【转换】|【将 AP Div 转换为表格】命令，如下图所示。

进行层与表格的相互转换

❸ 弹出【将 AP Div 转换为表格】对话框，然后在【布局工具】选项组中选中【防止重叠】、【显示网格】和【靠齐到网格】3 个复选框，再单击【确定】按钮，如下图所示。

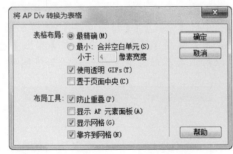

该对话框中的各选项含义如下。

❖ 【最精确】：为每个层创建一个单元格，并附加保留层之间的空间所必需的任何单元格。

❖ 【最小：合并空白单元】：用户合并小于一定数值的单元格。如果选中该项，下一行【小于：××像素宽度】栏就被激活，可以自行设定像素宽度的数值。

❖ 【使用透明 GIFs】：用透明的 GIF 图片填充表的最后一行，即确保该表在所有浏览器中以相同的列宽显示。

❖ 【置于页面中央】：将结果表放置在页面的中央。禁用此项后表将在页面的左边缘开始。

❹ 层按照设定转换为表格，同时显示表格，如下图所示。

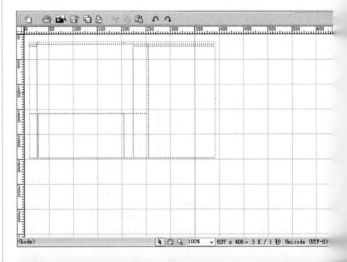

10.4.2 表格到层

将表格转换为层的方法与前面将层转换为表格的方法类似，具体操作步骤如下。

操作步骤

❶ 选择【修改】|【转换】|【将表格转换为 AP Div】命令，调出【将表格转换为 AP Div】对话框，如下图所示。

长见识 在进行层到表格的转换过程中，如果是重叠的层或者有嵌套，是不能转换为表格的。当然，处于模板中或应用模板下的层，也是不能被转换为表格的。

❷ 选择所需的转换选项，单击【确定】按钮即可完成转换。需要注意的是，将表格转换为层后，位于表格外的页面元素也会放入层中，而且没有被指定背景颜色的空单元格将不会转换为层。

提示

这里提供的各转换选项的含义如下。
- ❖ 【显示网格】与【靠齐到网格】：使用网格来协助对层进行定位。
- ❖ 【防止重叠】：在创建、移动层和调整层大小时约束层的位置，使层不会重叠。
- ❖ 【显示 AP 元素面板】：显示出【AP 元素】面板，方便对层的管理和操作。

10.5 思考与练习

选择题

1. 下面有关在网页中插入层的方法，叙述错误的是_____。
   - A. 使用菜单栏中的【插入】|【布局对象】| AP DIV 命令
   - B. 在 HTML 代码中插入<div></div>标签对
   - C. 使用插入工具栏进行绘制
   - D. 按下 Alt 键的同时，可以绘制多个层
2. 下列关于嵌套层的关系叙述正确的是：_____。
   - A. 嵌套层是包含在另一个层中，在网页上表现为层的相交
   - B. 绘制在另一个层中的新层，就是嵌套层
   - C. 移动父层时，被嵌套的子层也会随之移动
   - D. 父层的层叠顺序，要比子层高
3. 下列关于辅助定位工具的叙述，正确的是_____。
   - A. 可以锁定辅助线，使得它们无法移动
   - B. 网格在【设计】视图中以实线显示，可以自定义它们的间隔距离
   - C. 跟踪图像只在设计网页时起作用，浏览器中是不显示的
   - D. 可以使网页上的元素自动对齐到跟踪图像

操作题

1. 使用菜单插入层，然后使用工具栏上的按钮来绘制层，比较二者的区别。尝试直接绘制嵌套层，如果未能成功，找出可能的原因和解决办法。

2. 修改层的默认属性，熟悉有关层的 CSS 样式表，尝试设置层的各种属性，看看会有什么效果。对于已经绘制好的多个层，尝试将它们一直移动，调整为相同大小，然后对齐。

3. 显示出 Dreamweaver 的各种辅助定位工具，改变它们的属性，比如颜色、单位、图像源、坐标等，将网页中的层移动到与它们对齐。

4. 使用 Dreamweaver 命令，将层和表格相互转换，并尝试使用不同的转换，看看最后的效果如何，指出出现不同结果的原因。

在转换为表格之前，请确保 AP 元素没有重叠，还要确保处于标准模式(选择【查看】|【表格模式】|【标准模式】命令)中。

第 11 章

秘籍攻略——应用 CSS 样式表

使用层叠样式表 CSS 是美化网页的重要手段之一。本章将介绍 CSS 的基本操作以及如何利用 CSS 样式表对页面中的元素进行美化，以合理有效地制作出更精美新颖的网页！

学习要点

- ❖ 样式表入门
- ❖ 创建 CSS 样式表
- ❖ 管理 CSS 样式表
- ❖ CSS 样式表的应用
- ❖ CSS 样式的属性
- ❖ CSS 样式的过滤器

学习目标

通过本章的学习，读者应该掌握创建和管理 CSS 样式表、导入/导出 CSS 样式表文件、链接外部样式表、应用内部样式表、设置滤镜效果、改变鼠标指针状态、利用 HTML 标签美化网页等多种样式表操作和技巧。然后，使用这些操作和技巧，全面提高利用 CSS 样式设计网页的能力。

11.1 样式表入门

使用样式表能够精确完成调整页面字间距、行间距，设置网页背景图片以及定义网页链接等细节，并且这些设置可以保存下来应用于其他文档。本小节将对 CSS 样式的一些基本概念进行初步介绍。

11.1.1 文本格式化操作概述

关于文本的格式化操作，在第 4 章已经学习过了，这里再简单回顾一下。

操 作 步 骤

1 在【属性】面板中可以设置文本的格式、样式、字体、颜色、大小和对齐方式等属性，如下图所示。

2 选中所需设置格式的文本，然后单击【属性】面板中的【格式】下拉按钮，从弹出的下拉列表框中选择一种格式(例如【标题 1】)，如下图所示。

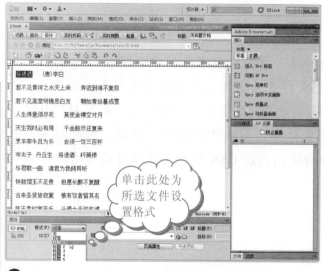

单击此处为所选文件设置格式

3 选择需要编辑的文本，然后单击【属性】面板中的【字体】下拉按钮，从弹出的下拉列表框中选择一种字体(例如【仿宋】)，弹出新建 CSS 规则的对话框，选择选择器类型并输入选择器名称，单击【确认】按钮，如右上图所示。

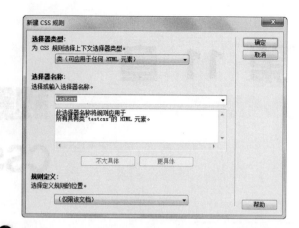

4 此时，文字的外形就会变样了，如下图所示。

设置字体

5 单击【属性】面板中的【大小】下拉按钮，从弹出的下拉列表框中选择一种字号(例如"24")，再在文本空白处单击，如下图所示。

6 单击【属性】面板中的【颜色】下拉按钮，打开颜色选项面板，直接单击所需颜色的方格即可为选中的文本设置颜色，如下图所示。

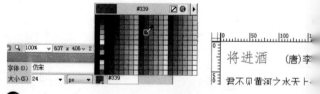

7 选中一段文本，单击【属性】面板中的【居中对齐】按钮，得到的效果如下图所示。

设置居中对齐后的效果

在【CSS 样式】面板中的【正在】模式下，对【属性】窗格所做的任何更改都将立即应用到所选的 CSS 样式中，使得用户可以在操作的同时预览效果。

11.1.2 样式表的定义

样式表是一种对网页元素(如图像、动画、字幕以及其他控件)进行准确定位的技术,它的全称是层叠式样式表,即 Cascading Style Sheet 的缩写,又被称为风格样式表(Style Sheet),顾名思义,是用来定义和设计网页风格的。

比如,如果想让网页上浏览过的链接与未浏览过的链接呈现不同的颜色以示区别,如未单击的链接是蓝色的,当鼠标指针移上去时文字变成红色且有下划线,单击后显示暗红色。这就是一种风格,这种风格就是通过 CSS 实现的。

设立样式表可以统一地控制 HTML 中各标签的显示属性。在网站设计中,通过只修改一个文件就可以改变一批网页的外观和格式,为设计者提供了方便。样式表为保证在所有浏览器和平台之间的兼容性,拥有更少的扁码、更少的网页和更快的下载速度。

样式表能够全面支持常用的大多数浏览器,样式表的存在,为大部分的网页创新奠定了基础。

11.1.3 样式表的功能

在网页设计中为了操作方便,常用 CSS 样式来控制页面中字体的大小、行间距和对背景图像的反复调用,以及表格效果的设置等。网站设计者可以通过一个简单的命令来改变字体、大小、间距以及许多其他的页面元素,而这个改动将波及整个页面以及整个站点。

与 HTML 相比,CSS 具有下述 4 个比较明显的优势。

❖ 可以将格式和结构分离。HTML 只定义了网页的结构和个别要素的功能,而让浏览器自己决定应该让各要素以何种模样显示。如果要表现复杂的样式,代码会变得臃肿不堪。CSS 代码独立控制页面外观,将定义结构的部分和定义格式的部分分离,使得代码简单明了,从而对页面布局可以实施更多的控制。

❖ 可以更加灵活而精确地控制页面的格式和布局。传统 HTML 对像素调节、字间距和行间距控制、图像精确定位无能为力,和 CSS 在这些方面的总体控制能力形成了鲜明的对比。CSS 能以更简便的方式创建具有复杂图像、丰富字体和统一格式等特殊效果的网页。

❖ 可以更快捷有效地实现网页的维护和更新。虽

然模板能够对基于它建立的文档进行整体的更新,但对宏观上整个站点的文档文件更新还是要牵涉到对各式各样模板的修改。CSS 把格式和结构分离,通过样式表可以把整个站点的文件都指向单一的 CSS 文件,只要修改 CSS 文件,整个网站的文档都会随之变化。

❖ 可以制作出所占空间更小、下载更快的网页。因为样式表是独立简单的文本。它不需要任何额外的支持,比如其他插件、程序和流式等。样式表就是直接的 HTML 格式的代码,因此它跟 HTML 指令一样,执行速度快,网页打开速度也快。同时,样式表也减少了需要上传的代码数量,避免了重复工作。

11.1.4 样式表的类型

通常有两种分类方法,分别如下。

❖ 根据运用的对象不同可以把样式表分为 4 类,分别为类、ID、标签和复合内容,如下图所示。

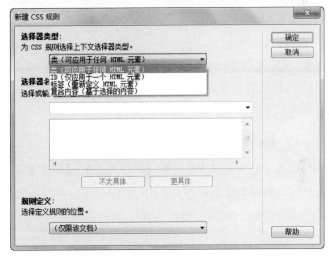

❖ 根据样式表运用的范围可分为内部样式表和外部链接式样式表。

样式表的 4 种类型,介绍如下。

❖ 类:类样式是唯一可以应用于文档中任何文本(与控制文本的标签无关)的 CSS 样式类型。与当前文档关联的所有类样式都显示在【CSS 样式】面板中(样式名称前有一个句点".")和文本的【属性】面板的【样式】弹出式菜单中。

❖ ID:定义包含特定 ID 属性的标签的格式,在【选择器名称】文本框中输入唯一 ID。

❖ 标签:标签选择器可以帮助用户插入任何标签,并添加相应的属性值。

除设置文本格式外,还可以使用 CSS 控制 Web 页面中块级别元素的格式和定位。块级元素是一段独立的内容,在 HTML 中通常由一个新行分隔,并在视觉上设置为块的格式。

147

❖ 复合内容：重新定义同时影响两个或多个标签、类或 ID 的复合规则。例如，如果输入 div p，则 div 标签内的所有 p 元素都将受此规则影响。

11.2 创建 CSS 样式表

创建 CSS 样式表的方法很简单，CSS 面板提供了创建和使用所有样式表的方法，在其中不仅可以定义类样式表、标签样式表和高级样式表，还可以导入或链接外部样式表。下面就领着各位来试一试。

11.2.1 创建新的 CSS 样式表

Dreamweaver CS5 提供了 4 种 CSS 样式表的类型，即类样式表、ID 样式表、标签样式表和复合内容样式表，本节将分别进行介绍。

1. 创建"类(可应用于任何 HTML 元素)"

"类(可应用于任何 HTML 元素)"是唯一可以应用于文档中任何文本(与控制文本的标签无关)的 CSS 样式类型。与当前文档关联的所有类样式都显示在 CSS 样式面板中(样式名称前有一个句点"."）。那么怎么创建类样式表呢？下面一起来动手试试吧！

操作步骤

❶ 在菜单栏中选择【格式】|【CSS 样式】|【新建】命令，如下图所示。

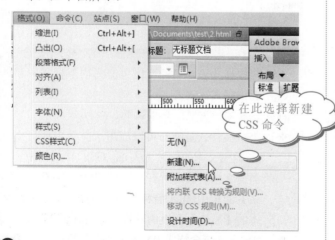

❷ 打开【新建 CSS 规则】对话框，在【选择器类型】下拉列表框中选择【类(可应用于任何 HTML 元素)】选项，接着在【选择器名称】下拉列表框中输入自

定义的 CSS 样式名称，再选择【仅限该文档】选项，如下图所示，再单击【确定】按钮。

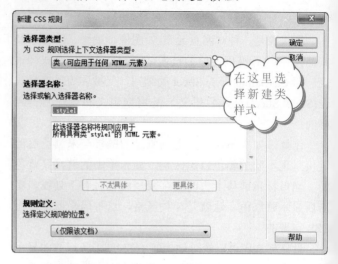

> **！注意**
>
> 在上图中，细心的读者可以发现在【名称】下拉列表框中".style1"前有"."，这是默认的 CSS 样式名格式，一般命名都要求加"."。如果不加，Dreamweaver CS5 在保存时会自动为其加上"."。

❸ 弹出【.style1 的 CSS 规则定义】对话框，如下图所示。然后在【分类】列表框中选择【类型】，在其设置界面中进行文本设置，如在 Font-family 下拉列表框中选择【楷体】，在 Font-size 文本框中输入"24"，在 Font-style 下拉列表框中选择 normal 选项。

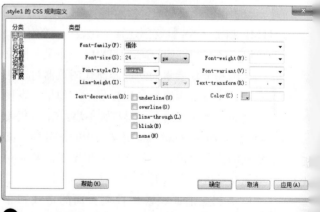

❹ 单击【确定】按钮，可以看到样式面板中增加了新建的 CSS 样式，如下图所示。

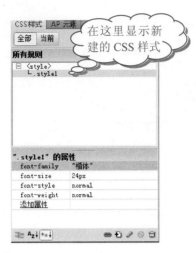

在这里显示新建的 CSS 样式

⑤ 选中要应用样式的文本，在【属性】面板的【目标规则】下拉列表框中选择刚才新建的样式，就可以将该样式应用到文本中了，如下图所示。

在【新建 CSS 规则】对话框中各参数的含义如下。

❖ 类(可应用于任何 HTML 元素)：应用于文档中任何 HTML 元素的 CSS 样式。

■ ID(仅应用于一个 HTML 元素)：定义包含特定 ID 属性的标签的 CSS 样式。

❖ 标签(重新定义 HTML 元素)：用于重新改变 HTML 标签中的默认样式。

❖ 复合内容(基于选择的内容)：专门用于定义同时影响两个或多个标签、类或 ID 的复合 CSS 样式。

❖ 选择器名称：输入 CSS 样式的名称。针对不同的选择器类型，名称的定义亦有所不同。

❖ 新建样式表文件：即新建的样式以文件形式存在。

❖ 仅限该文档：指定义的样式只用于当前文档中。与当前文档关联的所有类样式都显示在 CSS 样式面板中(样式名称前有一个句点".")和文本属性检查器的【样式】弹出菜单中。

注意

当预览外部 CSS 样式表中定义的样式时，务必要保存该样式表以确保在浏览器中预览该页面时会显示出所做的更改。

---

2. 创建"ID(仅应用于一个 HTML 元素)"

"ID(仅应用于一个 HTML 元素)"用来定义包含特定 ID 属性标签的格式，它在文档中最多用于一个 HTML 元素。创建"ID(仅应用于一个 HTML 元素)" CSS 样式表的具体步骤如下。

操 作 步 骤

① 在菜单栏中选择【格式】|【CSS 样式】|【新建】命令，如下图所示。

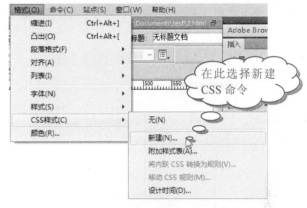

在此选择新建 CSS 命令

② 打开【新建 CSS 规则】对话框，在【选择器类型】下拉列表中选中【ID(仅应用于一个 HTML 元素)】选项，在【选择器名称】下拉列表框中输入自定义的 CSS 样式名称，再选择【仅限该文档】选项，如下图所示，最后单击【确定】按钮。

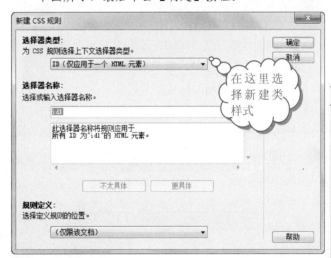

在这里选择新建类样式

③ 弹出【#id1 的 CSS 规则定义】对话框，如下图所示。然后在【分类】列表框中选择【类型】，在其设置界面中进行文本设置，如在 Font-family 下拉列表框中选择【仿宋】，在 Font-size 文本框中输入"12"，在 Font-weight 下拉列表框中选择 normal 选项。

当在 XHTML 中使用 CSS 时，CSS 里定义的元素名称是区分大小写的。为了避免因此产生错误，建议所有的定义名称都采用小写。class 和 id 的值在 HTML 和 XHTML 中也是区分大小写的，如果一定要大小写混用，请仔细确认在 CSS 中的定义和 XHTML 里的标签是一致的。

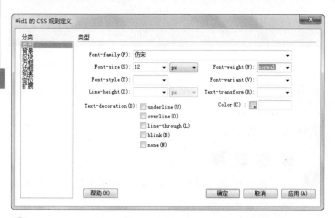

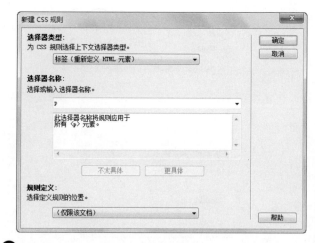

❹ 单击【确定】按钮，可以看到样式面板中增加了新建的 CSS 样式，如下图所示。

3. 创建"标签(重新定义 HTML 元素)"

"标签(重新定义 HTML 元素)"用来重新定义特定 HTML 标记的属性设置，定义后可以直接应用于网页。它的优点在于对相同的标记做一次性修改即可，可以避免重复工作。

操作步骤

❶ 在样式面板右下角单击【新建 CSS 规则】按钮 ，如下图所示。

❷ 弹出【新建 CSS 规则】对话框，在【选择器类型】下拉列表中选择【标签(重新定义 HTML 元素)】选项，如右上图所示。

❸ 在【选择器名称】下拉列表框中选择 h1 选项，如下图所示，再单击【确定】按钮。

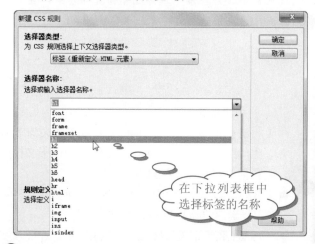

❹ 弹出【h1 的 CSS 规则定义】对话框，然后在【分类】列表框中选择【类型】，在其设置界面中进行文本设置，如在 Font-family 下拉列表框中选择【楷体】选项，在 Font-size 下拉列表框中输入"18"，在 Font-weight 下拉列表框中选择 bold 选项，在 Font-style 下拉列表框中选择 italic 选项，并在 Color 框中选择"黑色"，如下图所示，最后单击【确定】按钮。

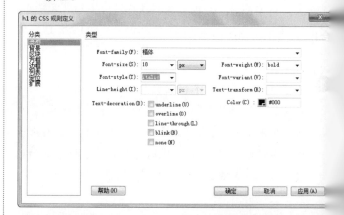

通常 padding 的默认值为 0，background-color 的默认值是 transparent。但是在不同的浏览器中默认值可能不同。如果怕有冲突，可以在样式表一开始就先定义所有元素的 margin 和 padding 值都为 0。

⑤ 可以看到样式面板中增加了新建的 CSS 样式,如下图所示。

⑥ 在网页中创建一个带标题的文档,如下图所示。

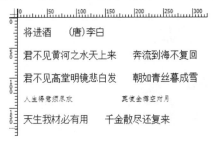

⑦ 由于文档中包含<h1>标签,所以标题"将进酒 (唐)李白"就被自动应用了样式,如下图所示。

使用样式 h1 后的效果

3. 创建"复合内容(基于选择的内容)"

"复合内容(基于选择的内容)"主要用于定义同时影响两个或多个标签、类或 ID 的复合 CSS 样式。创建"复合内容(基于选择的内容)"样式的操作步骤如下。

操作步骤

① 参照前面的方法,打开【新建 CSS 规则】对话框,在【选择器类型】下拉列表中选中【复合内容(基于选择的内容)】选项,在【选择器名称】下拉列表框中选择 "a:link",在【规则定义】下拉列表中选择【仅限该文档】选项,如右上图所示,最后单击【确定】按钮。

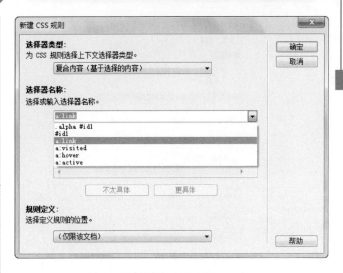

提示

【选择器名称】下拉列表框中的各个参数的含义如下。

❖ a:link: 链接的正常状态,没有发生任何动作。
❖ a:visited: 被访问过的链接状态。
❖ a:hover: 当光标移动到链接上面时的状态。
❖ a:active: 选择链接的状态。

② 弹出【a:link 的 CSS 规则定义】对话框,然后在【分类】列表框中选择【类型】,在其设置界面中进行文本设置,如在 Font-family 下拉列表框中选择【楷体】选项,在 Font-size 下拉列表框中输入"18",在 Font-weight 下拉列表框中选择 bold 选项,在 Font-style 下拉列表框中选择 italic 选项,并在 Color 框中选择【黑色】,如下图所示,最后单击【确定】按钮。

③ 单击【确定】按钮,可以看到样式面板中增加了新建的 CSS 样式,如下图所示。

一个标签可以同时定义多个 class。例如:先定义两个样式,第一个样式背景为#666;第二个样式有 10px 的边框。在下面代码中,可以这样调用: <div class="one two"></div>,这样最终的显示效果是这个 div 既有#666 的背景,也有 10px 的边框。

❹ 以上文的文档为例，选择段落中最后一句的"返回上页"字样，单击【插入】面板的【常用】工具栏中的【超级链接】按钮，如下图所示。

❺ 在弹出的【超级链接】对话框中选择链接的网页，如下图所示。

❻ 单击【确定】按钮，可以看到该链接文字已经自动应用了样式，如下图所示。

提 示

将样式应用到网页后，单击【代码】按钮切换到【代码】视图，在该视图下可以查看网页代码，关于 CSS 样式的代码位于 <style type="text/css"> 中。

4. 创建外部链接样式表

Dreamweaver CS5 除了可以自行创建新样式外(内部

样式表，亦称为嵌入式样式表)，还可以直接引用外部链接样式表。具体操作步骤如下。

提 示

就 CSS 应用的形式来分，CSS 一般分为两类，即嵌入式和外部链接式。

操 作 步 骤

❶ 参照前面的方法，打开【新建 CSS 规则】对话框，然后在【选择器类型】下拉列表中选择【类(可应用于任何 HTML 元素)】选项，在【选择器名称】下拉列表框中输入样式名称，在【规则定义】下拉列表中选择【(新建样式表文件)】选项，最后单击【确定】按钮，如下图所示。

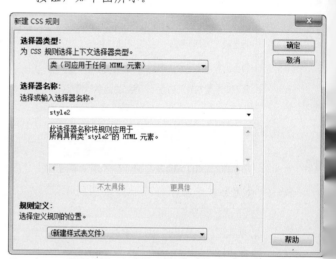

❷ 弹出【将样式表文件另存为】对话框，在【文件名】文本框中输入文件的名称，如下图所示，然后单击【保存】按钮。

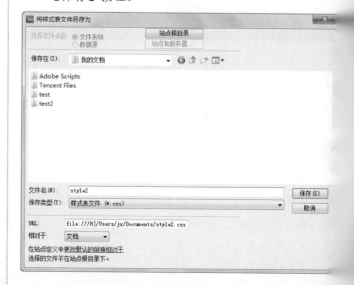

在 CSS 中，子元素自动继承父元素的属性值，如颜色、字体等，已经在父元素中定义过的，在子元素中可以直接继承，不需要重复定义。但是要注意，浏览器可能会用一些默认值覆盖已做的定义。

❸ 弹出【.style2 的 CSS 规则定义(在.style2.css 中)】对话框,然后在【分类】列表框中选择【类型】,在其设置界面中进行文本设置,如在 Font-family 下拉列表框中选择【楷体】选项,在 Font-size 下拉列表框中输入 "18",在 Font-weight 下拉列表框中选择 bold 选项,在 Font-style 下拉列表框中选择 italic 选项,并在 Color 框中选择 "黑色",如下图所示,最后单击【确定】按钮,如下图所示。

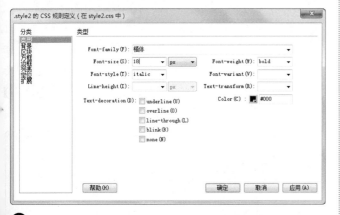

❹ 单击【确定】按钮,可以看到样式面板中增加了新建的 CSS 样式,如下图所示。

这样就创建了一个新的外部链接式样式表,该样式表不仅可以应用到当前网页中,也可以应用到其他的网页中。

11.2.2 定义 CSS 样式

CSS(层叠样式表)是一系列格式设置规则,它们控制 Web 页面内容的外观。页面内容(即 HTML 代码)驻留在

HTML 文件中,而用于定义代码表现形式的 CSS 规则则驻留在另一个文件(外部样式表)或 HTML 文件的另一部分(通常为文件头部分)中。使用 CSS 样式可以非常灵活并更好地控制具体的页面外观,从而精确地布局定位和制定特定的字体和样式。

?提示

使用 CSS 设置页面格式时,要将内容与表现形式分开。

从【CSS 规则定义】对话框中可以看到设置 CSS 样式的 8 个分类,分别是:"类型"、"背景"、"区块"、"方框"、"边框"、"列表"、"定位" 和 "扩展"。

✔技巧

要打开【CSS 规则定义】对话框,可以使用下列两种方法:
❖ 新建一个样式
❖ 双击一个现有样式

为了便于读者在代码中查看相应的参数设置,下面给出 8 个类别的英文名称:Type、Background、Block、Box、Border、List、Positioning 和 Extensions。关于定义 CSS 样式的详细步骤将在第 11.5 节中介绍。

11.2.3 自定义 CSS 样式

使用 CSS 样式可以非常灵活并更好地控制具体的页面外观,从精确的布局定位到特定的字体和样式。但是,别人的 CSS 样式不一定符合你的要求,因此,在网页的设计中经常需要自定义 CSS 样式表,下面就用实例来介绍自定义 CSS 样式表的一般方法。

1. 定义类样式

通过前面的学习,相信你已经大致了解了 CSS 样式,下面就让我们一起来创建一个实际网页设计中常用的类样式。

操作步骤

❶ 参照前面的方法,打开【新建 CSS 规则】对话框,然后在【选择器类型】选项组中选择【类(可应用于任何 HTML 元素)】选项,在【选择器名称】下拉列表框中输入样式名称,在【规则定义】下拉列表中选择【(新建样式表文件)】,如下图所示,再单击【确

CSS 样式表通常包含一个或多个规则。可以使用【CSS 样式】面板在 CSS 样式表中编辑单个规则,也可以直接在 CSS 样式表中工作,展开【属性】面板,单击所需设置或修改的属性即可。

153

【定】按钮。

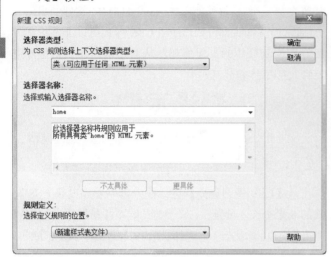

② 弹出【将样式表文件另存为】对话框，在【文件名】文本框中输入文件的名称，如下图所示，再单击【保存】按钮。

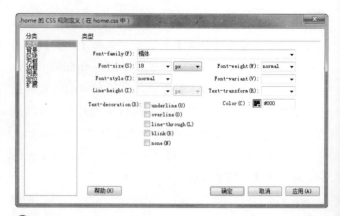

③ 弹出【.home 的 CSS 规则定义(在 home.css 中)】对话框，然后在【分类】列表框中选择【类型】选项，接着在 Font-family 下拉列表框中选择【楷体】选项，在 Font-size 下拉列表框中输入 "18"，在 Font-weight 下拉列表框中选择 normal 选项，在 Font-style 下拉列表框中选择 normal 选项，并在 Color 框中选择"黑色"，如右上图所示。

④ 在【分类】列表框中选择【背景】选项，然后设置背景颜色为 "＃CCCCCC"，选择背景图像，根据图像的大小选择是否在页面中重复出现以及重复的方式，如下图所示。

⑤ 在【分类】列表框中选择【区块】选项，然后设置 Letter-spacing 为 "2 像素"，Text-indent 为 "2 厘米"，如下图所示。

⑥ 在【分类】列表框中选择【边框】选项，然后设置 width 为 medium，并 color 为 "黑色"，选中【全部相同】复选框，如下图所示。

可扩展标记语言(XML)是一种标记语言，类似 HTML。XML 具有结构化、规范性、可扩展性及简洁的特点，可对信息进行结构化处理，与 HTML 一样，XML 允许用户使用标签使信息结构化。与 HTML 不同的是，XML 标签用于标识数据。

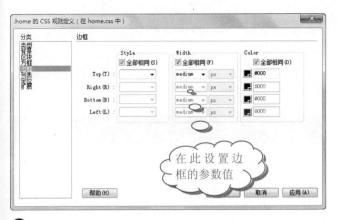

在此设置边框的参数值

⑦ 在【分类】列表框中选择【列表】选项，然后设置类型为 circle，然后选择项目符号图像，如下图所示。设置完毕后，单击【确定】按钮。

在此设置列表的属性值

⑧ 在 CSS 样式表中可以查看新添加的样式属性，如下图所示。

显示新建的 CSS 样式及其属性值

2. 定义 ID 样式

　　定义 ID 样式的方法与定义类样式方法相似，只是在应用时 ID 样式只能用于一个 HTML 元素，而类样式可用于任何 HTML 元素。定义 ID 样式的步骤可参照类样式进行，这里不再赘述。

3. 定义标签样式

　　在网页设计过程中，经常要设置标题、表格等元素的格式，使用标签样式表可以免除每次都要重新设定的麻烦，只要轻松引用即可。下面以为表格设置样式为例来介绍网页中经常遇到的这个问题。

操作步骤

① 参照前面的方法，打开【新建 CSS 规则】对话框，然后在【选择器类型】下拉列表中选择【标签(重新定义 HTML 元素)】选项，在【选择器名称】下拉列表框中选择 table 选项，在【规则定义】下拉列表中选择 home.css，如下图所示，最后单击【确定】按钮。

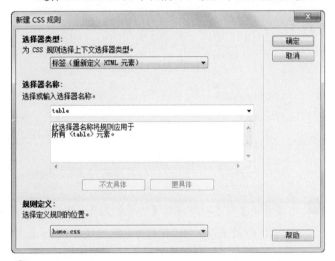

② 弹出【table 的 CSS 规则定义】对话框，然后在【分类】列表框中选择【类型】选项，接着在 Font-family 下拉列表框中选择【仿宋】选项，在 Font-size 下拉列表框中选择 medium，如下图所示。

③ 在【分类】列表框中选择【区块】选项，然后设置 word-spacing 为 "5 像素"，如下图所示。

学以致用系列丛书

长见识

　　忘记定义尺寸的单位是 CSS 新手常犯的错误。在 HTML 中可以只写 width="100"，但是在 CSS 中，则必须给出一个准确的单位，比如：width:100px width:100em。只有两个例外情况可以不定义单位，即行高和 0 值。除此以外，其他值都必须紧跟单位，注意，不要在数值和单位之间加空格。

❹ 在【分类】列表框中选择【方框】选项，然后设置宽和高分别为"2cm"，如下图所示。

❺ 在【分类】列表框中选择【边框】选项，然后在 style 中选择 solid 选项，width 选择 thin 选项，Color 设置为"#0000FF"，如下图所示。设置完毕后，单击【确定】按钮。

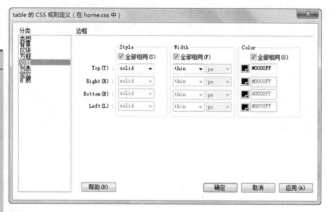

❻ 在网页中插入一个表格，输入文字，其效果如下图所示。

除了设置表格和前面介绍过的标题外，几乎可以自定义所有的标签，如<title>、<strong>、<body>、<button>、<p>等，读者可以自行实践。

4. 定义复合内容样式

从前面的介绍中可以知道"复合内容(基于选择的内容)"主要用于定义同时影响两个或多个标签、类或 ID 的复合 CSS 样式的设置。定义复合内容样式的方法与前面三类 CSS 样式的定义方法一样，请读者自行尝试，这里不再赘述。

11.3 管理 CSS 样式表

前面介绍了创建不同的 CSS 样式表的具体操作以及对 CSS 属性的设置，这在实际的应用中是远远不够的，还要学会如何对已存在的 CSS 样式进行编辑、复制、删除、导入和导出等管理操作。

11.3.1 编辑 CSS 样式表

对于已建立好的样式表，常常需要对已经设置好的某个属性参数进行调整或者修改，具体操作步骤如下。

操作步骤

❶ 在 CSS 面板中，直接双击要编辑的样式名称或者单击要编辑的样式名称，然后在样式面板右下角单击【编辑样式表】按钮，如下图所示。

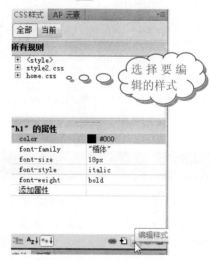

❷ 弹出【.home 的 CSS 规则定义】对话框，修改需要

在 CSS 规则中，使用组选择器为不同元素应用相同的样式如 h1,h2,h3,div{font-size:16px;font-weight:bold}，更h1,h2,h3,div 元素的样式：字号为 16 像素，字体为粗体。

更改的属性，如下图所示。

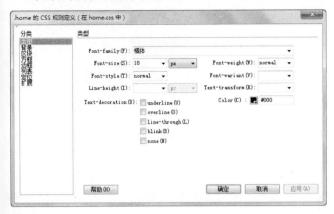

③ 更改完成之后，单击【确定】按钮，更改后的 CSS 样式会自动应用于相应文档中。

提示

对控制文档文本的 CSS 样式表进行编辑时，会立刻重新设置该 CSS 样式表控制的所有文本的格式。对外部样式表的编辑会影响与它链接的所有文档。

11.3.2　复制 CSS 样式表

有时候，创建一个新的样式表比较麻烦，因此有一个现成的样式表正是所需要的，或者稍微修改一下就可以应用到自己的文档中，这就要用到样式表的复制功能了。复制 CSS 样式表的操作步骤如下。

操作步骤

① 在 CSS 样式面板中选择要复制的样式，然后右击样式面板标签右端的 按钮，选择【复制】命令，如下图所示，将会弹出【复制 CSS 规则】对话框。

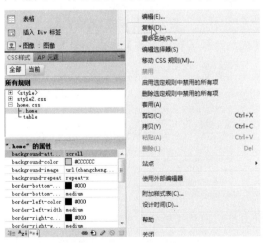

技巧

还可以通过直接右击要复制的样式，选择【复制】命令来打开【复制 CSS 规则】对话框，如下图所示。

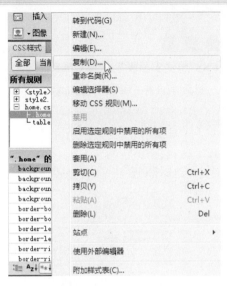

② 在【选择器名称】下拉列表框中输入新名称，如下图所示，再单击【确定】按钮。

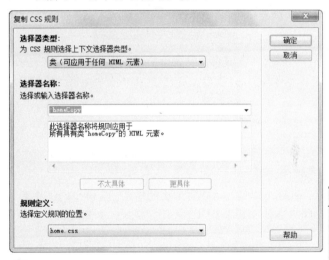

③ 在样式面板中可以看到已经复制成功的新样式，如下图所示。

已经复制成功的新样式

div 是一个块级元素，可以包含段落、表格等内容，用于放置不同的内容。一般在网页上通过 div 来定位网页中的每个区块。span 是一个内联元素，没有实际意义，它的存在纯粹是为了应用样式，给一段内容加上<span></span>标记可以通过在 span 上定义样式来设置其内容的样式。

11.3.3 删除 CSS 样式表

删除样式表应该算是样式表相关操作中最简单的。下面以删除上一小节复制的样式为例,介绍如何删除CSS样式表。

操作步骤

❶ 在【CSS 样式】面板里选择要删除的样式,如下图所示。然后单击样式面板标签右端的 🗑 按钮。

❷ 在样式面板中可以看到刚才选中的样式已经被删掉了,如下图所示。

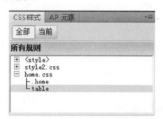

技巧

还可以通过右击要删除的样式,从弹出的快捷菜单中选择【删除】命令来删除样式,如下图所示。

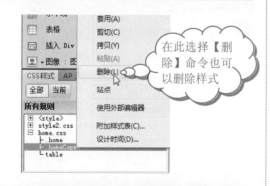

11.3.4 取消 CSS 样式表

在网页的【属性】面板中,选择【类】下拉列表框

中的【无】选项,就会取消对样式的应用,如下图所示。

提示

标签样式由于修改了默认的代码,一旦创建就会自动应用于网页中,如果要取消,只能删除样式表,还原到默认状态。关于删除样式表的操作请参照上一小节的内容。

11.3.5 将 CSS 样式转换为 HTML 标记

CSS 样式其实就是一组定义好的 HTML 标签,要想查看某个样式的具体代码,可以将该样式转换为 HTML 标记。

提示

实际上,在【CSS 样式】面板中的【当前】模式下,在【属性】窗格中可以快速查看所选样式的代码。并且对于后缀为 ".CSS" 的样式表文档,可以直接在样式面板列表中双击查看相应的 HTML 代码。

操作步骤

❶ 在 CSS 样式面板里选择要转换的样式,然后右击该样式,选择【转到代码】命令,如下图所示。

❷ 页面被切换到【拆分】视图,并将光标插入样式 h 代码的首行,这里列出了该样式的所有 HTML 代码如下图所示。

对样式表的删除操作与一般的删除操作不同,属于永久性删除,不可恢复。所以,删除样式表之前最好先备份一下以免删掉以后又要重建。

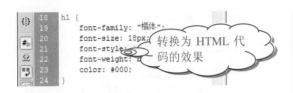

转换为 HTML 代码的效果

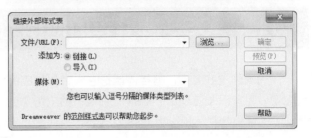

提示

　　上面转换的是仅用于当前文档的样式，如果是位于样式表文件中的样式，选择【转到代码】命令后，会在新的窗口中打开 CSS 文档，如下图所示。

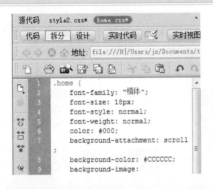

11.3.6　导入外部的 CSS 样式文件

　　如果想直接使用别人创建好的 CSS 样式，就需要导入外部的 CSS 样式文件。那么如何导入外部的 CSS 样式文件呢？下面一起来动手试试吧！

操作步骤

1 在 CSS 样式面板中右击，从弹出的快捷菜单中选择【附加样式表】命令，如下图所示。

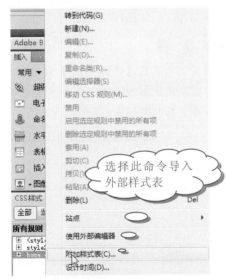

选择此命令导入外部样式表

2 弹出【链接外部样式表】对话框，如右上图所示，然后单击【浏览】按钮。

3 弹出【选择样式表文件】对话框，选择要导入的样式表文件，如下图所示，再单击【确定】按钮。

在此选择要导入的样式文件

4 返回【链接外部样式表】对话框，选中【添加为】选项组中的【导入】单选按钮，如下图所示，再单击【确定】按钮。

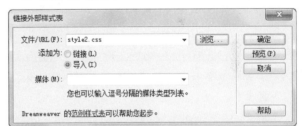

提示

　　单击对话框中的【预览】按钮，可以预览该样式应用于文档的效果。如果对样式效果不满意，或者不想使用该样式可以单击【取消】按钮，即可以取消对该样式的链接或导入操作。

5 这样就将 CSS 文件导入编辑的网页中了，如下图所示。

学以致用系列丛书

　　在 CSS 规则中，遵循最近优先原则，如果对一个元素定义了多次样式，则以最后定义的样式为准，该样式将覆盖其他的样式定义。

11.4　CSS 样式表的应用

　　样式表创建好之后，怎样才能把它应用到相应的网页元素中呢？下面通过几个 CSS 在网页中的应用实例，让读者能够更加灵活地应用 CSS 样式表，从而制作出漂亮的网页效果。

11.4.1　应用内部样式表改变文字属性

　　利用样式表可以改变文字属性，把网页中的文本设置得更加漂亮。下面就通过实例来看看这个神奇的"文字变身术"吧！

操作步骤

❶ 在网页文档中插入图片，并输入相关文字，如下图所示。

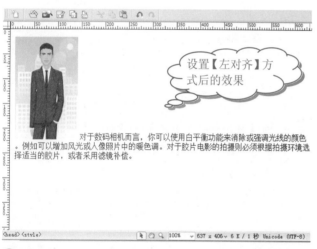

设置【左对齐】方式后的效果

❷ 选中需要改变的文本，见下图中有阴影的文本，如下图所示。

选中要应用样式的文字

❸ 在样式面板中选中需要应用的样式表并右击，从弹出的快捷菜单中选择【套用】命令，如右上图所示。

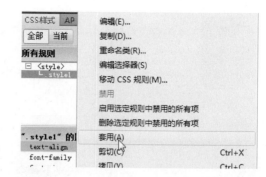

❹ 可以看到文本的颜色和字体都发生了变化，如下图所示。

套用样式表后的效果

　　这只是一个简单的美化文本的样式，在实际设计网页时，要想得到漂亮的文字效果，可能需要定义并使用多种样式。

11.4.2　导出层叠样式表文件

　　前面已经介绍过，内部样式表只能应用在特定的网页而不能应用到其他网页，如果想将一个网页中所有的样式表应用到其他网页，则需要把内部样式表导出变成外部样式表文件，具体操作步骤如下。

操作步骤

❶ 打开网页文档，在【CSS 样式】面板中选择一个样式并右击，从弹出的快捷菜单中选择【移动 CSS 规则】命令，如下图所示。

❷ 弹出【移至外部样式表】对话框，选择【新样式表】单选按钮，如下图所示，再单击【确定】按钮。

❸ 弹出【将样式表文件另存为】对话框，在【文件名】文本框中输入样式表名称，如下图所示，再单击【保存】按钮。

单击此按钮链接外部样式表

❷ 弹出【链接外部样式表】对话框，如下图所示，然后单击【浏览】按钮。

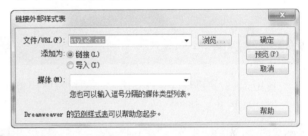

❸ 弹出【选择样式表文件】对话框，选择要链接的样式表文件，如下图所示，再单击【确定】按钮。

选择要链接的样式表文件

注意

使用这种方法导出的 CSS 文件中包含了当前文档中使用的所有 CSS 样式，但是不包括链接的外部 CSS 样式。

11.4.3　链接外部样式表

通过链接外部 CSS 样式，可以将较好的 CSS 样式文件直接应用到自己的网页中，而不用再定义 CSS 样式，使用起来更加方便。

链接外部样式表的操作与导入外部样式表的操作大致相同，具体操作步骤如下。

操作步骤

❶ 单击 CSS 面板右下角的 按钮，如右上图所示。

❹ 返回【链接外部样式表】对话框，单击【预览】按钮可以提前观看使用该样式的效果，如果满意，单击【确定】按钮，如下图所示。

当给一个元素定义 class 或者 id 时，可以省略前面的元素限定，因为 id 在一个页面里是唯一的，而 class 可以在页面中多次使用。

161

学以致用系列丛书

❺ 这样就将 CSS 文件链接到编辑的网页中了，如下图所示。

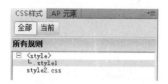

提示

单击【代码】按钮显示【代码】视图，查看网页代码，可以看到链接外部 CSS 样式文件的代码如下：
<link href="style2.css" rel="stylesheet" type="text/css" />

11.4.4 CSS 滤镜效果

使用 CSS 滤镜可以对样式所控制的对象应用特殊效果，例如模糊和反转等。

1. 设置 Alpha 滤镜效果

应用 Alpha 滤镜样式，将指定的图像进行滤镜处理，达到边缘模糊的效果。那么，该如何设置呢？下面一起动手试试吧！

操作步骤

❶ 参考前面的方法，打开【新建 CSS 规则】对话框，然后在【选择器类型】下拉列表中选择【类(可应用于任何 HTML 元素)】选项，在【选择器名称】下拉列表框中输入自定义的 CSS 样式名称，再选择【仅限该文档】选项，如下图所示，最后单击【确定】按钮。

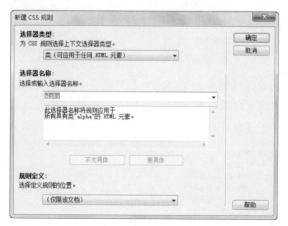

❷ 弹出【.alpha 的 CSS 规则定义】对话框，然后在【分类】列表框中选择【扩展】选项，接着单击 Filter 下拉列表框，选择 Alpha；再设置 Alpha 滤镜的参数为 Alpha(Opacity = 100, FinishOpacity = 30, Style = 3, StartX = 0, StartY = 0, FinishX = 200, FinishY = 200)，如下图所示，最后单击【确定】按钮。

提示

Alpha 滤镜用来设置对象的透明度，其参数如下。Alpha(Opacity=?, FinishOpacity=?, Style=?, StartX=?, StartY=?, FinishX=?, FinishY=?)

❖ Opacity：设置透明度的级别，值范围是 0～100，其中 0 代表完全透明，100 代表不透明。
❖ FinishOpacity：用来指定渐变的透明效果结束时的透明度，值范围是 0～100。
❖ Style：设置渐变透明度的样式，值为 0 代表统一形状，值为 1 代表线形，值为 2 代表放射状，值为 3 代表长方形。
❖ StartX：设置渐变透明度开始的 X 轴坐标。
❖ StartY：设置渐变透明度开始的 Y 轴坐标。
❖ FinishX：设置渐变透明度结束的 X 轴坐标。
❖ FinishY：设置渐变透明度结束的 Y 轴坐标。

注意

如果参数设置不完整，就会弹出如下图所示的提示框。

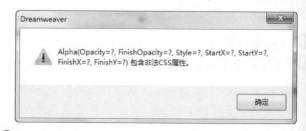

❸ 在样式面板中可以看到增加了新建的 CSS 样式，如下图所示。

有一个常见的 CSS 问题，即定位使用浮动时，下面的层被浮动的层所覆盖，或者层里嵌套的子层超出了外层的范围。通常的解决办法是在浮动层后面添加一个额外元素，例如一个 div 或者一个 br，并且定义它的样式为 clear: both。

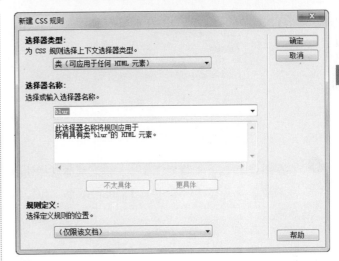

4 在需要应用 Alpha 滤镜的图像上右击，从弹出的快捷菜单中依次选择【CSS 样式】| alpha 命令，如下图所示。

为图像应用滤镜样式

5 在浏览器中预览的效果如下图所示。

设置 Alpha 滤镜后的效果

2. 设置 Blur 滤镜效果

应用 Blur 滤镜样式，将指定的图像进行滤镜处理，达到模糊的效果。

操作步骤

1 参考前面的方法，打开【新建 CSS 规则】对话框，然后在【选择器类型】中选择【类(可应用于任何 HTML 元素)】选项，在【选择器名称】下拉列表框中输入自定义的 CSS 样式名称，再选择【仅对该文档】选项，如右上图所示，最后单击【确定】按钮。

2 弹出【.blur 的 CSS 规则定义】对话框，在【分类】列表框中选择【扩展】选项，在 Filter 下拉列表框中选择 Blur，设置 Blur 滤镜的参数为 Blur(Add=0, Direction=2, Strength=4)，如下图所示，最后单击【确定】按钮。

提示

Blur 滤镜用来设置对象的模糊程度，其参数如下。

Blur(Add=?, Direction=?, Strength=?)

❖ Add: 用来设置是否为图片添加模糊效果。

❖ Direction: 用来设置模糊的方向。

❖ Strength: 用来设置多少像素的宽度将受到模糊影响。

3 在样式面板中可以看到增加了新建的 CSS 样式，如下图所示。

当使用 Dreamweaver 创建新页面时，可以创建一个已包含 CSS 布局的页面，Dreamweaver 附带 16 个可供选择的不同 CSS 布局。

④ 在需要应用 Blur 滤镜的图像上右击，从弹出的快捷菜单中依次选择【CSS 样式】|blur 命令，如下图所示。

⑤ 在浏览器中预览的效果如下图所示。

3. 设置 Wave 滤镜效果

应用 Wave 滤镜样式，对指定的图像进行滤镜处理，可以达到水纹的效果。

操作步骤

① 打开【新建 CSS 规则】对话框，然后在【选择器类型】下拉列表中选择【类(可应用于任何 HTML 元素)】选项，在【选择器名称】下拉列表框中输入自定义的 CSS 样式名称，再选择【仅对该文档】选项，如右上图所示，最后单击【确定】按钮。

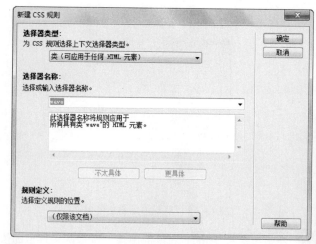

② 弹出【.wave 的 CSS 规则定义】对话框，然后在【分类】列表框中选择【扩展】选项，在 Filter 下拉列表框中选择 Wave，设置 Wave 滤镜的参数为 Wave(Add=0, Freq=3, LightStrength=25, Phase=20, Strength=9)，如下图所示，最后单击【确定】按钮。

❓提示

Wave 滤镜用来设置对象的波动程度，其参数如下。

Wave(Add=?, Freq=?, LightStrength=?, Phase=?, Strength=?)

❖ Add：设置是否显示原对象，值为 0 代表不显示，非 0 代表显示原对象。

❖ Freq：设置波动的个数。

❖ LightStrength：设置波动效果的光照强度，值的范围是 0～100，其中 0 代表最弱，100 代表最强。

❖ Phase：设置波动的起始角度，值的范围是 1～100，例如值为 25 时代表 90°，以此类推。

❖ Strength：设置波动摇摆的幅度。

③ 在样式面板中可以看到增加了新建的 CSS 样式，

样式的每一个属性都可以用 HTML 代码来表示，标签样式也不例外。

下图所示。

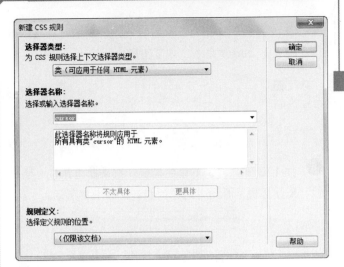

④ 在需要应用 Wave 滤镜的图像上右击,从弹出的快捷菜单中依次选择【CSS 样式】| wave 命令,如下图所示。

② 弹出【.cursor 的 CSS 规则定义】对话框,然后在【分类】列表框中选择【扩展】选项,接着单击 Cursor 下拉列表框,选择 help 选项,如下图所示,最后单击【确定】按钮。

⑤ 在浏览器中预览的效果如下图所示。

应用 Wave 滤镜后的效果

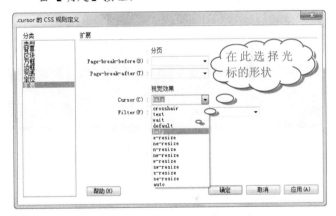

在此选择光标的形状

③ 在样式面板中可以看到增加了新建的 CSS 样式,如下图所示。

11.4.5 改变鼠标指针的形态

用样式表可以改变鼠标指针的形态,这样网页访问者就不会觉得鼠标千篇一律,很枯燥了。下面一起来动手试试吧!

操作步骤

① 参考前面的方法,打开【新建 CSS 规则】对话框,然后在【选择器类型】下拉列表中选择【类(可应用于任何 HTML 元素)】选项,在【选择器名称】下拉列表框中输入自定义的 CSS 样式名称 ".cursor",再选择【仅对该文档】选项,如右上图所示,最后单击【确定】按钮。

④ 选择需要鼠标指针形态变化的区域,如下图所示。

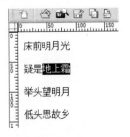

在 Dreamweaver CS5 中使用外联文件式 CSS 并没有特殊要求,同样是用记事本创建一个 .css 文件,在网页的 <head> 与 </head> 之间加上一句这样的代码: <link rel="stylesheet" href="",在这里填上 CSS 文件地址(相对路径 + 文件)" type="text/css"> 就行了。

5 在该区域中右击，在弹出的快捷菜单中选择【CSS 样式】| cursor 命令，如下图所示。

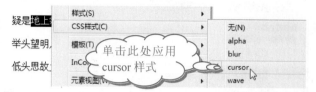

单击此处应用 cursor 样式

6 按 F12 键，在浏览器中确认。把鼠标指针移向样式所设区域。看到带问号的指针，如下图所示。

设置鼠标指针样式后的效果

11.4.6 利用 HTML 标签为图片添加边框

在 Dreamweaver 中，除了在【属性】面板中为图片添加边框外，还可以利用样式表重新定义 HTML 边框标签的属性，并把网页中所有使用该标记的元素一并修改。

操作步骤

1 参考前面的方法，打开【新建 CSS 规则】对话框。然后在【选择器类型】下拉列表中选择【标签(重新定义 HTML 元素)】选项，在【标签】下拉列表框中输入 img，再选择【仅限该文档】选项，如下图所示，最后单击【确定】按钮。

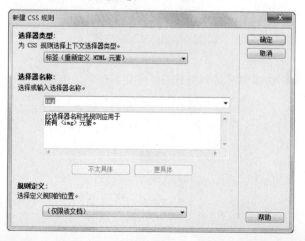

2 弹出【img 的 CSS 规则定义】对话框，然后在【分类】列表框中选择【边框】选项，接着设置图片边框，如下图所示，最后单击【确定】按钮。

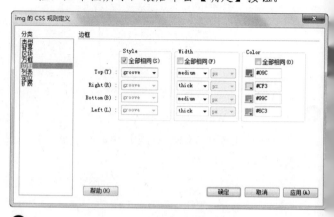

3 在样式面板中可以看到增加了新建的 CSS 样式，如下图所示。

4 在文档窗口看到图片四周有边框出现，如下图所示

为图片添加边框后的效果

5 按 F12 键，在浏览器中确定。很明显可以看到图四周都有了五彩的边框，如下图所示。

给部分文字添加背景图像的操作，与添加背景色类似，即在背景所在的样式中加载图像即可，一个定义好的添加背景图像的 CSS 例子的代码为：<style type="text/css"><!--.imgbgstyle { background-image: url(logo.gif)}--></style>。

11.4.7 利用有关链接的样式表编辑链接的格式

因特网上到处都有超链接的声音，常见的超链接总是由浅蓝色字体和下划线组成。利用高级样式表可以修改链接的格式。下面这个例子就是要取消链接的下划线，把颜色改成粉红色，最后做出翻转效果，下面一起来动手试试吧！

操作步骤

❶ 创建一个超链接，并设置好格式，如下图所示。

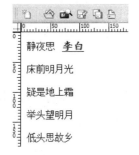

❷ 参考前面的方法，打开【新建 CSS 规则】对话框，然后在【选择器类型】下拉列表中选中【复合内容(基于选择的内容)】选项，在【选择器名称】下拉列表框中选择 "a:link" 选项，再选择【仅限该文档】选项，如右上图所示，最后单击【确定】按钮。

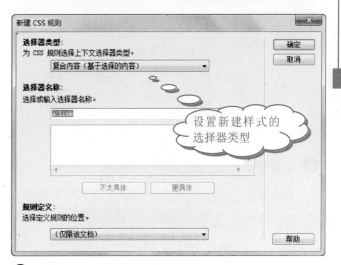

❸ 弹出【a: link 的 CSS 规则定义】对话框，然后在【分类】列表框中选择【类型】选项，接着设置字体及大小，再在 Text-decoration 选项组中选中 none 复选框，如下图所示，然后单击【确定】按钮。

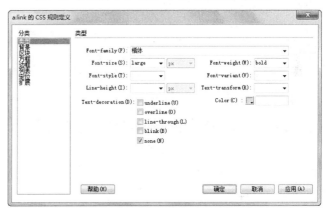

❹ 生成新的样式表如下图所示。

❺ 这时，链接文字格式已经改变，下划线已经消失，字的大小也改变了，如下图所示。

CSS 规范支持使用称作速记 CSS 的简略语法创建样式。使用速记 CSS 可以用一个声明指定多个属性的值。例如，使 font 属性可以在同一行中设置 font-style、font-variant、font-weight、font-size、line-height 以及 font-family 属性。

167

❻ 按照创建a: link样式表的方法新建一个a: hover样式表，参数设置与a: link完全一样，如下图所示。

❼ 保存文档后按 F12 键，通过浏览器就可以看到所设的链接效果与原有效果的差别，如下图所示。

应用样式前后的效果对比

11.5　CSS 样式的属性

在 Dreamweaver CS5 中，CSS 样式的属性有 8 个分类："类型"、"背景"、"区块"、"方框"、"边框"、"列表"、"定位"和"扩展"，本节将对不同分类的各项参数进行详细介绍。

11.5.1　类型

使用【CSS 规则定义】对话框中的【类型】类别可

以定义 CSS 样式的基本字体和类型设置，如设置字体格式、行高和风格等，如下图所示。

【类型】设置界面共有 9 个参数，分别如下。

❖ Font-family(字体)：为样式文字设置各种不同的字体类型。

❖ Font-size(大小)：定义字体的大小。在 Dreamweaver CS5 中，既可以通过数字来定义字体大小，也可以通过单位来定义。选定数值后右侧可以选择不同单位。

❖ Font-weight(粗细)：设置字体的粗细程度。

❖ Font-style(样式)：下拉列表框中有 3 个选项，包括 normal(正常)、italic(斜体)和 oblinque(偏斜体)。默认为 normal。

❖ Font-variant(变体)：两个选项，正常和小型大写字母。后者可以将字体缩小一半后再用大写显示。

❖ Line-height(行高)：规定文本所在位置的行高以控制行与行之间的垂直距离。

❖ Text-transform(大小写)：一共有 4 个选项，包括【首字母大写】、【大写】、【小写】和【无】。

❖ Text-decoration(修饰)：使用 overline(上划线)、underline(下划线)以及 Line-through(删除线)修饰文本，一般文本默认为 none(无修饰)。外还有 blink(闪烁)选项。

❖ Color(颜色)：定义文字的颜色。

设计效果在前面已经看到了，这里就不再举例说明了。

11.5.2　背景

使用【CSS 规则定义】对话框中的【背景】类别以设置网页面中的任何元素的背景属性。例如，创建

为了节省字节，建议不要给背景图片路径加引号，因为引号不是必须的。例如: background:url("images/***.gif") #33 可以写为 background:url(images/***.gif) #333。

个样式，将背景颜色或背景图像添加到任何页面元素中，比如在文本、表格和页面等的后面，还可以设置背景图像的位置，如下图所示。

【背景】设置界面共有 6 个参数，分别如下。

❖ Background-color(背景颜色)：定义网页元素的背景颜色。

❖ Background-image(背景图像)：设置网页的背景图像。

❖ Background-repeat(背景重复)：当背景图片不足以填充页面时，选择通过重复的方式或者以何种方式重复背景图片，有两个参数。

❖ Background-attachment(背景附件)：设置背景图片是否随页面滚动而滚动。

❖ Background-position (X)：定位图片在网页中的水平位置。可以使用默认的设置或者数值来定位。有像素和百分比两种度量单位。

❖ Background-position (Y)：定位图片在网页中的垂直位置。

下面举例说明【背景】类别的使用方法。

操作步骤

参照前面方法，打开【新建 CSS 规则】对话框，然后在【选择器类型】下拉列表中选择【类(可应用于任何 HTML 元素)】选项，在【选择器名称】下拉列表框中输入自定义的 CSS 样式名称，如".background"，在【规则定义】下拉列表中选择【仅限该文档】选项，如右上图所示，最后单击【确定】按钮。

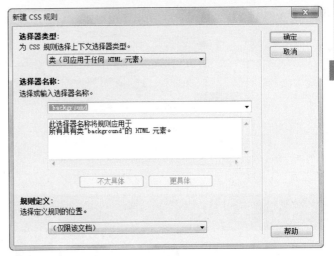

❷ 弹出【.background 的 CSS 规则定义】对话框，切换到【背景】设置界面，设置背景颜色为"＃99FF33"，如下图所示，再单击【确定】按钮。

❸ 创建的样式表如下图所示。

❹ 在【设计】视图中右击需要应用背景颜色样式的部分，从弹出的快捷菜单中依次选择【CSS 样式】| background 命令，如下图所示。

当用 CSS 来定义链接的多个状态样式时，要注意它们的书写顺序，正确的顺序是：:link :visited :hover :active。抽取一个字母组成"LVHA"，可以记忆成"LoVe HAte"(喜欢讨厌)。

169

❺ 可以看到文字的背景颜色发生了改变，如下图所示。

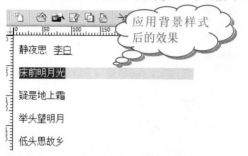

应用背景样式后的效果

11.5.3 区块

使用【CSS 规则定义】对话框中的【区块】类别可以定义标签和属性的间距和对齐设置，如下图所示。

❓提示

没有必要设置每一个属性，如果属性对于样式并不重要，可以将该属性保留为空。

【区块】设置界面共有 7 个参数，分别如下。

❖ Word-spacing(单词间距)：对文字(单词)的间隔进行设置，但是此设置会受到页边距的影响。

❖ Letter-spacing(字母间距)：对字符的间隔进行设置，功能与【单词间距】类似，但是它可以自动调节间距以适应页边距的影响。

❖ Vertical-align(垂直对齐)：适用于设置文字的垂直对齐方式，通常是相对于它的母体而言的。共有 8 个预设选项，也可以通过自定义值来设置。

❖ Text-align(文本对齐)：定义文本块元素的对齐方式。

❖ Text-indent(文字缩进)：设置首行缩进的距离。若为负值则意味着首行突出。

❖ White-space(空格)：控制空格在文本块中的输入。而在传统 HTML 中空格则是被省略的。

❖ Display(显示)：指定是否以及如何显示元素。其中，none 表示关闭应用此属性的元素的显示。下面以一个实例来介绍【区块】类别的使用方法。

操作步骤

❶ 参照前面方法，打开【新建 CSS 规则】对话框，然后在【选择器类型】下拉列表中选择【类(可应用于任何 HTML 元素)】选项，在【选择器名称】下拉列表框中输入自定义的 CSS 样式名称，如 ".block"，在【规则定义】下拉列表中选择【仅限该文档】选项，如下图所示，最后单击【确定】按钮。

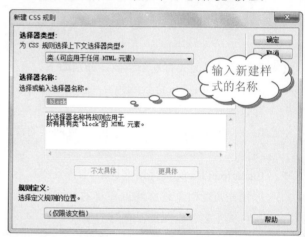

输入新建样式的名称

❷ 弹出【.block 的 CSS 规则定义】对话框，切换到【区块】设置界面，设置字母间距为 "6 像素"，如下图所示，再单击【确定】按钮。

❸ 完成样式表的创建，如下图所示。

因为某些老版本浏览器不支持 CSS，一个通常的做法是使用 @import 技巧把 CSS 隐藏起来。例如：@impo url("main.css")。

④ 在【设计】视图中右击需要应用区块样式的部分，从弹出的快捷菜单中依次选择【CSS 样式】| block 命令，如下图所示。

⑤ 可以看到文字的间距发生了改变，如下图所示。

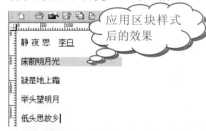

应用区块样式后的效果

11.5.4 方框

使用【CSS 规则定义】对话框中的【方框】类别可以为控制元素在页面上的放置方式的标签和属性定义设置。可以在应用填充和边距设置时将设置应用于元素的各个边，也可以使用【全部相同】复选框将相同的设置应用于元素的所有边，如下图所示。

【方框】设置界面有 5 个参数，分别如下。

❖ Width/Height(宽/高)：设置网页元素的宽度和高度。

❖ Float(浮动)：用于设置元素的浮动位置，如 Left 指把元素移到页面外部的左侧。

❖ Clear(清除)：决定元素的某一边不允许有层出现。如果有层出现则应用【清除】属性的元素会自动移到层的下方。其中 both 指元素的两边都不出现层。

❖ Padding(填充)：定义元素内容与元素边界之间的空白距离。

❖ Margin(边界)：定义元素边界与其他元素之间的空白距离。

下面用一个实例来介绍【方框】类别的使用方法。

操作步骤

① 参照前面的方法，打开【新建 CSS 规则】对话框，然后在【选择器类型】下拉列表中选择【类(可应用于任何 HTML 元素)】选项，在【选择器名称】下拉列表框中输入自定义的 CSS 样式名称，如 ".box"，在【规则定义】下拉列表中选择【仅限该文档】选项，如下图所示，再单击【确定】按钮。

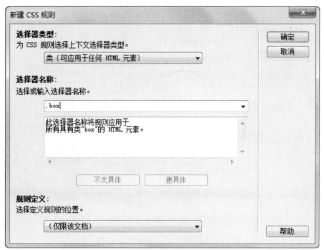

② 弹出【.box 的 CSS 规则定义】对话框，然后在【分类】列表框中选择【方框】选项，在 Padding 选项组中选择【全部相同】复选框，在 Top 下拉列表框中设置大小为 "5 像素"，在 Margin 选项组中选择【全部相同】复选框，在 Top 下拉列表框中设置大小为 "5 像素"，如下图所示，最后单击【确定】按钮。

设置【方框】界面的参数值

③ 完成样式表的创建，如下图所示。

用表格可以很方便地实现垂直对齐，其方法是设定表格单元 vertical-align: middle 即可。这种方法对 CSS 来说是没的。比如要设定一个导航条是 2cm 高，并让导航文字垂直居中的话，需要把这些文字的行高设置为 2cm: line-height: 2cm 行。

学以致用系列丛书

❹ 在【设计】视图中右击需要应用方框样式的部分，从弹出的快捷菜单中依次选择【CSS 样式】| box 命令，如下图所示。

❺ 可以看到文字的方框发生了改变，如下图所示。

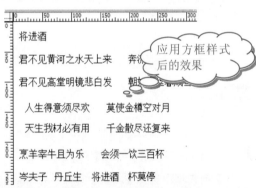

11.5.5 边框

使用【CSS 规则定义】对话框中的【边框】类别可以定义元素周围的边框的设置，如宽度、颜色和样式等，如下图所示。

【边框】设置界面中只有 3 个参数，分别如下。

❖ Style(样式)：设置各个边框的样式。选中【全部相同】复选框，则只需设置上边框参数。

❖ Width(宽度)：设置边框的宽度。

❖ Color(颜色)：设置边框的颜色。

其中的【全部相同】是指为应用此属性的元素的上、下、左和右侧设置相同的边框宽度。

下面通过一个实例来介绍【边框】类别的使用方法。

操 作 步 骤

❶ 参照前面的方法，打开【新建 CSS 规则】对话框，然后在【选择器类型】下拉列表中选择【类(可应用于任何 HTML 元素)】选项，在【选项器名称】下拉列表框中输入自定义的 CSS 样式名称，如 ".frame"，在【规则定义】下拉列表中选择【仅限该文档】选项，如下图所示，最后单击【确定】按钮。

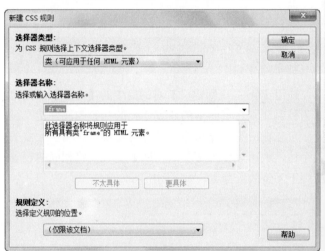

❷ 弹出【.frame 的 CSS 规则定义】对话框，在【分类】列表框中选择【边框】选项，接着设置 Style 为 "dotted"，Width 为 "thick"，Color 为 "#009933"，如下图所示，最后单击【确定】按钮。

❸ 完成样式表的创建，如下图所示。

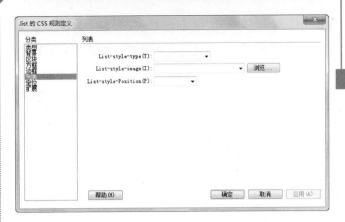

④ 在【设计】视图中右击需要应用边框样式的部分，从弹出的快捷菜单中依次选择【CSS 样式】| frame 命令，如下图所示。

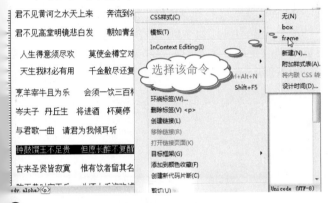

⑤ 可以看到图片的边框发生了改变，如下图所示。

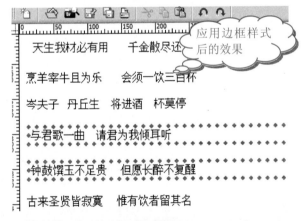

1.5.6　列表

使用【CSS 规则定义】对话框中的【列表】类别可为列表标签定义列表设置，如项目符号大小和类型，如右上图所示。

【列表】设置界面只有 3 个参数，分别如下。

❖ List-style-type(类型)：设置列表里各选项的项目符号或编号的类型。在【类型】下拉列表框中的选项有【圆点】、【圆圈】、【方块】和【数字】等。

❖ List-style-image(项目符号图像)：设置项目的自定义图像，用图像作为项目符号置于列表选项前。

❖ List-style-Position(位置)：定义列表选项在换行时是缩进还是边缘对齐。缩进应当选择【外】选项，而边缘对齐则要选择【内】选项。

下面将通过一个实例来介绍【边框】类别的使用方法。

操作步骤

① 参照前面的方法，打开【新建 CSS 规则】对话框，然后在【选择器类型】下拉列表中选择【类(可应用于任何 HTML 元素)】选项，在【选择器名称】下拉列表框中输入自定义的 CSS 样式名称，如 ".list"，在【规则定义】下拉列表中选择【仅限该文档】选项，如下图所示，再单击【确定】按钮。

text-transform 命令很有用，它有 3 个值：text-transform: uppercase, text-transform: lowercase 和 text-transform: pitalize。第 1 个会把文字变成全大写，第 2 个变成全小写，第 3 个变成首字母大写。这对拼音文字非常有用，即使输入时有大小写错误，在网页上也看不到。

❷ 弹出【.list 的 CSS 规则定义】对话框，然后在【分类】列表框中选择【列表】选项，设置【类型】为 "square"，如下图所示，再单击【确定】按钮。

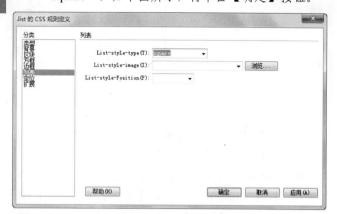

❸ 完成样式表的创建，如下图所示。

❹ 在【设计】视图中选择需要应用列表样式的文字，如下图所示。

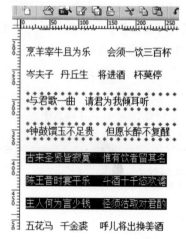

❺ 在【属性】面板中单击【项目列表】按钮，如下图所示。

❻ 在【类】下拉列表中选择 list 选项，如右上图所示。

❼ 最后的效果如下图所示。

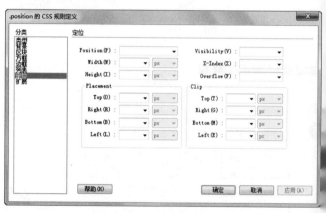

11.5.7 定位

【CSS 规则定义】对话框中的【定位】类别中各项属性参数主要用来比较精确地控制网页内元素的位置，可以用来改变选定文本的标签和文本块，或把文本变成层，如下图所示。

❖ **Position(位置)**：决定浏览器定位层的方式。absolute(绝对)是指使用相对于页面左上角的坐标放置层，relative(相对)则是相对于文档中对象的位置，static(静态)实质上是在文本自身的位置。

❖ **Visibility(显示)**：设置网页中元素的隐藏方式。若此参数不设置，则默认情况下，浏览器会把上一级的值继承下来，共有 3 个参数。其中，inherit(继承)指直接使用上一级层的属性参数；visible(可见)指不考虑上一级设置值而显示层的内容；hidden(隐藏)指不考虑上一级设置值，同时隐藏层的内容。

❖ **Z-Index(Z 轴)**：确定层的叠放次序。层会按编号由高向低叠放。

CSS 中很多元素都有简写，font 要特别严格一些，font-size 和 font-family 是必须的，而且要按照这个顺序。因为 font 用到的地方比较多，所以特别提到。简写能有效减小 CSS 文件的体积。

❖ Overflow(溢位)：在层的内容超过层的大小设置时，通过此属性参数来决定处理的方式。下拉列表框中有 4 个选项，其中 visible 表示扩展层的大小来显示所有内容；hidden 表示把超出层的部分内容剪切掉，保持层的大小，不导入滚动条；scroll 可以为层添加滚动条(不论层的内容是否超出层的大小)；auto 是指层在其内容超出层的大小时自动为其添加滚动条，不超出则不加滚动条。

❖ Placement(定位)：确定层的大小和其在网页中的具体位置。

❖ Clip(裁切)：确定层的可见部分的大小。

下面通过一个实例来介绍【定位】类别的使用方法。

操作步骤

❶ 参照前面的方法，打开【新建 CSS 规则】对话框，然后在【选择器类型】下拉列表中选择【类(可应用于任何 HTML 元素)】选项，在【选择器名称】下拉列表框中输入自定义的 CSS 样式名称，如".position"，在【规则定义】下拉列表中选择【仅限该文档】选项，如下图所示，最后单击【确定】按钮。

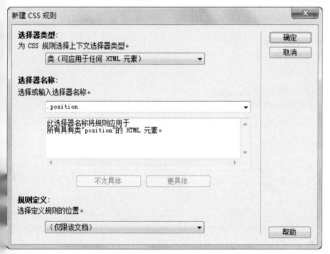

❷ 弹出【.position 的 CSS 规则定义】对话框，然后在【分类】列表框中选择【定位】选项，接着设置 Position 为 relative，在 Placement 选项组中设置 Top 为 "20 像素"，Right 为 "5 像素"，如右上图所示，最后单击【确定】按钮。

❸ 完成样式表的创建，如下图所示。

❹ 在【设计】视图中需要应用定位样式的图像上右击，从弹出的快捷菜单中选择【CSS 样式】|position 命令，如下图所示。

❺ 此时，图像的位置发生了偏移，如下图所示。

当使用简写 border 而没有指定 border-width 和 border-color 时，border 是有默认值的，宽度为 medium(大概 3~4 个像素)，颜色为框内文本的颜色。

将进酒

君不见黄河之水天上来　　奔流到海不复回

11.5.8 扩展

　　【CSS 规则定义】对话框中的【扩展】类别就是对自定义设置功能的扩展。【扩展】样式属性包括【分页】和【视觉效果】选项，它们中的大部分不被任何浏览器支持，或者仅被 Internet Explorer 4.0 和更高版本的浏览器支持，如下图所示。

　　【扩展】设置界面中各参数的含义如下。

❖　分页：打印时在样式所控制的对象之前或者之后强行分页。

❖　视觉效果：主要是为网页元素添加特殊化效果。Cursor(光标)用于设置鼠标在指向样式所控制的对象时指针的图像变化；Filter(过滤器)可以为样式控制的对象设置特殊效果，例如：模糊效果或反转效果。

　　下面通过一个实例来介绍【扩展】类别的使用方法。

❶　参照前面的方法，打开【新建 CSS 规则】对话框，然后在【选择器类型】下拉列表中选择【类(可应用任何 HTML 元素)】选项，在【选择器名称】下拉列表框中输入自定义的 CSS 样式名称，如 ".extend"，在【规则定义】下拉列表中选择【(仅限该文档)】选项，如下图所示，再单击【确定】按钮。

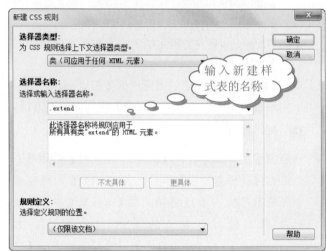

❷　弹出【.extend 的 CSS 规则定义】对话框，然后在【分类】列表框中选择【扩展】选项，接着设置 Cursor 为 "crosshair"，如下图所示，最后单击【确定】按钮。

❸　完成样式表的创建，如下图所示。

❹　应用该样式的效果如下图所示。

　　在 CSS 的【属性】面板中，可以为文字定义下划线，其中，"underline" 是定义下划线；"overline" 是定义上划线；"line-through" 定义的是删除线；"blink" 定义的是文字闪烁。

设置光标样式后的效果

?提示

使用滤镜可以添加很多效果，如 DropShadow 滤镜用来建立投射阴影，FlipH 滤镜用来进行水平翻转，Flipv 滤镜用来进行垂直翻转，Glow 滤镜为对象边界增加色彩光效等，读者可以自行实践。

11.6 CSS 样式的过滤器

过滤器也称为滤镜，它是 CSS 的一种扩充，它能够将特定的效果应用于文本、图片或其他对象。它把我们带入绚丽多姿的世界，正是有了过滤器属性，页面才变得更加漂亮。

CSS 样式的过滤器能把可视化的过滤器效果添加到一个标准的 HTML 元素上，在 Dreamweaver CS5 中，可以直接在对话框中添加过滤器的参数。

CSS 样式的过滤器包括 Alpha、BlendTrans、Blur、Chroma、DropShadow、FlipH、FlipV、Glow、Gray、Invert、Light、Mask、RevealTrans、Shadow、Wave、Xray 等。

11.6.1 可应用过滤器的 HTML 标签

过滤器属性适合于需要指定 <DIV>、<SPAN>，同时也需要指定 width 属性和 height 属性的场合。

可应用过滤器的 HTML 标签有很多，比如：

<table><tr><td><body>

<center><img><input><font><form><frame><label><map>等。

CSS 样式过滤器有两种，其中一种是静态过滤器，可以使对象产生静态的特殊效果；另一种是动态过滤器，用来处理网页或者 HTML 元素对象的显示效果。

11.6.2 CSS 的静态过滤器

在 Dreamweaver 中，常用的 CSS 静态过滤器如下。

❖ Alpha：渐变半透明效果。
❖ Blur：模糊效果(风吹效果)。
❖ Chroma：指定颜色为透明效果(使图像中某种指定的颜色成为透明)。
❖ DropShadow：下落阴影效果(使 HTML 对象产生下落式阴影效果)。
❖ Shadow：渐进式下落阴影效果。
❖ FlipH：水平翻转效果。
❖ FlipV：垂直翻转效果。
❖ Glow：光晕效果。
❖ Gray：灰色调效果。
❖ Invert：底片效果。
❖ Light：光源投射效果。
❖ Mask：色片覆盖效果(遮罩效果)。
❖ Wave：波浪效果。
❖ Xear：X 光片效果。

其中，Alpha、Blur 和 Wave 过滤器效果在前面已经介绍过。很容易看到，CSS 样式过滤器实际上是由参数和参数值组成的，这些参数和值的变化组合，能使对象产生各种效果，而且其功能并不比 Photoshop 等专业图像软件中的滤镜效果逊色。相反用不少图像处理软件进行特殊效果处理之后的图片体积会有所增加，而使用过滤器对图片进行处理能保持图片原有的属性，大大加快网页装载速度。

过滤器参数属性过多，针对不同的施加对象，各类参数要根据设计者的需求以及元素本身的属性进行设置。具体其他静态过滤器的使用方法请各位自行实验，在此就不一一叙述了。

11.6.3 CSS 的动态过滤器

在一些动画软件中能制作出动态效果的 GIF 动画，使用动态过滤器同样可以制作动态的演示效果，并且网页的打开速度要比使用 GIF 动画快很多。

动态滤镜包括两种：BlendTrans 和 RevealTrans。

BlendTrans 过滤器：其功能也比较单一，就是产生一

编辑外部 CSS 样式表时，链接到该 CSS 样式表的所有文档全部更新以反映所做的编辑。可以导出文档中包含的 CSS 样式以创建新的 CSS 样式表，然后附加或链接到外部样式表以应用那里所包含的样式。

177

种精细的淡入淡出的效果。

RevealTrans 动态滤镜: 它能产生 23 种动态效果, 还能在 23 种动态效果中随机抽用其中的一种, 用它来进行网页之间的动态切换, 非常方便。

下面以 BlendTrans 过滤器的使用为例, 演示 CSS 的动态过滤器的效果。

操作步骤

❶ 参考前面的方法, 打开【新建 CSS 规则】对话框, 然后在【选择器类型】下拉列表中选择【类(可应用于任何 HTML 元素)】选项, 在【选择器名称】下拉列表框中输入自定义的 CSS 样式名称, 再选择【(仅限该文档)】选项, 如下图所示, 最后单击【确定】按钮。

❷ 弹出【BlendTrans 的 CSS 规则定义】对话框, 在【分类】列表框中选择【扩展】选项, 在 Filter 下拉列表框中选择 "BlendTrans", 设置过滤器的参数为 BlendTrans(Duration=3), 如下图所示, 最后单击【确定】按钮。

提示

BlendTrans 过滤器的参数只有一个: Duration(过滤时间)。指定实现图像的淡出和淡入的间隔时间, 时间单位为秒。

RevealTrans 动态滤镜参数有两个: Duration 和 Transition(过渡类型), Transition 的取值范围是 0~23。

❸ 在样式面板中可以看到增加了新建的 CSS 样式, 如下图所示。

❹ 在需要应用 BlendTrans 过滤器的图像上右击, 从弹出的快捷菜单中依次选择【CSS 样式】|BlendTrans 命令, 如下图所示。

❺ 在浏览器中预览的效果如下图所示。

检查模式与实时视图一起使用有助于快速识别 HTML 元素及其关联的 CSS 样式。打开检查模式后, 将鼠标悬停在页中的元素上即可查看任何块级元素的 CSS 盒模型属性。

11.7　思考与练习

选择题

1. 样式表是用来定义和设计网页风格的，通过 CSS 以对网页的不同元素，如：_____进行更加方便准的定位。

　　A. 字体　　　　　　B. 图像

　　C. 表格　　　　　　D. 链接

2. CSS 与 HTML 相比，其优点在于_____。

　　A. 能更加灵活而精确地控制页面的格式和布局

　　B. 能更快捷有效地实现网页的维护和更新

　　C. 能制作出占用空间更小、下载更快的网页

　　D. 不需要写代码

3. 根据样式表运用的范围和对象的不同可以划分不的样式表类型。根据运用的对象不同可以把样式表分：_____。

　　A. 类样式表

　　B. ID 样式表

　　C. 复合内容样式表

　　D. 标签类样式表

4. 在 CSS 面板中，按钮 ✐ 代表_____。

　　A. 附加样式表

　　B. 新建样式表

　　C. 编辑样式表

　　D. 删除样式表

5.【CSS 规则定义】对话框的面板数总共有_____。

　　A. 6 个　　　　　　B. 7 个

　　C. 5 个　　　　　　D. 8 个

6. 在使用 Blur 滤镜设置模糊程度时，参数 rength=1 时代表_____。

　　A. 统一形状　　　　B. 线形

　　C. 长方形　　　　　D. 放射状

7. 鼠标指针的状态应在_____面板选项中设置。

　　A. 类型　　　　　　B. 背景

　　C. 区块　　　　　　D. 扩展

8. 设置链接翻转效果的选项是_____。

　　A. a: link　　　　　B. a: active

　　C. a: hover　　　　D. a: visited

操作题

1. 在 Dreamweaver CS5 文档窗口中创建一个名为"head"的样式，要求：字体为 24 像素、正常、粗体、下划线、颜色为#FF0033。

2. 在网页中插入一幅图片，分别创建一个类样式、标签样式和高级样式，然后对样式执行以下操作：

（1）编辑样式；

（2）删除样式；

（3）复制样式；

（4）将 CSS 样式转换为 HTML 标签；

（5）导出样式。

3. 新建一个文档，插入图片，输入文字，然后

（1）链接外部样式表，更改图片和文字的样式；

（2）分别使用 Alpha 和 Blur 滤镜设置图片的透明效果和模糊效果。

4. 设计一个超级链接文本，文本内容是"神雕侠侣"，要求：

（1）正常状态下链接文本颜色是：#FF00FF；

（2）已访问过的链接文本颜色是：#00FF00；

（3）当鼠标指针指向文本时，文本颜色是: #0000FF；而且，链接文字要有翻转效果。

学以致用系列丛书

第 12 章

巧学巧用——应用模板和库

大批量、具有相同版式与框架的网页的更新与处理引申出了模板的概念。灵活地将模板应用到网页设计中，可以将我们从大量的重复劳动中解放出来，而专注于网页内容的充实与扩展。

 学习要点

- ❖ 创建模板
- ❖ 模板的基本操作
- ❖ 管理模板
- ❖ 利用模板更新网页
- ❖ 库面板

 学习目标

通过本章的学习，读者应该了解模板的相关概念，并能够通过模板使网页制作更加高效、简单。除了了解创建空白模板、将网页保存为模板外，还应了解创建嵌套模板的方法，掌握对模板的各项基本操作，如可编辑区域、可重复区域及可选区域的建立与设置等。

12.1 创建模板

Dreamweaver 中的模板作为一种特殊类型的文档,常被用于设计具有一定相同布局的页面。类似于类与对象的关系,我们可以基于模板来创建文档,使得该文档在继承模板总体布局的同时,还可以加入、修改并完善自身的不同内容。

12.1.1 模板概述

当网页的设计者在模板中设计好具有一定样式的页面布局后,更新与维护人员就可轻松创建基于模板的页面,填充好内容的同时,也能保证整个站点的风格统一。

用户可以在模板中自行定义可编辑的区域,依情况选择是否显示的内容,以及可更改的重复区域等。

模板常用于对站点中网页进行整体更新。除非将文档与模板进行分离,否则从模板中创建的文档将与模板保持连接状态,这样对于模板的修改将影响所有与之关联的页面。

合理地使用模板和库文件,会给批量的页面更新与创作提供极大的便利,这就需要在平日的创作中多加留意。

12.1.2 认识模板面板

Dreamweaver 提供了用于管理模板的面板,在这里可以方便地查看、编辑和修改模板。

操作步骤

❶ 定义站点后,在菜单栏中选择【窗口】|【资源】命令,如下图所示,打开【资源】面板。

窗口(W)	帮助(H)	
✓ 插入(I)		Ctrl+F2
✓ 属性(P)		Ctrl+F3
✓ CSS样式(C)		Shift+F11
AP 元素(L)		F2
数据库(D)		Ctrl+Shift+F10
绑定(B)		Ctrl+F10
服务器行为(O)		Ctrl+F9
组件(S)		Ctrl+F7
文件(F)		F8
资源(A)		
代码片断(N)		Shift+F9

❷ 单击左侧的【模板】按钮 📃 即可查看站点中的所有模板,如右上图所示。下面的列表框中列出模板的名称与大小,而上方的【模板】列表则给出了所选

模板的预览图。将模板拖动到当前所编辑的页面上,即可将其应用到该文档。

单击以显示站点中的模板

⚠ 注意

注意到面板下方的一排按钮了吗?各按钮作用如下。

❖ 　应用 ：选择模板后单击此按钮,即可将模板应用到当前编辑的页面。

❖ 　🔄 ：刷新站点列表,将站点中文档的变化反映到【资源】面板列表中。

❖ 　📲 ：单击此按钮以创建新的模板。

❖ 　📝 ：用以打开所选择的模板,并直接对其进行编辑。

❖ 　🗑 ：删除所选择的模板,由于这几乎是不可恢复的操作,因此请小心处理。

12.1.3 保存已有网页为模板

创建模板的方法有很多种。事实上,当我们创建好一份文档后,可能会想到再创建其他具有类似布局的页面,此时,我们可以将它保存为模板。

操作步骤

❶ 在 Dreamweaver 中打开现有的文档,或创建一个新的基本页或动态页,进行适当的编辑后,在菜单栏中选择【文件】|【另存为模板】命令,如下图所示。

将当前网页另存为模板

Dreamweaver 将模板文件保存在站点的本地根文件夹中的 Templates 文件夹中,使用文件扩展名 .dwt。如果该 Templates 文件夹在站点中尚不存在,Dreamweaver 将在保存新建模板时自动创建该文件夹。注意不要将模板移动到 Templates 文件夹之外,或者将 Templates 文件夹移动到本地根文件夹之外,否则将在模板的路径中引起错误。

技巧

在【插入】面板的【常用】工具栏中，提供了对于模板的常用编辑功能，这里单击【创建模板】按钮 即可将当前文档转换为模板，如下图所示。

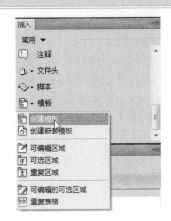

2 此时除非在先前已选中了相应的不再显示的复选框，否则将会弹出用于警告的对话框，表示当前所保存的文档中没有可编辑的区域。单击【确定】按钮即可将文档另存为模板，或是单击【取消】按钮以退出模板的创建，如下图所示。

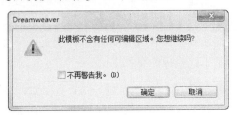

3 接下来将弹出【另存模板】对话框，这里列出了已有的模板。选择用于保存模板的站点以及对于模板的描述——这将在创建基于模板的页面时看到，单击【保存】按钮即可，如下图所示。

输入另存模板的名称

注意

Dreamweaver 会将模板文件以扩展名.dwt 保存在站点根文件夹的 Templates 文件夹中(如果没有的话，将会自动创建)，不要将模板移动到该文件夹之外，或将任何非模板文件存放其中；而且，不要将该文件夹移动到站点的根文件夹之外，否则将会导致模板的路径错误。

12.1.4　创建空白模板

当然，也可以从一开始就进行总体的风格设计与制作，这就需要直接创建新的空白模板，然后在其中进行编辑。创建空白模板的具体步骤如下。

操作步骤

1 在菜单栏中选择【文件】|【新建】命令，弹出【新建文档】对话框，然后在左侧列表框中选择【空模板】选项，接着在【模板类型】列表框中选择要创建的模板文档类型，再单击【创建】按钮即可，如下图所示。

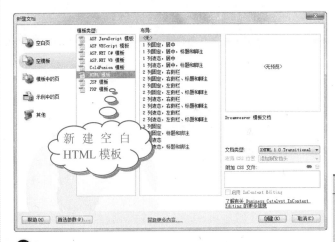

新建空白 HTML 模板

2 或者在【资源】面板中选择模板类别后，单击底部的【新建模板】按钮 ，一个空白的无标题模板将被添加到【资源】面板的模板列表中，如下图所示。

在面板中添加模板

3 此时可以直接输入模板名称，或是右击，在弹出的

如果之前已经建立过模板，可以在【新建文档】对话框中切换到【模板】选项卡，在其中选择所需模板后，单击【创建】按钮，即可在新文档窗口中应用已创建的模板了。

183

学以致用系列丛书

快捷菜单中选择【重命名】命令以更改名称。双击
面板列表中的模板,或选择模板后单击面板下方的
【编辑】按钮 📝 即可打开并编辑模板了。

12.1.5　创建嵌套模板

作为基本模板的变体,我们可以在创建一个基于模
板的文档后将其另存为新的模板来创建嵌套模板。

操作步骤

❶ 先创建一个基于模板的文档。在菜单栏中选择【文
件】|【新建】命令,切换到【模板中的页】选项界
面,选择相应的站点,并在右边的列表中选择基本
模板,单击【创建】按钮即可,或是直接将模板由
【资源】列表拖动到【设计】视图即可将其应用到
当前文档,如下图所示。

❷ 在菜单栏中选择【文件】|【另存为模板】命令,或
是进入【插入】面板的【常用】工具栏,单击【创
建嵌套模板】按钮 📄,如下图所示。

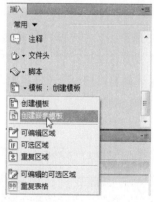

❸ 在弹出的【另存模板】对话框中,输入名称及注释,
并选择所要保存的站点,单击【保存】按钮即可由
当前文档创建嵌套模板,如右上图所示。

❹ 在嵌套模板中,传递的可编辑区域具有蓝色边框。
在可编辑区域内可以插入新的模板标记,此时该可
编辑区域将具有橙色边框,且不会向基于此模板的
嵌套模板中传递,如下图所示。

12.1.6　打开模板

创建模板后,我们可以直接打开一个模板文件,或
对基于模板创建的文档,打开其附加的模板并进行编辑。
当然,由于对模板的修改可能会影响到大量的文档,包
括其派生的嵌套模板等,Dreamweaver 会提示并要求选择
是否更新基于该模板的文档。

操作步骤

❶ 由于模板文件是以.dwt 扩展名保存,因此通过选择
菜单栏中的【文件】|【打开】命令,在弹出的【打
开】对话框中选择相应的文档类型及文件后,单击
【打开】按钮即可打开模板并进行编辑了,如下图
所示。

将文档另存为模板以后,文档的大部分区域就被锁定。模板创作者在模板中插入可编辑区域或可编辑参数,从而指
定在基于模板的文档中哪些区域可以编辑。

技巧

更简便的方法是进入【资源】面板，切换到【模板】项，双击列表中的模板名称，或是直接选择模板后单击面板下方的【编辑】按钮，即可打开该模板并对其进行编辑。

❷ 如果是在编辑具体的网页，而又需要对作为基准的模板进行编辑，此时该怎么办呢？此时通过选择【修改】|【模板】|【打开附加模板】命令，即可打开该文档的基础模板并进行编辑，如下图所示。

技巧

打开基于模板创建的文档后，在【设计】视图中右击，并在弹出的快捷菜单中选择【模板】|【打开附加模板】命令也可以打开文档所附加的模板。

❸ 在保存修改后的模板时，Dreamweaver 会弹出【更新模板文件】对话框，询问是否更新基于模板创建的所有文档，单击【更新】按钮即可更新基于修改后模板的所有文档，否则单击【不更新】按钮，如下图所示。

12.2 模板的基本操作

从这一节开始，我们来一起认识有关模板的几个基本元素：可编辑区域、可选区域和重复区域等，熟悉这些概念并具体实践才能使用好模板。

12.2.1 定义模板的可编辑区域

可编辑区域在基于模板的文档中表现为未锁定的区域，即可以进行修改与编辑的区域。要让一个模板生效，必须至少为它指定一个可编辑区域，否则将无法编辑基于该模板的页面。有多种方法用于创建可编辑区域，在此之前需要选择要设置为可编辑区域的文本或内容，在【设计】视图中将光标放置在想要插入可编辑区域的地方，作为可编辑区域的插入区域或点，接着按照下述步骤进行操作。

操作步骤

❶ 在菜单栏中选择【插入】|【模板对象】|【可编辑区域】命令，或直接按下 Ctrl+Alt+V 组合键，即可在页面中添加一个可编辑区域，如下图所示。

注意

如果是在非模板的普通文档中插入可编辑区域，会出现一个提示对话框，指出此文档将会被自动转换为模板，如下图所示。

在【设计】视图中查看基于模板的文档时，除可编辑区域的边框之外，整个页面都是由不同颜色的边框环绕的，右上角的选项卡给出该文档所基于的模板的名称。这个高亮显示的矩形用于提醒该文档是基于模板的，并且不能更改可编辑区域之外的任何内容。

2 接下来在弹出的【新建可编辑区域】对话框中输入可编辑区域的名称，需要注意的是，同一模板中可编辑区域的名称必须是唯一的。单击【确定】按钮即可完成新的可编辑区域的创建，如下图所示。

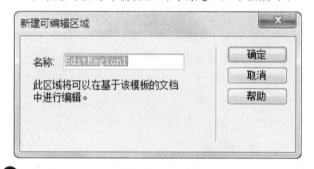

3 现在可以看到具有指定名称的可编辑区域已经被加入文档中，可编辑区域在【设计】视图中表现为有高亮显示边框的矩形，且在左上角显示该区域的名称。如果是将页面上的一个内容块转换为可编辑区域，其中将会包括所添加的内容，而插入的空白可编辑区域则会将区域名称作为其默认包括的内容，如下图所示。

注意

可以将可编辑区域定义在页面中的任何位置，但对于表格或层，有几点需要注意：

❖ 可以将整个表格或单独的单元格标记为可编辑的，但不能将多个分散的表格单元格标记为一个的可编辑区域。如果选择表格的一整行，则可编辑区域将包含该行；否则可编辑区域将只存在于选定的单元格中。

❖ 在使用层的时候，我们应该已经注意到了：层与层的内容具有不同的属性面板布局，也就是说，二者是相对独立的元素。将层设为可编辑区域时可以更改层的位置及其内容，而使层的内容可编辑时则只能更改层的内容。

4 事实上，模板中包括可编辑区域在内的各元素的显示颜色是可以自制的。选择菜单栏中的【编辑】|【首选参数】命令，或直接按下 Ctrl+U 组合键，打开【首选参数】对话框，选择左侧的【标记色彩】类别，然后在对话框的右方设定相应区域的显示颜色与显示与否即可，如下图所示。

5 通过单击可编辑区域左上角的选项卡即可选定该可编辑区域，或选择菜单栏中的【修改】|【模板】命令，并在弹出的子菜单中选择区域名称，或是直接由【文档】视图底部的标签选择器进行选择。可以在【属性】面板中更改该区域的名称，如下图所示。

技巧

选择可编辑区域后，单击【属性】面板右方的【快速标签编辑器】按钮即可直接输入区域的新名称，如下图所示。

或者在【设计】视图中右击，并在弹出的快捷菜单中选择【模板】|【新建可编辑区域】命令来创建可

可以在模板的设计备注文件中存储关于模板的附加信息(如创作者、最后一次更改的时间或作出某些布局决定的原因等)。基于模板的文档不继承模板的设计备注。如果需要添加或更改模板的备注，选择菜单栏中的【文件】|【设计备注】命令，然后在弹出的对话框中输入信息即可。

编辑区域，或是进入【插入】面板的【常用】工具栏，单击【可编辑区域】按钮以创建可编辑区域，如下图所示。

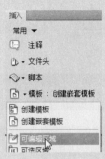

```
12  <body>
13     <!-- TemplateBeginEditable name="EditRegion1" -->
14     <p>EditRegion1</p>
15     <p> </p>
16     <!-- TemplateEndEditable -->
17  </body>
```

12.2.2 取消模板的可编辑区域

当需要将页面中的内容锁定，即使其变得不可编辑时，可以将可编辑区域标记删掉。

操作步骤

❶ 将光标定位到可编辑区域内部，然后选择菜单栏中的【修改】|【模板】|【删除模板标记】命令，如下图所示，即可将可编辑区域的标记删掉。此时区域中的内容仍会保留，只是在创建基于该模板的文档时，它们将不可编辑。

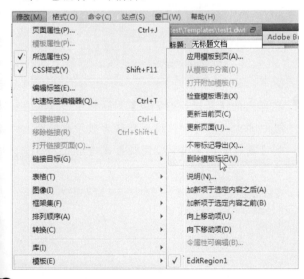

❷ 在相应的区域中右击，在弹出的快捷菜单中选择【模板】|【删除模板标记】命令，也可以将该可编辑区域的标记删掉。由于这是直接编辑模板文件，这里有关模板的代码是可编辑的，切换到【代码】视图，通过标签选择器找到特定的可选区域代码，删除表示模板标记的代码，如右上图所示。

12.2.3 定义模板的重复区域

重复区域是文档中设置为可重复的布局部分，与可编辑区域结合在一起，使得网页的维护人员可以自行添加或删除一定的可编辑区域内容，同时又保持了页面的整体协调。

操作步骤

❶ 在网页中将光标定位到合适的位置，或选取一定区域的文本与内容，然后选择菜单栏中的【插入】|【模板】|【重复区域】命令。也可以单击【常用】工具栏中的【重复区域】按钮以插入新的可重复区域，如下图所示。

❷ 当然，右击选取的区域从快捷菜单中选择【模板】|【新建重复区域】命令亦可。在接下来弹出的【新建重复区域】对话框中输入该模板内重复区域的唯一名称，单击【确定】按钮即可完成重复区域的创建，如下图所示。

❸ 现在可以在【设计】视图中看到以高亮边框显示的可重复区域内容，与可编辑区域一样，其颜色是可以在【首选参数】对话框中进行更改设置的，如下图所示。

在【代码】视图中，模板中的可编辑和锁定 HTML 源代码都可以更改。比如可编辑内容区域在 HTML 中使用以下释标记: <!-- TemplateBeginEditable> 和 <!-- TemplateEndEditable -->，这些注释之间的任何内容都可以在基于模板的档中编辑。在【代码】视图中编辑模板代码时不要更改 Dreamweaver 所依赖的任何与模板相关的注释标记。

可重复区域中的可编辑区域

注意

除非其中包含了可编辑区域，否则重复区域在基于模板的文档中是不可编辑的。

❹ 选择菜单栏中的【插入】|【模板对象】|【重复表格】命令，或直接单击【常用】工具栏中的【重复表格】按钮 即可在文档中插入重复表格，如下图所示。

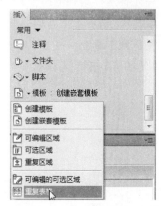

❺ 在弹出的【插入重复表格】对话框中进行相关的设定后单击【确定】按钮即可在页面中添加一个重复表格，如下图所示。

重复表格参数

提示

对话框中的相关参数含义如下。

❖ 【行数】、【列数】、【单元格边距】、【单元格间距】、【宽度】、【边框】：与一般的表格属性相同，指定了重复表格的布局格式。

❖ 【重复表格行】参数组：指定表格中的哪些行包含在重复区域中。

❖ 【起始行】与【结束行】：指定表格中重复区域的第一行与最后一行。

❖ 【区域名称】：为该重复区域所设置的模板中的唯一名称。

12.2.4 定义模板的可选区域

在基于模板创建的文档中，可选区域包含了可自行控制以进行显示或隐藏的内容。

操作步骤

❶ 在【设计】视图中选择要设定为可选区域的内容，或定位好光标，然后选择菜单栏中的【插入】|【模板对象】|【可选区域】命令，即可以创建新的可选区域。当然，更快捷的方法是单击【常用】工具栏上的【可选区域】按钮 ，如下图所示。

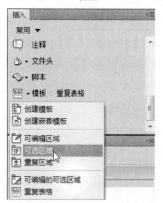

❷ 在弹出的【新建可选区域】对话框中输入它在该模板中的唯一名称，并设定默认为显示或隐藏。切换到【高级】选项卡，使用参数或表达式对可选区域的可见性进行控制，如下图所示。

切换到【高级】选项卡，可进行参数控制

❸ 要使得可选区域中包含可编辑区域，可以在一个可选区域中直接插入新的可编辑区域。这里更直接的方法是选择菜单栏中的【插入】|【模板对象】|【

长见识 如果模板文件是通过将现有页面另存为模板来创建的，则新模板在 Templates 文件夹中，并且模板文件中的所有链接都将更新以保证相应的文档相对路径是正确的。如果以后基于该模板创建文档并保存该文档，则所有文档相对链接将再次更新，从而依然指向正确的文件。

编辑的可选区域】命令，或直接单击【常用】工具栏中的【可编辑的可选区域】按钮即可。

④ 创建可选区域后，通过单击区域左上方的模板选项卡，或将光标定位到区域中后从【文档】视图下方的标签选择器中选择相应的可选区域标签，甚至在【代码】视图中直接选取模板代码，都可定位该可选区域的模板标记。此时单击【属性】面板上的【编辑】按钮，可进入上面的【新建可选区域】对话框，以对该区域进行详细的设置，如下图所示。

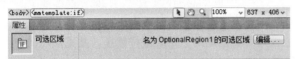

还记得【属性】面板上的【快速标签编辑器】按钮吗？选择可选区域标记后，单击该按钮即可在弹出的编辑框中快速更改区域的名称，如下图所示。

12.3　管理模板

使用【资源】面板中的【模板】类别可以很方便地管理站点中的现有模板，包含模板的应用、创建、编辑及删除等。下面让我们一起来认识模板应用的更多技巧吧！

12.3.1　应用模板

将模板应用到文档，即创建基于模板的文档的过程。除使用模板来创建空白页外，模板还可以应用在其他方面。

操作步骤

① 将模板从【资源】列表中拖动到【设计】视图，或选定文档后单击面板下方的【应用】按钮，即可将模板应用到当前文档，若其本身为空白文档，则相当于创建了一个基于所选模板的页面。

② 如果文档本身已经应用了一个模板，则新应用模板

将会与原有模板进行比较，并依据区域类型与名称进行一一对应，当有不匹配的情况发生时，会出现提示对话框，表示出现了与原有的模板中不一致的区域名称，我们可以依情况进行更改，如下图所示。

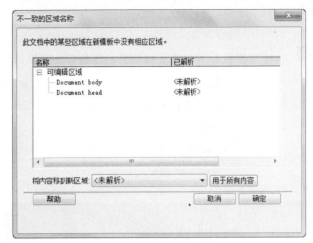

③ 对于模板不匹配的情况，可以手动更改各模板中的名称及类型，以使得它们完全一致。而这里的检查对话框给出了更灵活的解决方案。在列表框中选择"未解析"的区域，在【将内容移到新区域】下拉列表中选择目标区域，如下图所示。

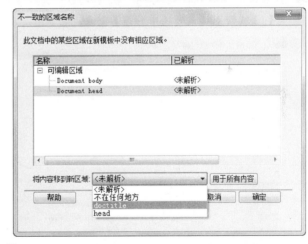

④ 【不在任何地方】选项表示从文档中删除该内容；【用于所有内容】按钮是指将所有未解析的内容都移动到选定的区域。指定好所有标注为"未解析"的区域后，单击【确定】按钮将新模板应用到当前页面，或是单击【取消】按钮取消对新模板的应用。

⑤ 另一种将模板应用到当前页面的方法为选择菜单栏中的【修改】|【模板】|【应用模板到页】命令，在弹出的【选择模板】对话框中选择相应的站点及模板名称，并确定当模板更新时是否更新页面，单击

在【代码】视图中，派生自模板的文档的可编辑区域用与不可编辑区域中的代码不同的颜色显示。只能更改可编辑区域中的代码或可编辑参数，Dreamweaver 禁止在锁定区域中输入内容。注释<!-- InstanceBeginEditable> 和<!--InstanceEndEditable -->之间的任何内容都可以在基于模板的文档中编辑，其他的代码部分则不行。

学以致用系列丛书

【选定】按钮即可开始模板应用，如下图所示。

⑥ 当应用模板后又想将文档还原，该怎么办呢？选择菜单栏中的【编辑】|【撤消(U)新建可选区域】命令，或按下 Ctrl+Z 组合键，即可将文档恢复到最近一次应用模板前的状态，如下图所示。

编辑(E)	查看(V)	插入(I)	修改(M)	格式(O)
撤消(U) 新建可选区域				Ctrl+Z
重做(R) 新建可选区域				Ctrl+Y

12.3.2 脱离模板

当需要修改基于模板创建的网页中的可编辑区域的内容时，可以打开其附加模板进行编辑，或直接将文档进行分离，以使该页面成为独立于模板的文件。

操作步骤

❶ 打开基于模板创建的文档，在菜单栏中选择【修改】|【模板】|【从模板中分离】命令，如下图所示。

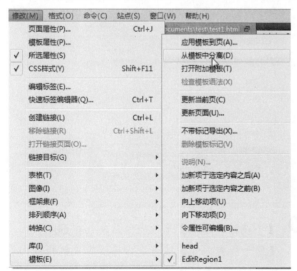

❷ 本次操作仅对该文档有效，而不会对原有模板产生影响。此时，查看脱离了模板的文档，可以发现所有的模板代码均被删除。此后有关原有模板的任何修改，都不会对独立出的文档造成影响了。

12.3.3 删除模板

当不再需要模板时，可以将它从站点中删除。一般的方法是进入【资源】面板并单击 📄 按钮以切换到【模板】类别，选定相应的模板后单击面板下方的【删除】按钮 🗑 即可将其删除。

也可以进入存放站点模板文件的 Templates 文件夹，找到相应的模板文件后将其删除。

> **注意**
>
> 一旦在【资源】面板中删除模板文件，即意味着它从站点中被删除，无法进行恢复，且无法对其进行检索。

基于已删除模板创建的文档不会与此模板分离，它们仍将保留模板文件被删除前所具有的结构和可编辑区域。要使它们可自由编辑，可以将其从模板分离。

12.4 利用模板更新网页

使用模板来创建和更新网页，将使我们从大量的重复性劳动中解放出来，而将更多的精力投放到具体内容的实现上。下面就一起来学习它的一些应用方法。

12.4.1 编辑基于模板的文档

无论是基础模板，还是嵌套模板，创建基于模板的文档即是将模板应用到基本页中。在基于模板的页面中，只能编辑可编辑区域中的内容。

操作步骤

❶ 在菜单栏中选择【修改】|【模板属性】命令，如下图所示。

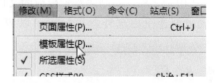

❷ 打开【模板属性】对话框，在此显示了模板区域可用的属性。在列表框中选择区域名称后，对话框底部的内容将会更新，以显示所选属性的标签及其指定值，如下图所示。

 保存模板时，Dreamweaver 会自动检查模板语法，比如在【代码】视图中添加模板参数或表达式后，可检查代码是否遵循正确的语法。如果需要手动检查，可以选择菜单栏中的【修改】|【模板】|【检查模板语法】命令，如果语法格式错误，则会出现一条错误信息，用于描述错误并指出代码中存在错误的特定行。

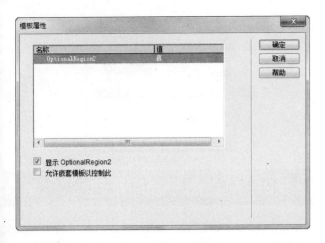

12.4.2　使用模板进行更新

注意到了吗？当我们修改模板后，会提示是否需要更新基于该模板的文档。当然，我们也可以手动更新站点中的文件。

操作步骤

❶ 要将修改后的模板应用到基于该模板的文档，只须打开该文档后选择菜单栏中的【修改】|【模板】|【更新当前页】命令即可，如下图所示。

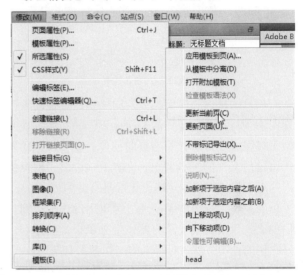

> **提示**
>
> 选中【允许嵌套模板以控制此】复选框，即表示所选区域的属性将一起传递到基于嵌套模板的文档。

❸ 至于重复区域，体现在基于模板创建的文档中时，会自动添加 4 个用于重复项的按钮：±与−用于添加与删除所选重复区域项；▼与▲用于将所选项向下或向上移动位置，如下图所示。

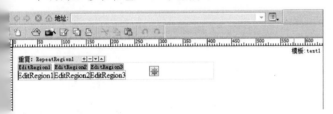

> **提示**
>
> 事实上，可以对重复区域中的重复项进行简单的编辑。将光标定位到一定的重复区域(如这里的可编辑区域)，然后选择菜单栏中的【编辑】|【重复项】命令，在弹出的子菜单中选择剪切、复制或删除命令，如下图所示。

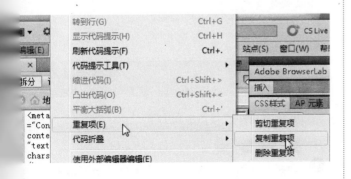

❷ 若要一次更新批量的网页，可以选择【修改】|【模板】|【更新页面】命令，在弹出的【更新页面】对话框中确定所要更新文档的范围(整个站点或仅与某一模板相关)，并选择是否显示更新记录，单击【开始】按钮即可对相应的文件进行更新，如下图所示。

手动更新整个站点

12.5　库　面　板

库是一种特殊的 Dreamweaver 文件，其中包含将用于网页的资源或资源副本的集合，它们被称为库项目。当更改某个库项目的内容时，就更新所有使用该项目的文件。库项目都保存为一个单独的.lbi 文件，存放在站点的 Library 文件夹中。

使用模板更新页面时，如果选择查看【文件使用】，可以从相邻的弹出菜单中选择模板名称，此选项将更新当前站点中使用所选模板的所有页面。对于【显示记录】复选框，Dreamweaver 将提供关于试图更新的文件的信息，包括它们否成功更新的信息。

当创建一个库项目时，Dreamweaver 并不是在网页中插入项目，而是插入一个指向库项目的链接，即向文档中插入该项目的 HTML 源代码副本，这保证了不增加网页体积的同时，又增大了对于同等资源的利用率。

对于库的管理与操作，主要集中在【资源】面板(选择菜单栏中的【窗口】|【资源】命令)的【库】📖 类别中，如下图所示。

库项目的操作与模板相似，同样是通过拖动来创建和使用库项目。通过【资源】面板下方的一系列控制按钮，可以很方便地进行库项目的创建、编辑、删除及管理。由这里文件的大小可知，库有效地控制了网页的大小，这对于加速网页浏览速度无疑是有益的。

总的来说，模板与库，通过可重用性这一原则，为我们的大批量的网页设计与制作带来了极大的便利，掌握好它们的使用方法，对将来的工作会大有帮助。

12.5.1　创建库文件

库项目是要在整个网站范围内重新使用或经常更新的元素，在 Dreamweaver CS5 文档中创建库文件的具体步骤如下。

操 作 步 骤

❶ 选中要创建为库项目的元素，选择【修改】|【库】|【增加对象到库】命令，所选元素即被添加到库中，如下图所示。

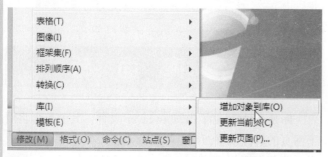

❷ 或者选中要创建为库项目的元素，单击【资源】面板中的【库】按钮📖，再单击【新建库项目】按钮➕即可添加库文件，如右上图所示。

12.5.2　向页面添加库项目

向页面添加库项目时，库内容及对元素的引用就会被插入文档中，向页面添加库项目的具体步骤如下。

操 作 步 骤

❶ 在文档窗口中，将光标定位于要插入库项目的位置，单击【资源】面板的【库】类别中的 插入 按钮，所选元素即被添加到库中，如下图所示。

❷ 保存文档，在文档窗口即可看到插入的对象，如下图所示。

12.5.3　更新库文件

更新库文件的具体步骤如下。

操 作 步 骤

❶ 打开库文件，对其进行一些编辑，如下图所示。

如果使用了库，就可以通过改动库来更新所有采用库的网页，而不需要一个一个地修改网页元素或者重新制作网页。使用库比使用模板有时具有更大的灵活性。

❷　选择【文件】|【保存】命令，如下图所示。

❸　保存文件，选择【修改】|【库】|【更新页面】命令，如下图所示。

弹出【更新页面】对话框，确定所要更新文档的范围(整个站点或仅与某一库文件相关)，并选择是否显示更新记录，单击【开始】按钮即可对相应的文件进行更新，如右上图所示。

> **提示**
>
> 若要同时更新模板，可将【模板】复选框选中。

❺　完成更新后，单击【关闭】按钮关闭对话框，结束更新。

12.6　思考与练习

选择题

1. 可以在下列地方查看和管理站点中的模板文件 _____。
   - A. 【资源】面板中的【模板】类别
   - B. 站点根文件夹下面的 Templates 文件夹
   - C. 站点根文件夹下面的 ".dwt" 类型文件
   - D. 【文件】面板中的【本地视图】类别

2. 需要创建嵌套模板时，可以 _____。
   - A. 从模板文件创建一个网页文档，然后将它另存为模板
   - B. 在基于模板创建的网页中插入可编辑区域
   - C. 打开基于模板的网页后，使用工具栏上的【创建嵌套模板】按钮来创建
   - D. 基于模板创建一个网页，然后将新的模板应用到当前文档

3. 关于模板的几个基本元素，下列说法正确的是 _____。
   - A. 模板中至少要包含一个可编辑区域
   - B. 模板的可编辑区域需要指定唯一的名称
   - C. 可选区域中的内容，在编辑网页时会自动显示
   - D. 重复区域中的内容可以根据要求增加或删除

4. 要让文档从模板中 "解放" 出来，可以 _____。
   - A. 删除模板文件
   - B. 将文档从模板脱离
   - C. 把网页转移到另外的站点
   - D. 删除 HTML 代码中的模板标记

学以致用系列丛书

Dreamweaver 将按照设置更新文件。如果选定了【显示记录】选项，Dreamweaver 会生成一个报告，指明文件的更新是否成功，报告中还会包括其他一些信息。

操作题

1. 使用不同的方法,创建一个新的模板,然后在资源管理器或 Dreamweaver 的【资源】面板中查看已有的模板文件。再新建一个空白的 HTML 文档,选择一个模板,并将它应用到当前 HTML 页面。

2. 分别在模板文档中插入不同的模板区域,认识它们的表现形式,并阐述它们的不同之处。使用模板建立一份普通的网页文档,看看它们的表现如何。

3. 编辑好模板文件,使用它来创建文档。修改模板后,手动更新所有基于模板创建的文档。

长见识　还可以通过在菜单栏中选择【编辑】|【首选参数】命令,然后在打开的【首选参数】对话框中单击【标记色彩】这项,在该选项下自定义模板和库项目的高亮颜色,以及指定显示或隐藏标记色彩。

第 13 章

表里一致——应用表单

现在，网上的生活已经与表单分不开了。论坛上的注册信息、银行系统的用户资料、搜寻内容的提交与反馈等，这些都与表单密不可分。现在就让我们进入表单的世界，一探究竟！

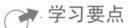 学习要点

- ❖ 创建表单
- ❖ 认识表单对象
- ❖ 添加表单元素
- ❖ 检测表单

学习目标

通过本章的学习，读者应该了解 Dreamweaver CS5 中的表单操作，包括插入新的表单，对表单的属性进行编辑与修改，认识常用的表单域，包括文本域、复选框、列表、菜单项、按钮、文件域以及跳转菜单等。此外，还应该掌握如何对表单中的文本域进行测试。

13.1 创建表单

大家在浏览网页的时候大概都会遇到要求填写一些信息，此时就是表单发挥作用的时候了。表单提供了网页的浏览者与设计者进行交互的一种有效途径。下面就来一起创建自己的表单吧！

13.1.1 插入表单

表单由<form></form>标签对组织，除了直接进行代码编辑外，Dreamweaver 还提供了可视化的表单创建工具。

操作步骤

❶ 新建或打开一个已有的文档，在【设计】视图中将光标放置在表单将要出现的位置，然后选择菜单栏中的【插入】|【表单】|【表单】命令即可插入表单，如下图所示。

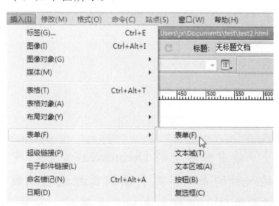

技巧

在【插入】面板中将【常用】工具栏切换到【表单】工具栏，可以发现这里包含了常用的表单元素，单击【表单】按钮即可创建新表单，如下图所示。

❷ 执行上述操作后，可以在【设计】视图中看到以红色虚轮廓线指示的表单，此时表单中还没有插入任何对象，在【文档】视图的下方也可以查找到<form>

标签，如下图所示。

提示

如果没有在【设计】视图中看到表示表单的轮廓线，选择菜单栏中的【查看】|【可视化助理】|【不可见元素】命令即可，如下图所示。

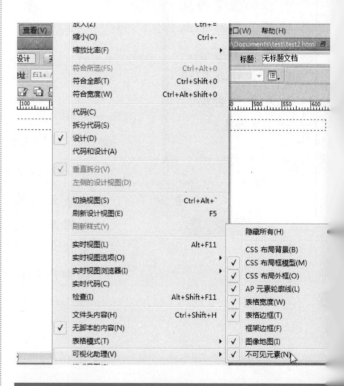

13.1.2 表单的【属性】面板

在页面中创建表单后，就可以进入【属性】面板查看并修改表单的相关属性了。

操作步骤

❶ 在【设计】视图中移动光标到表单轮廓，当指针状变为时，单击表单轮廓即可选定该表单，如下

常见的表单应用模式为：访问者填写完表格并提交给 Web 服务器处理，然后由服务器端的脚本或应用程序(如 CGI 程序)对表单数据进行处理，并生成一个新的 HTML 文件发送给访问者，这样就能够根据用户的不同请求返回不同的页面。

所示。或者将光标定位到表单内部后，由【文档】
视图下方的标签选择器选择表单标签，即可将整个
表单选中。

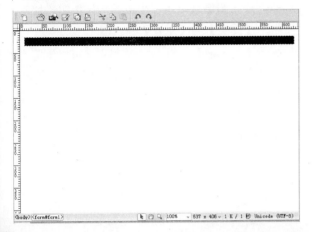

❷ 在【属性】面板中的【表单 ID】文本框中指定表单
的名称，在【动作】文本框中输入表单的提交处理
页(Action)路径，如下图所示。

提示

这里的【方法】下拉列表框与表单的 method 属
性相对应，指出了将表单数据传输到服务器所使用的
方法，其含义如下。
❖ GET：将表单中的数据附加到请求该页面的
URL 中，默认情况下采用 GET 方法传送
数据。
❖ POST：在 HTTP 请求中嵌入表单数据，
当所发送的数据量较大时，最好采用 POST
方法。

❸ 如果需要，【编码类型】下拉列表框用于指定提交
给服务器进行处理的数据所使用的编码类型。默认
为 application/x-www-form-urlencode，通常与表单的
POST 方法一起使用。如果要在表单中创建文件上传
域，需要指定 multipart/form-date 的编码类型。

❹ 至于【目标】项，指出了提交表单后接收表单数据
的"动作"文件对其进行处理后返回的数据(页面)，
这里的选项值与超链接的值一致。其中_blank 表示
在未命名的新窗口中打开目标文档；_parent 表示在
显示当前文档的窗口的父窗口中打开目标文档；_self
表示在提交表单所使用的窗口中打开目标文档；_top

表示在当前窗口的窗体内打开目标文档。

13.1.3　删除表单

至于删除表单，只需在【设计】视图中通过单击其
边框或由标签选择器选择指定的表单，然后按下
BackSpace 或 Delete 键；也可以在【代码】视图中找到相
关的表单代码后将其删除。

注意

将表单删除后，包含在其中的所有表单对象也将
被一并删除，在此之前，需要将其中有用的数据导出，
以免造成损失。

13.2　认识表单对象

在 Dreamweaver 中，表单中可输入数据的区域、元
素或机制称为表单对象。它们应包含在表单的<form>
</form>标签对之间。

13.2.1　认识表单

表单的作用在于从访问当前网页文档的用户那里获
取信息。浏览者可以通过不同的表单域来提交这些信息，
包括文本、密码、文件等。

表单应用于支持客户端/服务器关系中的客户端，当
网页访问者在浏览器中显示的表单中输入信息并将其提
交时，这些信息将会被发送到服务器端，在那里有相应
的脚本或应用程序对其进行处理。常用的服务器端技术
包括 JSP、PHP、ASP 等。服务器对用户的请求进行响应
时会将被请求信息发送回客户端，并在访问者的浏览器
中显示出来。

13.2.2　认识表单对象

通过前面的学习，已经知道使用【表单】工具栏可
以快速插入新表单，除此之外，它还有什么功能呢？下
面还是先来好好认识一下【表单】工具栏吧！

不要使用 GET 方法发送长表单。由于 URL 的长度限制在 8192 个字符以内，如果发送的数据量太大，数据将被截断，
而导致意外的或失败的处理结果。对于由 GET 方法传递的参数所生成的动态页，可添加书签，因为重新生成页面所需

以上各按钮的作用如下。

- ❖ 【文本字段】按钮：可以插入包含任何类型文本输入的文本字段，并可以显示单行、多行或字符。
- ❖ 【隐藏域】按钮：不显示在表单页面中的域，常用于存储一些默认的或已读取的信息，如用户名、电子邮件地址等。可以将其与用户输入的其他信息一起传送到服务器端，或反馈给客户端，并在必要时取其值作为一定的信息显示在用户的浏览器中。
- ❖ 【文本区域】按钮：可接受任何类型的字母、数字、文本输入内容。文本可以以单行或多行显示，也可以以密码域的方式显示，在这种情况下，所输入的文本将被替换为星号（"*"）或其他的项目符号显示在浏览器中。
- ❖ 【复选框】按钮：允许在一组选项中选择多个选项，与普通的复选框一样，常用于记录一组相似的数据。
- ❖ 【单选按钮】按钮：代表互斥的选项，即只能选择或不选择，或在一组选项（由单选按钮组产生）中选取其中之一。当选取一个选项时，与之关联的其他单选按钮将被自动清除。
- ❖ 【单选按钮组】按钮：可以一次性插入一组单选按钮。
- ❖ 【选择(列表/菜单)】按钮：【列表】项为在滚动列表中列出一组选项值，用户可以从中选择多个选项；而【菜单】项则是在一个菜单中显示选项值，用户只能从中选择单个选项。
- ❖ 【跳转菜单】按钮：可进行导航的列表或弹

出菜单，它提供了一个菜单，其中的每个选项都链接到某个文档或文件。

- ❖ 【图像域】按钮：可以在表单中插入一幅图片。图像域可用于生成图形化按钮，如常用的【提交】与【重置】等。
- ❖ 【文本域】按钮：使得用户可以浏览本地的文件并将其作为表单数据上传到服务器端。
- ❖ 【按钮】按钮：插入按钮，用作提交或重复表单等。
- ❖ 【标签】按钮：连接域的文本标签和域本身。
- ❖ 【字段集】按钮：表单对象逻辑组的容器标签。

13.3　添加表单元素

使用 Dreamweaver 可以快速地将 HTML 表单对象添加到表单中。本节将重点介绍如何添加文本字段、复选框以及列表/菜单等内容。

13.3.1　添加文本字段

表单中的文本域通常用于接收用户的输入，或显示一定的内容。下面以在表格中添加单行文本字段和多行文本字段为例，介绍如何在表单中添加文本字段。

1. 添加单行文本字段

下面先来看看如何在表单中添加单行文本字段，体操作步骤如下。

操作步骤

① 将光标定位到表单；然后在菜单栏中选择【插入】【表格】命令，如下图所示。

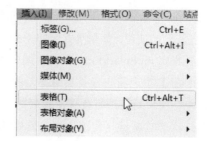

② 弹出【表格】对话框，然后设置行列数均为 2，如图所示，再单击【确定】按钮。

与其他类型的文本区域的显示效果不同的是，使用密码域发送到服务器的密码及其他信息并未进行加密处理，这得所传输的数据有可能被截获并破解，即存在着信息泄漏的可能性。必要情况下，应当对数据进行加密。

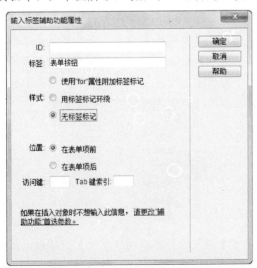

③ 即可在表单中插入一个 2×2 的表格,然后调整表格宽度,如下图所示。

④ 将光标定位到第一行第一列;然后输入"按钮名称",并将它左对齐;接着将光标定位到第一行第二列;再在【表单】工具栏中单击【文本字段】按钮,如下图所示。

⑤ 弹出【输入标签辅助功能属性】对话框,提供了一些辅助的标签功能选项,用户可以在【标签】文本框中输入对相应表单对象的说明文本,它将显示在页面中,如下图所示,最后单击【确定】按钮。

⑥ 表单中出现了如下图所示的文本字段框。

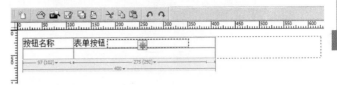

⑦ 选中插入的文本字段框,显示文本字段的【属性】面板,如下图所示。用户可以在【初始值】文本框中输入、修改要在文本字段中输入的内容,这里不再赘述,请读者自己动手试试。

提示

下面来了解一下单行文本字段【属性】面板中各选项的含义。

- ❖ 【文本域】:给文本字段命名。
- ❖ 【字符宽度】:设置文本字段可显示的字符数,即限定了文本字段的宽度。
- ❖ 【最多字符数】:设置单行文本字段允许输入的最多字符数。
- ❖ 【类型】:设置文本字段中的文字为单行、多行或密码。
- ❖ 【初始值】:设置初始状态下显示在文本字段中的内容。

2. 添加多行文本字段

多行文本字段一般用于填写比较集中的描述性内容。具体操作步骤如下。

操作步骤

① 将光标定位到第二行第一列,然后输入"属性解释",并将它左对齐,接着将光标定位到第二行第二列,插入文本字段框,如下图所示。

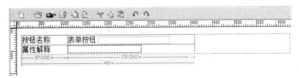

② 接着在【属性】面板中的【类型】选项组中选中【多行】单选按钮,如下图所示,然后设置【字符宽度】为 30,【行数】为 5。

学以致用系列丛书

在设置单行文本字段属性时,可以设定【字符宽度】的数值小于【最多字符数】的数值,当输入的字符长度超过文本域宽度时,可以通过键盘上的上、下、左、右方向键来调整文本字段所显示的字符串的位置。

提 示

【行数】：设置多行文本字段的最大行数。

❸ 得到如下图所示的多行文本字段框。

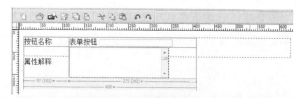

3. 添加密码域

在一些网站申请用户名时，都会遇到密码设置问题，而设置密码域对输入的密码具有保护功能。那么，如何添加密码域呢？具体操作步骤如下。

操作步骤

❶ 在文档界面中插入一个表单，然后在表单中插入一个一行两列的表格，如下图所示，并在第二个单元格中插入文本字段。

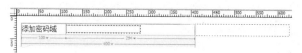

❷ 在【属性】面板的【类型】选项组中选中【密码】单选按钮，然后设置【字符宽度】为"20"，【最多字符数】为"15"，如下图所示。

❸ 得到如下图所示的效果。

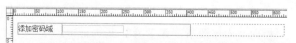

4. 预览文本字段

至此，表单已经初具规模了。下面来预览一下吧！

操作步骤

❶ 按 F12 键进入网页预览，如右上图所示。

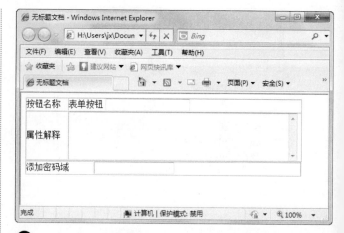

❷ 分别在文本字段输入相应的内容，效果如下图所示。

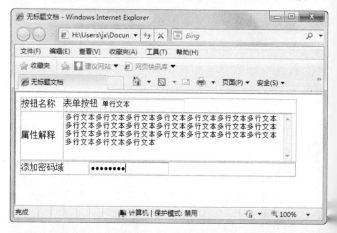

13.3.2 添加复选框

当需要网页的浏览者从一组选项中选取多个值时，可以在表单中添加复选框。在表单中添加复选框的操作步骤如下。

操作步骤

❶ 在【设计】视图中将光标定位到表单内要插入复选框的位置，然后在【插入】面板中的【表单】工具栏中选择【复选框】命令，或直接单击工具栏上的【复选框】按钮 即可在表单中添加新的复选框，如下图所示。

❷ 弹出【输入标签辅助功能属性】对话框，提供了一

如果需要收集机密用户名和密码、信用卡号或其他机密信息，POST 方法看起来比 GET 方法更安全。但是，由 POST 方法发送的信息是未经加密的，容易被黑客获取。若要确保安全性，需要通过安全的连接与安全的服务器相连。

些辅助的标签功能选项，用户可以在【标签】文本框中输入对相应表单对象的说明文本，它将显示在页面中，如下图所示，最后单击【确定】按钮。

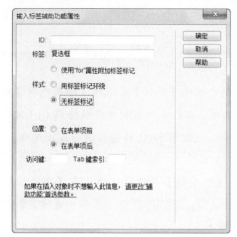

❸ 此时表单中会显示已添加的复选框，如下图所示。

表单中添加的复选框

❹ 进入【属性】面板，选中【已勾选】单选按钮，然后在工作区中选中添加的复选框，如下图所示。

?提示

在【复选框名称】文本框中输入复选框按钮在当前表单中的唯一名称。【选定值】文本框用于设置复选框被选中后，提交表单时它将发送给服务器的值。【初始状态】用于确定在浏览器中第一次载入页面时，该复选框是否被选中。

❺ 此时复选框被选中，如下图所示。使用同样的方法添加另外一个复选框，不过将【初始状态】属性调整为【未选中】，如下图所示。

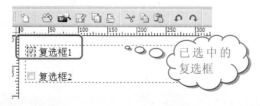

已选中的复选框

13.3.3 添加单选按钮

当要求用户在一组选项中只能选择一个选项时，可

选择使用单选按钮。单选按钮通常成组使用，而且在同一组中的所有单选按钮必须具有相同的名称。

操作步骤

❶ 单击工具栏上的【单选按钮】按钮在表单中添加新的单选按钮，如下图所示。

❷ 现在可以在【设计】视图查看添加好的单选按钮，在【属性】面板中将【初始状态】设置为【已勾选】，使单选按钮处于选中状态，如下图所示。

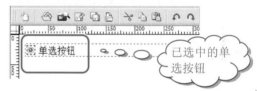

已选中的单选按钮

❸ 单击工具栏上的【单选按钮组】按钮 ，可以添加一个新的单选按钮组，如下图所示。单击单选按钮进行选择后，即可在【属性】面板中查看并编辑其属性。

单选按钮与单选按钮组

❹ 单选按钮【属性】面板中各值的设置与复选框类似。不同的是，当【单选按钮】文本框中的名称设定为与其他单选按钮具有相同的值，即它们的名称相同时，这些单选按钮将成为一个单选按钮组，选择其中的一个值时，将自动清除同一组中其他按钮的选中状态，如下图所示。

表单对象名称不能包含空格或特殊字符，而可以使用字母数字字符和下划线(_)的任意组合。以文本域为例，给它指定的标签是将存储该域的值(输入的数据)的变量名，这是发送给服务器进行处理的值。

201

13.3.4 添加列表、菜单框

通过列表或表单菜单，可以从中选择一个或多个项目。与文本域的不同之处在于，用户可以在文本域中输入自制的信息并提交，而对于列表与菜单，可以指定具体项的返回值。那么，如何在表单中添加列表和菜单框呢？具体操作步骤如下。

操作步骤

1 选择【插入】面板中【表单】工具栏中的【选择(列表/菜单)】命令，或直接单击工具栏上的【选择(列表/菜单)】按钮，即可在表单中的光标所在位置插入一个新的列表/菜单项，如下图所示。

2 默认情况下这里是一个菜单项，表单中会显示出一个下拉列表样式的可选菜单，如下图所示。

3 再向表单添加一个列表/菜单对象，并选中该对象。然后在【属性】面板中选中【列表】单选按钮，如下图所示。

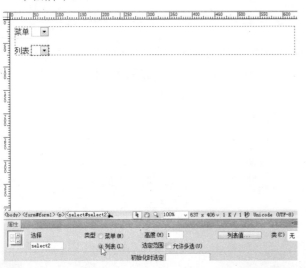

4 单击【属性】面板中的【列表值】按钮，如下图所示。

?提示

在列表框的【属性】面板中，如果选中【允许多选】复选框，以后在列表框中可以使用 Ctrl 键选择多个列表项，或使用 Shift 键值来进行范围选取。

5 弹出【列表值】对话框，然后在【项目标签】列表中输入"列表项 1"字符，再单击【确定】按钮，如下图所示。

编辑列表/菜单的项目标签和值

6 "列表项 1"被添加到列表框中，如下图所示。

7 在【属性】面板中单击【列表值】按钮，打开【列表值】对话框；然后单击 + 按钮，添加下一个列表项值，如下图所示。再继续单击 + 按钮，可以添加多个列表项值，最后单击【确定】按钮，如下图所示。

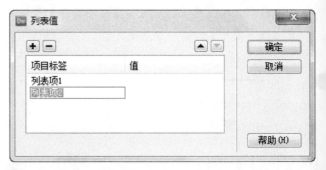

8 最终效果如下图所示。

动态表单对象的初始状态在页面对服务器请求时被服务器确定，而不是由表单设计者在设计时确定。例如，当用户请求的 ASP 页上包含带有菜单的表单时，该页中的 ASP 脚本会自动使用存储在数据库中的值填充该菜单，这样对菜单项的更改就转为对数据库的维护了。使表单对象成为动态对象可以简化站点的维护工作。

已经设置好列表值的菜单与列表

13.3.5 添加按钮

表单中的按钮常用于执行某些操作，如提交表单、执行网页上的脚本等。通过编写代码来自行定义单击按钮后所产生的动作。

操作步骤

① 将光标定位到表单中的特定位置，在【插入】面板中的【表单】工具栏中选择，或直接单击工具栏上的【按钮】按钮 □，即可添加一个新的按钮到表单中，如下图所示。

② 现在即可在表单中查看添加的按钮，默认情况下，它为【提交】按钮，如下图所示。

表单中的【提交】按钮

使用同样的方法往表单中添加两个新的按钮，如下图所示，然后选择要修改的按钮。

在【属性】面板中选中【重设表单】单选按钮，然

后在【值】文本框中输入按钮上的提示字符，如下图所示。

?提示

【动作】指定单击按钮时所执行的操作：【提交表单】(submit)表示当单击此按钮时将表单中的数据提交，并由按钮所在表单的【动作】属性中所指定的页面进行处理；【重设表单】(reset)则表示单击此按钮后将清除按钮所在表单中的所有内容；【无】表示暂时不指定单击按钮时所执行的操作。

⑤ 第三个按钮上的字符改变了，如下图所示。

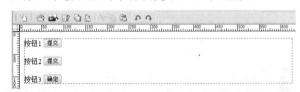

13.3.6 添加文件域

当网页的浏览者要上传文件到站点服务器时，需要用到文件域。事实上，文件域即一个文本域再加上【浏览】按钮，其中将包含所要上传文件的路径与名称。

操作步骤

① 把光标定位到表单中，然后在菜单栏中选择【插入】|【表单】|【文件域】命令，如下图所示。

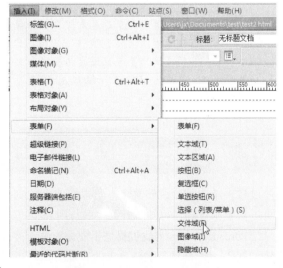

② 添加的文件域如下图所示。可以发现，文件域与文

默认情况下，表单中的按钮使用 Windows 系统的颜色和样式。如果需要改变按钮的颜色，可以考虑插入图像域来替换按钮，或创建一个 CSS 样式表，设置它的背景颜色(background)和边框颜色(border-color)，然后将它应用到按钮。还可以为按钮添加 JavaScript 代码，来使它根据鼠标的动作更改样式，以实现与交换图像类似的动态效果。

学以致用系列丛书

203

本字段的形式类似，不同的是后面添加了一个【浏览】按钮，用于调出资源管理器对话框以选择文件。使用同样的方式再向表单中添加几个新的文件域。

❸ 选中添加的文件域，进入【属性】面板以查看并编辑其属性，如下图所示。

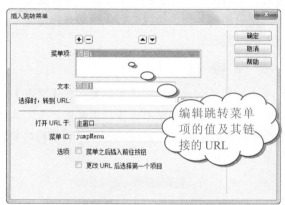

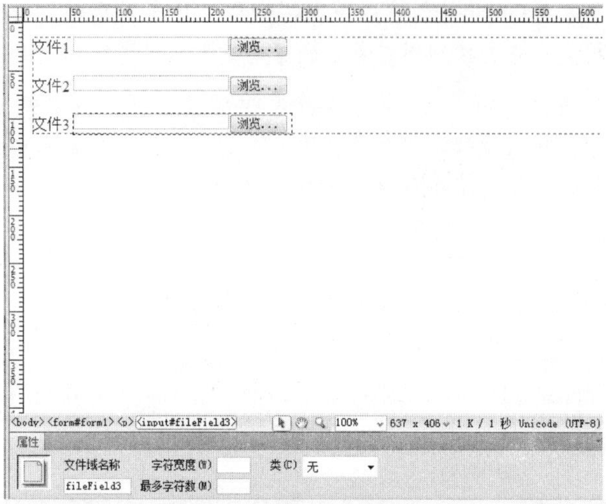

提示

　　【文件域名称】指定该文件域对象的名称；【字符宽度】指定输入文件路径的文本框中最多可显示的字符数；【最多字符数】指定域中最多可容纳的字符数，仅当用户直接输入文件名时有效，使用【浏览】按钮来定位文件时可忽略这里的限制。

注意

　　使用文件域上传文件时，需要具有服务器端脚本或相应的页面，用以处理所上传的文件。此时，需要将文件域所在表单的【动作】属性设定为服务器端的页面，并将方法设置为 POST，编码类型设定为 multipart/form-data。

13.3.7　添加跳转菜单

　　通过在表单中使用跳转菜单，可以快速定位到其他的网页。查看源代码，可知跳转菜单面与列表/菜单域相同。只是 Dreamweaver 为我们提供了便捷的编辑方式与更精炼的代码，使得对于跳转菜单的管理与操作更加方便迅速。

操作步骤

❶ 选择【插入】|【表单】|【跳转菜单】命令，或直接单击【插入】面板的【表单】工具栏中的【跳转菜单】按钮，如下图所示。

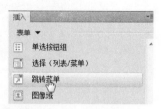

❷ 弹出【插入跳转菜单】对话框，在【菜单项】列表框中添加或删除菜单项，【文本】文本框则用于输入菜单项的名称，两个有关跳转 URL 的值指定了菜单选项跳转的页面及打开新页面的方式，如下图所示。

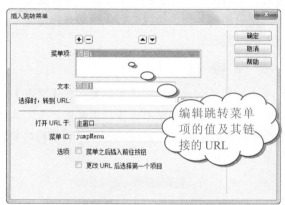

编辑跳转菜单项的值及其链接的 URL

❸ 设定完毕后单击【确定】按钮即可将跳转菜单插入到光标指定的位置，如下图所示。

添加好的跳转菜单

提示

　　如果在【插入跳转菜单】对话框中选中【菜单之后插入前往按钮】复选框，则会在跳转菜单后面添加一个【前往】按钮。这样，只有当用户从跳转菜单中选择菜单项，并单击【前往】按钮后，才会转到相应的 URL 页面，如下图所示。

添加的【前往】按钮

❹ 选择跳转菜单后即可进入到【属性】面板查看并

 使用数据库存储内容,可以使网络站点的设计页面与显示给用户的内容分开,类似于 Windows 系统的文档/视图结构。这样设计人员只需为不同的数据编写一个模板,然后根据用户提交的请求,结合数据库来产生动态页面。将信息保存数据库中,可以通过管理数据库,来更新整个站点的内容。

辑其属性。由于跳转菜单与列表/菜单项本质上一致，因而这里的【属性】面板也相同，关于各属性的含义可以参考列表/菜单域，如下图所示。

13.3.8 添加图像域

可以使用一些图像域作为按钮图标来代替Dreamweaver自带的按钮，从而美化网页效果。添加图像域的步骤如下。

操 作 步 骤

❶ 选择【插入】|【表单】|【图像域】命令，或直接单击【插入】工具栏上【表单】类别中的【图像域】按钮，如下图所示。

❷ 弹出【选择图像源文件】对话框，选择一幅图像，单击【确定】按钮，如下图所示。

❸ 弹出【输入标签辅助功能属性】对话框，提供了一些辅助的标签功能选项，在【标签】文本框中输入对相应表单对象的说明文本，如右上图所示，最后单击【确定】按钮。

❹ 表单中出现了如下图所示的图像域按钮。

❺ 选中插入的图像域按钮，显示【属性】面板，如下图所示。

❓提 示❓

【图像区域】为该按钮指定一个名称。"提交"和"重置"是两个保留名称，"提交"通知表单将表单数据提交给处理应用程序或脚本，而"重置"则将所有表单域重置为其原始值。【源文件】指定要为该按钮使用的图像。【替换】用于输入描述性文本，一旦图像在浏览器中加载失败，将显示这些文本。【对齐】设置对象的对齐属性。【编辑图像】启动默认的图像编辑器，并打开该图像文件以进行编辑。【类】可以将CSS规则应用于对象。

❻ 保存文件，浏览器中的效果如下图所示。

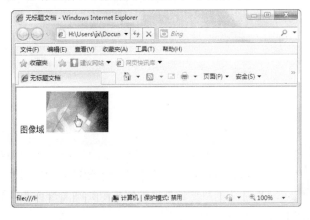

表单元素中的单选按钮、复选框和列表/菜单栏可以精确地控制用户提交的信息，这样就能够防止用户输入错误值，从而避免服务器处理数据时发生错误。

13.4 检测表单

通过前面的学习,我们已经知道如何在表单中添加文本字段。那么,怎么知道输入的资料是否符合要求呢?这就需要检查表单了。

13.4.1 检测单个文本字段

检测单个文本字段的操作步骤如下。

操作步骤

❶ 选择一个添加的文本字段,然后选择【窗口】|【行为】命令(或者按 Shift+F4 组合键)显示【行为】面板,单击【行为】选项卡下的【添加行为】按钮 ➕,选择【检查表单】命令,如下图所示。

❷ 弹出【检查表单】对话框,然后选中【值】后面的【必需的】复选框,接着在【可接受】选项组中选中【任何东西】单选按钮,如下图所示,再单击【确定】按钮。

❸ 在【行为】面板中,可以看到已添加的【检查表单】命令,如右上图所示。

13.4.2 检测多个文本字段

如果插入的文本字段很多,有没有什么简单方法一次检测多个文本字段呢?当然可以了!下面就来看看如何一次检测多个文本字段。

操作步骤

❶ 首先选择整个表单,然后单击【添加行为】按钮 ➕,选择【检查表单】命令,如下图所示。

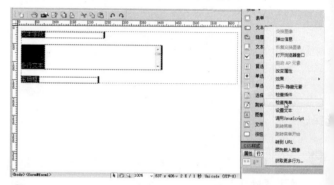

❷ 弹出【检查表单】对话框,然后在【域】列表框中选择"textfield2"。接着选中【值】右侧的【必需的】复选框,再在【可接受】选项组中选中【数字】单选按钮(因为选中的 textfield2 是密码文本字段),如下图所示。

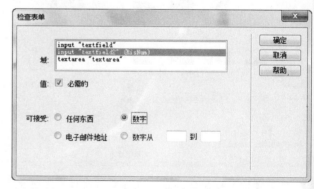

可以创建将数据提交到大多数应用程序服务器的表单,包括 PHP、ASP 和 ColdFusion。

提示

在【域】列表框中的 textfield、textfield2 和 textarea 是 Dreamweaver 根据文本字段建立的顺序依次命名的，用户可以在文本字段的【属性】面板中修改这些命令。

③ 同理，在【域】文本框中分别设置 textfield 和 textarea 两个文本字段的检查要求，最后单击【确定】按钮。

④ 在【行为】面板中，可以看到已添加的【检查表单】命令，如下图所示。

13.5 思考与练习

选择题

1. 下列关于表单的说法，不正确的是_____。
    A. 可以使用【插入】菜单或工具栏来插入空白表单
    B. 插入后的表单，将用红色虚线框勾勒出来
    C. 表单的【方法】属性，指出了跳转到新页面的方式
    D. 如果需要使用表单传输文件，需要将【方法】属性设置为 POST

2. 如果要向服务器端传输文本数据，可以使用的表单对象包括_____。
    A. 文本域　　　　　　B. 文本区域
    C. 文件域　　　　　　D. 隐藏域

3. 可以响应鼠标单击操作的表单对象包括_____。
    A. 按钮　　　　　　　B. 列表/菜单
    C. 图像域　　　　　　D. 超链接

4. 如果需要进行多项选择，可以使用_____。
    A. 单选按钮组　　　　B. 复选框
    C. 列表/菜单　　　　　D. 跳转菜单

操作题

1. 在网页中插入一个新的表单，然后使用【插入】工具栏插入常用的表单元素，并在【属性】面板中查看并认识它们的常用属性。

2. 在表单中插入文本框和文本域，将它们分别设置为不同的类型，并修改各自的独特属性。保存网页后在浏览器中查看表单效果，指出它们的不同之处。

3. 综合使用各个表单对象，制作好一个表单后，插入【提交】和【重置】按钮，并在浏览器中查看效果。想一想，如果表单中输入了不合格的数据，怎么办呢？

RL 参数是网页客户端向服务器提交数据时，追加到浏览器中 URL 后的一系列参数，以问号 "?" 开始，并采用 "名 " 的格式。如果存在多个 URL 参数，参数之间使用 "&" 号隔开。URL 参数常用于数据量不大的传输，比如加密 户登录信息、服务器端脚本的程序变量等。

207

第 14 章

技高一筹——使用行为

大家在浏览网页的时候，有没有注意到上面的一些互动效果？像主页上弹出的小广告窗口、导航栏上的滑动菜单、会随着鼠标的移动而改变的图片等，这些都可以在 Dreamweaver 里轻易实现！

 学习要点

- ❖ 认识行为和【行为】面板
- ❖ 行为的基本操作
- ❖ 行为的应用

 学习目标

通过本章的学习，读者应该了解 Dreamweaver CS5 中的【行为】面板，并为我们的网页添加生动的互动效果。通过简单的添加与修改行为，掌握在网页中实现自动弹出窗口、播放声音与动画、改变对象属性、检查用户信息、交换图像以及弹出式菜单等的方法，感受行为的美妙！

14.1 认识行为和行为面板

与前面所接触到的文本、图片、多媒体、表格等不同，行为显得既陌生又抽象。事实上，它可以与网页的浏览者进行有效的互动，而且，得益于 Dreamweaver CS5 的优良设计，用户能够轻松地实现以往需要添加很多代码才能实现的效果。

下面先来了解一下行为的相关概念。

14.1.1 行为的相关概念

简单地说，在日常生活中与他人进行交流时，所做出的反应就是行为。一个对象对特定"事件"的响应动作，即可称为这个对象的一个行为(Behavior)。

在 Dreamweaver 中，行为作为一个功能强大而操作简便的工具，可以响应用户的各种操作，让网页产生丰富多彩的动态效果。

14.1.2 事件的概念

事件(Event)是指网页与浏览者进行交互，或网页自动发生变化时，所发生的一些事情，它们可以为浏览器所察觉并捕捉，并可以用作触发各种动态效果的条件。在很多时候，它都因鼠标的移动和单击、键盘的输入和控制，以及网页自身的变化而产生。

用户可以在 HTML 中添加代码(如 JavaScript)来根据所发生的事情让网页做出一些反应(在 Dreaweaver 中有更为直观的图形化操作界面)。而这个事件发生后，所引发的反应即称为动作。用户可以让一个事件触发多个动作，也可以让一个动作由多个事件触发。

> **注意**
>
> 在使用行为时，应注意事件和动作在不同的浏览器，如 IE 和 Navigator，以及在同一浏览器的各版本之中的不同支持范围，可以在 Dreamweaver 中选择【检查浏览器兼容性】命令解决这一问题，如右上图所示。

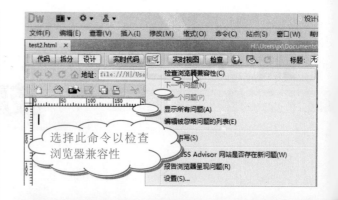

选择此命令以检查浏览器兼容性

14.1.3 打开【行为】面板

在 Dreamweaver 中，可以通过【行为】面板来方便地设定与管理各种行为效果。那么，如何打开【行为】面板呢？具体操作步骤如下。

操作步骤

❶ 选择【窗口】|【行为】命令，如下图所示。

❷ 在【标签检查器】面板中显示【行为】面板，如图所示。

> **技巧**
>
> 除此之外，还可以通过按 Shift+F4 组合键来快速打开【行为】面板。

在【行为】面板中提供了动作的触发事件。onMouseOver：当鼠标指针移动到目标上时触发事件；onMouseUp：当标按下再放开时触发事件；onMouseOut：当鼠标指针移开目标对象时触发事件；onMouseDown：按下鼠标时调用动作

4.1.4 认识【行为】面板

现在进入【行为】面板，如下图所示。

各组成部分的含义如下。

❖ 【显示设置事件】按钮 ▦：表示只显示当前已在网页中设置的事件与行为。

❖ 【显示所有事件】按钮 ▦：单击该按钮，则会按字母顺序列出在【行为】面板中支持的所有事件，包括已设置与未设置的，如下图所示。

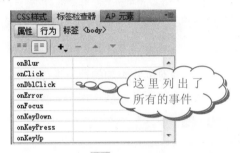

这里列出了所有的事件

❖ 【添加行为】按钮 +.：单击该按钮，弹出如下图所示的菜单，选择其中的命令，可以添加相应的行为方式。

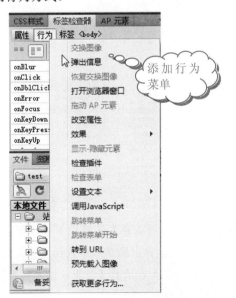

添加行为菜单

❖ 【删除事件】按钮 −：选择事件后，单击该按钮，可以删除面板中的行为。当然，也可以按

Delete 键直接删除事件。

❖ 【移动事件顺序】按钮 ▲ ▼：用于调整行为在列表框中的上下位置，以改变各行为对于事件的响应顺序。

提示

注意到标签栏上的 ▦ 按钮了吗？单击它，可以打开对于下面所含面板的命令控制菜单，在此可以对【行为】面板进行相应的调整，如下图所示。

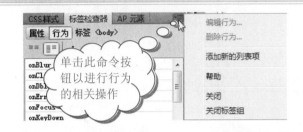

单击此命令按钮以进行行为的相关操作

14.2 行为的基本操作

通过前面对基础知识的学习，知道在【行为】面板中可以使用相应的操作按钮对行为进行添加、修改、删除、排序等操作，那么，具体是如何实现的呢？下面一起来动手实践吧！

14.2.1 添加行为

下面以设置浏览器中状态栏的文本为例，介绍如何添加网页上的行为。

操作步骤

❶ 在【行为】面板中单击【显示所有事件】按钮，在展开的事件列表中选择 onLoad 事件，使得在网页加载后即调用行为，如下图所示。

❷ 单击【添加行为】按钮，在弹出的菜单中依次选择【设置文本】|【设置状态栏文本】命令，如下图所示。

其他的常用事件还包括如下。onClick: 单击鼠标时触发; onDblClick: 双击鼠标时引发动作; onLoad: 在网页加载完成后调用动作; onUnload: 离开页面时触发事件; onResize: 当浏览器窗口大小被改变时调用; onScroll: 当网页的浏览者使用了滚动条时触发事件。

 211

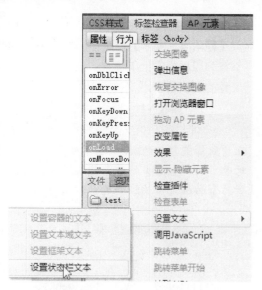

❸ 弹出【设置状态栏文本】对话框，在【消息】文本框中输入要显示在浏览器状态栏中的文本，然后单击【确定】按钮，如下图所示。

❹ 好了，现在可以在【行为】面板中看到刚才添加的事件与行为了，如下图所示。

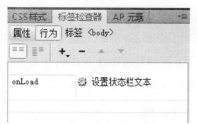

技巧

值得注意的是，页面、图片与链接均可以添加行为，而对于纯文本，则需要先在其属性的【链接】栏中输入"#"、"###"或"JavaScript:;"进行激活，然后就能够为它添加行为了。

❺ 选择【文件】|【保存】命令保存网页，再按 F12 键浏览添加的行为，如右上图所示。在 IE 浏览器的状态栏中显示出自定义的文本，即表示事件设置成功。

注意

并不是所有的元素都能添加行为，整个网页、图像、链接等都是可以添加行为的，但是，纯文本是不能添加为行为的。解决的方法是：先为纯文本设一个超链接(可以是空的)，再将该行为附加到链接上即可。

14.2.2 修改行为

如果需要对刚才添加的行为进行修改，也可以在【行为】面板中方便实现。具体操作步骤如下。

操作步骤

❶ 还是以上面的设置状态栏文本为例，将光标定位到【行为】面板中的事件栏，在下拉列表框中选择 onMouseOver 事件，即可将动作设定为鼠标指针经过时触发，如下图所示。

❷ 在【标签检查器】面板中单击【面板控制菜单】图标，在弹出的菜单中选择【编辑行为】命令，或是直接双击右边的【设置状态栏文本】栏进行修改，如下图所示。

单个事件可以触发多个不同的动作，可以自行指定这些动作发生的顺序。Dreamweaver 大约提供了二十多个行为动作，如果精通 JavaScript，还可以编写自己的行为动作。注意，"行为"和"动作"这两个术语是 Dreamweaver 术语，而不是 HTML 术语。从浏览器的角度看，动作与其他任何一段 JavaScript 代码完全相同。

③ 在弹出的【设置状态栏文本】对话框中输入新的文字，然后单击【确定】按钮，如下图所示。

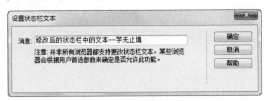

④ 现在回到 Dreamweaver CS5 的主页面，按下 F12 键在 IE 浏览器中预览，将鼠标指针移过页面内容，状态栏中的文本就会进行改变，表明设置成功，如下图所示。

4.2.3 删除行为

当不再需要某些行为时，可以将它从【行为】面板中删除。有以下 3 种常用方法。

❖ 方法一：选择相应的行为，然后单击【行为】面板左上方的命令按钮，在弹出的菜单中选择【删除行为】命令即可将行为删除，如下图所示。

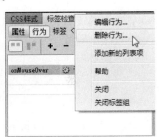

❖ 方法二：在想要操作的行为上右击，然后在弹出的快捷菜单中选择【删除行为】命令也可以删除行为，如下图所示。

❖ 方法三：最简单的方法莫过于选中行为后单击工具栏上的【删除事件】按钮，或直接按下 Delete 键来删除事件，如下图所示。

14.2.4 下载和安装第三方行为

Dreamweaver 在【行为】面板中提供了大量的可视化行为编辑方式，当这些行为不足以满足应用要求时，用户可以通过手动编写代码来添加自定义行为。

事实上，Dreamweaver 还提供了更多的行为，一起来进行安装吧！

操作步骤

① 在【行为】面板中单击【添加行为】按钮，在弹出的菜单中选择【获取更多行为】命令，如下图所示。

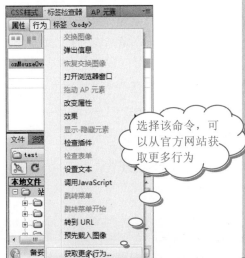

选择该命令，可以从官方网站获取更多行为

❷ 打开 Adobe 网页，在网页中列出了众多的第三方行
为，有对于功能所支持的操作系统及 Dreamweaver
版本的说明。在需要进行下载的行为栏中单击
Download 按钮以下载行为或单击 Buy 按钮进行购
买，如下图所示。

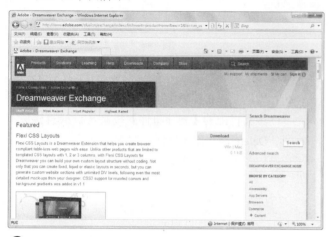

❸ 这里提示要先进行登录。可以输入 Adobe ID 与
Password（密码）后单击 Sign in 按钮，或是单击
Create an Adobe Account 按钮进行注册，如下图所示。

点击此按钮进
行注册

❹ 在注册信息填写页面中按要求输入电子邮件地址、
密码、姓名、城市、国家、邮政编码等信息后单击
Continue 按钮，如下图所示。

输入信息后单击
以进入下一步

❺ 下面是欢迎界面，单击 Continue 按钮完成注册，如
下图所示。

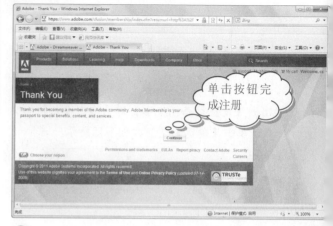

单击按钮完
成注册

❻ 在此页面里终于可以进行下载了。当然，如果事先
已经在 Adobe 上进行了登录，就可以直接下载了。
现在我们需要阅读下载协议，然后单击 Accept 按钮
表示接受，如下图所示。

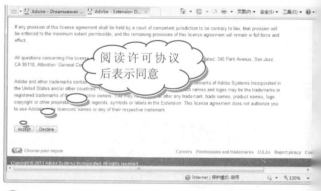

阅读许可协议
后表示同意

❼ 下载完成后，双击该文件以进行安装。在弹出
Adobe Extension Manager CS5 对话框中阅读条款
单击【接受】按钮，如下图所示。

❽ 下面可以在 Adobe Extension Manager CS5 中看到

可以将行为附加到整个文档(即附加到 body 标签)、链接、图像、表单元素或多种其他 HTML 元素中的任何一种
可以为每个事件指定多个动作，动作按照它们在【行为】面板中列出的顺序发生。不能将行为附加到纯文本，但可以
文本添加一个空链接(不指向任何内容)，然后将行为附加到该链接上。

经安装完成的第三方扩展。选择插件后，在下面会有对其功能与使用方式的详细说明，重新启动 Dreamweaver 即可让它生效。要禁用插件，只需取消选中相应的复选框即可，如下图所示。

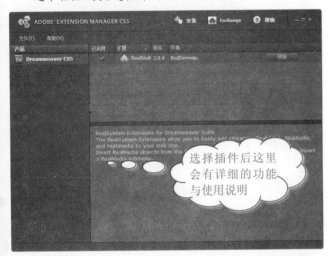

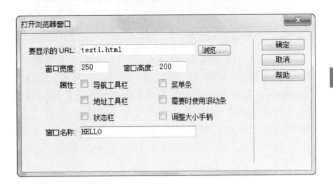

14.3　行为的应用

好了，关于行为我们就先介绍到这里。下面就让我们来动手实践吧。

14.3.1　打开浏览器窗口

在很多网页上会弹出一些小的浏览器窗口，下面试试用【行为】面板来实现吧！

操作步骤

❶ 进入【行为】面板，单击工具栏上的【添加行为】按钮 **+.**，在弹出的菜单中选择【打开浏览器窗口】命令，如下图所示。

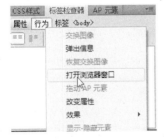

❷ 弹出【打开浏览器窗口】对话框，在【要显示的 URL】文本框中输入要打开网页的文件地址，并依次设定窗口的宽、高、名称及其他相关属性，然后单击【确定】按钮以保存设置，如右上图所示。

> ❓ 提 示 ◆
>
> 　　【属性】选项组的几个复选框用于设定新浏览器窗口的显示与调整方式：【导航工具栏】用于确定是否显示导航栏，还可以分别确定是否显示菜单条、地址栏及状态栏等；【需要时使用滚动条】指出当网页内容超出浏览器范围时是否显示可调整页面范围的滚动条；而【调整大小手柄】则指出是否允许浏览者自行调整浏览器窗口的大小。

❸ 在事件栏中选择 onLoad 选项，使得网页打开时即弹出新的浏览器窗口，如下图所示。

❹ 浏览网页，即可发现打开主页时弹出设置的小浏览器窗口，如下图所示。

虽然 Dreamweaver 动作已经过编写以获得最大限度的跨浏览器兼容性，但是有一些浏览器根本不支持 JavaScript，而且许多网页浏览者会在他们的浏览器中关闭 JavaScript。为了获得最佳的跨平台效果，可提供包括在 <noscript> 标签中的替换界面，以使没有 JavaScript 的访问者能够使用您的站点。

在 IE 8.0 中随着设置的不同，弹出窗口会在新窗口或是选项卡中弹出，可以在 IE 中选择【工具】|【Internet 选项】命令，弹出【Internet 选项】对话框，切换到【常规】选项卡并单击【选项卡】栏下的【设置】按钮，在出现的【选项卡浏览设置】对话框中选择遇到弹出窗口时的处理方式即可，如下图所示。

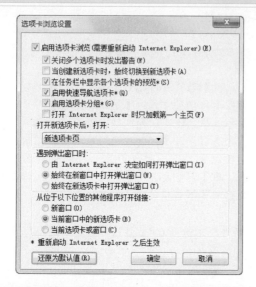

14.3.2 改变对象属性

Dreamweaver 的【行为】面板提供了动态更改对象属性的功能，下面就以响应鼠标移动而变色的按钮为例，一起来学习在网页中改变对象属性的方法。

当然，在 Flash 中可以很轻易地制作各种按钮。然而，用户会发现在 Dreamweaver 中通过简单的操作即可实现很多独特的效果，并且节省了不少网页体积。

操作步骤

❶ 将光标定位到要输入按钮名称的地方，将按钮名称放置在<div></div>标签对中，这可以通过选择【插入】|【布局对象】|【Div 标签】命令来实现，如下图所示。

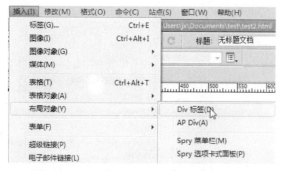

事实上，通过单击【布局】工具栏中的【插 Div 标签】按钮即可直接插入 Div 标签，如下图所示。

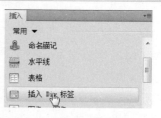

❷ 在弹出的【插入 Div 标签】对话框中选择标签的插入方式、标签的类别及 ID，然后单击【确定】按钮就可将标签插入页面中，如下图所示。

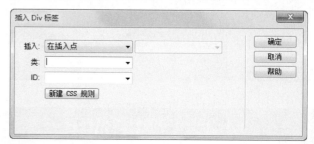

❸ 现在我们可以依提示输入文本，并在下面的【属性】面板中修改 Div 标签的 ID，如下图所示。

❹ 现在转到【行为】面板，在这里单击【添加行为】按钮，在弹出的菜单中选择【改变属性】命令，如下图所示。

❺ 在弹出的【改变属性】对话框中选择【元素类型】为 DIV，然后在【元素 ID】下拉列表框中选择刚命名好的 Div 标签，选择【属性】为 style.background Color，并在【新的值】文本框中输入新的颜色值，

"设置框架文本"行为允许动态设置框架的文本，可用指定的内容替换框架的内容和格式设置。该内容可以包含任何有效的 HTML 代码，使用此行为可动态显示信息。

单击【确定】按钮，如下图所示。

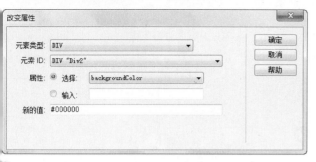

⑥ 在【行为】面板中将事件更改为 onMouseOver，如下图所示。

⑦ 用同样的方法设置好 onMouseOut 行为，记得将颜色改回来。设置完毕后，在浏览器中观察按钮的变色效果，如下图所示。

将鼠标指针移至文本上，就会改变颜色了

将鼠标指针移开，回到初始颜色

14.3.3 检查表单和插件

表单制作完成后，可以直接在网页中设定对表单内容的检查，这样在表单发送到服务器端前就可以先进行检查了，而这些在【行为】面板中就可以实现。

操作步骤

① 先在 Dreamweaver 中制作好表单，选中表单标签，然后单击【行为】面板中的【添加行为】按钮，在弹出的菜单中选择【检查表单】命令，如下图所示。

② 在弹出的【检查表单】对话框中选择要进行检查的表单项，然后在下面选择值是否必需，以及可接受的输入内容：任何内容、数字或是电子邮件地址等，然后单击【确定】按钮，如下图所示。

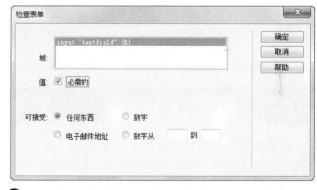

③ 返回【行为】面板，在事件列表中选择 onBlur 选项，使得用户在填写表单，或是提交表单的时候可以检查表单数据的有效性，如下图所示。

确定在什么时候对表单进行检查

"设置容器的文本"行为是将页面上的现有容器(即可以包含文本或其他元素的任何元素)的内容和格式替换为指定的内容，该内容可以包括任何有效的 HTML 源代码。

④ 将网页在 IE 中打开，即可查看检查表单的效果了，如下图所示。

⑤ 相应地，如果是要对插件进行检查，可以进入【行为】面板，单击【添加行为】按钮，然后选择【检查插件】命令，在弹出的【检查插件】对话框中选择要检查的插件类型，以及针对不同的情况而跳转到的页面地址，设置完毕后回到【行为】面板，选择检查的触发事件即可，如下图所示。

14.3.4 交换图像

还记得曾经学习过设置鼠标指针经过图像的知识么？在那里，鼠标指针的变化可以引起一幅图像的变化；这里通过【行为】面板中的设置，可以引起一系列图像的变化。

操 作 步 骤

① 首先在网页中插入一幅图像，选中该图像后在【行为】面板中选择【添加行为】|【交换图像】命令，如右上图所示。

② 在弹出的【交换图像】对话框中列出了已输入的图片文件。这里单击【浏览】按钮，选择一幅新的图片，然后单击【确定】按钮，如下图所示。

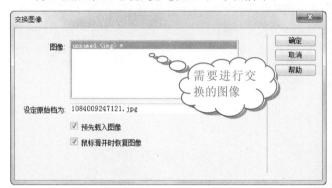

注意

如果选中下面的【预先载入图像】复选框，则网页一打开即预下载交换图像到客户端，这样在交换图像时能够迅速切换。如果取消了选择，则在需要交换图像时才开始下载新的图像，进行交换时有可能出现画面不连贯的现象，但页面下载速度会更快。至于【鼠标滑开时恢复图像】复选框，则用于指定是否自动恢复图像。

③ 在【行为】面板中更改交换图像时的触发事件。设置完毕后按下 F12 键以在 IE 中进行预览，如下图所示。

④ 这与鼠标指针经过图像的效果差不多嘛！是吗？事

使用【检查插件器】动作根据访问者是否安装了指定的插件这一情况将他们转到不同的页。如果插件内容是网页必不可少的一部分，请选中【如果无法检测，则始终转到第一个 URL】复选框，浏览器通常会提示不具有该插件的访问者下载该插件。此选项只适用于 Internet Explorer，Netscape Navigator 总是可以检测到插件。

实上,可以在【行为】面板中对于交换图像以及恢复的触发条件进行详细的设定,大家可以试试看这些事件会有什么样的效果,如下图所示。

14.3.5　弹出信息对话框

网页上的弹出信息对话框可以用 JavaScript 来实现,且在 Dreamweaver 中,我们可以用更简单的方式来实现。

操作步骤

① 在主网页中选定一个要触发弹出信息对话框事件的对象,可以是链接文字、图片甚至标签,然后单击【行为】面板中的【添加行为】按钮,选择【弹出信息】选项,如下图所示。

② 在【弹出信息】对话框中输入要显示的信息文本,然后单击【确定】按钮,如下图所示。

③ 在【行为】面板中设定信息框的弹出事件,如鼠标按下(onMouseDown)、页面加载完成(onLoad)等,然后就可以查看效果了,如下图所示。

14.4　思考与练习

选择题

1. 我们通常所说的"行为"由_____几部分所组成。
    A. 事件和方法
    B. 属性、方法与动作
    C. 事件和动作
    D. 属性、事件与方法

2. 可以发现,在【行为】面板中显示所有事件时,它们是按_____方法来进行排序的。
    A. 字母   B. 拼音
    C. 所发生的频率   D. 所触发的先后顺序

3. 在网页中添加或修改行为时,我们可以_____。
    A. 在【行为】面板中操作
    B. 直接在【代码】区编写自己的事件和行为
    C. 使用菜单项上的【插入】命令来插入行为
    D. 以上方法都可以

4. 如果要限定网页中弹出新窗口的大小,我们可以_____。
    A. 将新窗口的【页面属性】设为不能更改大小
    B. 通过在新窗口中插入脚本对象来实现
    C. 在弹出窗口时指定不能对其大小进行调整
    D. 设定超链接的属性来限制对于新窗口的调整

5. 我们可以在【行为】面板中更改_____的属性。

JavaScript 警告的外观无法自行定义,它取决于访问者的浏览器。如果希望对消息的外观进行更多的控制,可考虑用【打开浏览器窗口】行为。

A. 层　　　　　　　B. 表格

C. 图像　　　　　　D. 表单

6. 在设置触发事件时，离开页面时触发事件的命令

是_____。

A. onLoad　　　　　B. onScroll

C. onUnload　　　　D. onClick

操作题

1. 制作一份网页，在这里添加包括打开浏览器窗口、弹出信息对话框、交换图像在内的各种元素，并要求对网页中的表单进行检查。

2. 直接用 JavaScript 来编写改变对象属性的代码，与 Dreamweaver 所自动生成的代码进行比较，体会行为的优良之处。

3. 使用其他软件，如 Flash 或 Fireworks 来制作一个弹出式菜单，比较一下所生成的网页体积和浏览速度，说说与 Dreamweaver 中的行为的不同之处，并比较各自的特点。

Fireworks CS5 允许快速方便地创建基于 CSS 的弹出式菜单，与 Dreamweaver 生成的 JavaScript 代码相比，Firewor 生成的 CSS 代码更易于理解、维护和修改，因为此代码较简朴和短小。可以使用 Dreamweaver 或 Fireworks 编辑 Firewor 弹出式菜单，但两者不能同时使用。

第 15 章

积基树本——认识网页代码

网页代码是网页设计的基础，我们在 Dreamweaver 中设计网页的过程同时也是制作网页代码的过程，了解网页代码对设计网页有很大的帮助。本章将对网页代码的相关知识进行介绍！

 学习要点

- ❖ 网页代码概述
- ❖ 编辑代码
- ❖ HTML 事件和脚本语言

 学习目标

通过本章的学习，读者应该了解网页代码、HTML 标签、脚本语言和 HTML 事件的基本知识，学会使用【参考】面板和代码提示功能，能够应用标签检查器和标签编辑器编辑代码。掌握一定的网页代码知识，可以为设计高效简洁的网页打好基础！

15.1 网页代码概述

网页代码是网页的基础，我们在 Dreamweaver 中设计网页时，系统会自动将这些设计"翻译"成网页代码，这也是 Dreamweaver 中有【设计】视图和【代码】视图的原因。

在 Dreamweaver 中可以支持的语言有 HTML、XHTML、CSS、JavaScript、ColdFusion 标记语言(CFML)、VBScript(用于 ASP)和 PHP 等。我们可以用它们来编写网页代码，其中最常用的是 HTML 和 XHTML。下面以 HTML 代码为例进行介绍。

15.1.1 网页代码介绍

HTML 是 Hyper Text Marked Language(超文本置标语言)的英文缩写，它是一种制作超文本文档的简单标记语言，也是制作网页最基本的语言，可以直接由浏览器执行。用 HTML 代码可以说明文字、图形、动画、声音、表格和链接等。

HTML 的结构主要包括头部(head)和主体(body)两大部分，前者描述浏览器所需的信息，后者包含所要说明的具体内容。

HTML 的核心是标签(tags)，也就是说我们在浏览网页时看到的网页元素都是使用标签描述的，标签可以指明浏览器如何去显示这些元素。HTML 标签主要有两类：单标签和双标签。

❖ 单标签是指那些可以单独使用就能完整表达意思的标签，其语法形式为：<标签名称>，比如最常用的换行标签
。单标签在网页中可以任意嵌套。

❖ 双标签由始标签和尾标签两部分组成，两部分的标签名称一样，只是尾标签前面多一个斜杠。双标签必须成对使用，始标签告诉浏览器从此处开始标签所表达的功能，而尾标签告诉浏览器从这里结束。其语法形式为：<标签名称>内容<标签名称>，"内容"指的是被这对标签施加作用的部分，比如"<p>段落内容</p>"中"段落内容"被<p>标签对修饰，表示一个段落。

注意

如果双标签中又嵌套了其他双标签或单标签，这个双标签就被称为一个代码块。在多个嵌套标签中，一个尾标签与最近的一个始标签配对。要谨记的是，标签对不能交叉。

下面是在【代码】视图下用 HTML 编写的一段网页代码。

在浏览器中效果如下图所示。

注意

HTML 标签是不区分大小写的。

15.1.2 使用【参考】面板

在【代码】视图中，【参考】面板可以为代码编程过程提供很大的方便，它提供了标记语言、编程语言和 CSS 样式的快速参考工具，还提供了有关【代码】视图(或代码检查器)中处理的特定标签、对象和样式的信息，它还提供了可粘贴到文档中的一些示例代码。使用【参考】面板的步骤如下。

操作步骤

❶ 选择【窗口】|【结果】|【参考】命令，打开【参考】面板，如下图所示。

HTML 文件可直接用 Windows 的"记事本"或其他文本编辑器进行编辑，但 HTML 文件需要以.html 或.htm 为扩展名才会被浏览器识别并打开。

❹ 若要显示来自其他书籍的标签、对象或样式，请从【书籍】下拉列表中选择不同的书籍，如下图所示。

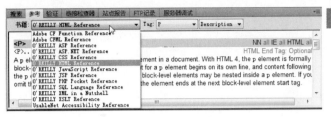

❺ 若要查看某个具体项目的有关信息，可以从【标签】、【对象】、【样式】或 CFML 下拉列表(具体取决于所选的书籍)中选择该项目，如下图所示。

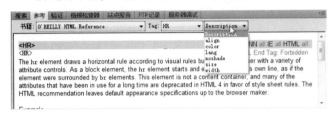

❻ 单击【参考】面板中示例代码的任意位置，将会高亮显示整个代码示例，单击右键选择【复制】命令，然后可以将示例代码粘贴到【代码】视图内的文档中，如下图所示。

15.1.3 · 代码提示功能

在 Dreamweaver 中提供了十分强大的代码提示功能，这有助于您快速插入和编辑代码，并且不出差错。

在【代码】视图中键入字符后，可以看到可自动完成输入的候选项列表；也可以使用此功能查看标记的可用属性，功能的可用参数或对象的可用方法。

使用和设置代码提示功能的步骤如下。

操作步骤

❶ 进入【代码】视图，键入一段代码的开始部分。例如，若要插入标记，请键入右尖括号<；若要插入属性，请将插入点放在紧跟标记名称后面的位置并按空格键，将会出现一个项目(例如标签名称或属性名称)列表，如下图所示。

❷ 或者在【代码】视图中，右击某个标签、属性或关键字，选择【参考】命令，或者按下 Shift+F1 组合键，如下图所示。

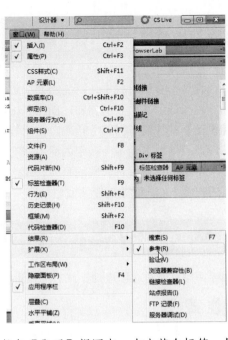

在【参考】面板显示与所单击的标签、属性或关键字有关的信息，如下图所示。

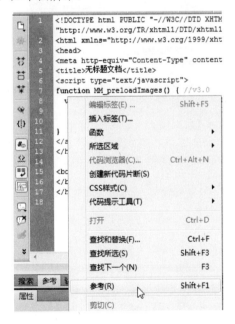

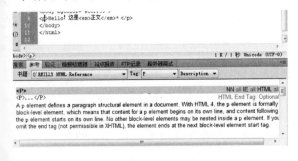

若要调整【参考】面板中文本的大小，请从面板菜单(面板右上角的小箭头)中选择"大字体"、"中等字体"或"小字体"命令。

15.2 编辑代码

有时在设计网页的过程中，可能需要编辑代码才能更好地控制网页或解决网页的问题，Dreamweaver 允许在使用【设计】视图时编辑部分代码。使用标签检查器和标签编辑器，可以方便地为指定的标签和对象添加属性及属性值，从而达到编辑代码的目的。那么，具体是如何实现的呢？下面一起来动手实践吧！

15.2.1　使用标签检查器编辑代码

使用标签检查器对对象进行操作的具体步骤如下。

操作步骤

① 选择【窗口】|【标签检查器】命令(或按 F9 键)打开标签检查器，然后切换到【属性】选项卡，如下图所示。

② 使用滚动条或向上、向下键来浏览该列表，若要插入列表中的项，请双击该项，或者选中它并按 Enter 键，如下图所示。

② 单击文档窗口中的标签名称或其内容中的任何位置，从而选中该标签，所选对象的属性及其当前出现在标签检查器中，如下图所示。

③ 可以设置代码提示功能的默认首选参数，选择【编辑】|【首选参数】命令，从左侧的【分类】列表框中选择【代码提示】选项，如下图所示。

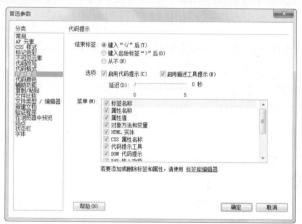

③ 在标签检查器中即可更改该标签的属性，如下所示。

默认情况下，Dreamweaver 确定何时需要关闭标记以及是否自动插入。可以更改此默认行为，以便 Dreamweaver 键入开始标记(>)后插入结束标记。方法是在【首选参数】对话框下的【分类】列表框中选择【代码提示】选项，接着置【结束标签】选项，最后单击【确定】按钮即可。

❹ 更改属性后的标签在【代码】视图中所对应的代码也改变了，如下图所示。

* 若要查看按类别组织的属性，请单击【显示类别视图】按钮 。
* 若要在按字母排序的列表中查看属性，请单击【显示列表视图】按钮 。
* 若要更改属性的值，请选择该值然后进行编辑。
* 若要为没有值的属性添加一个属性值，请单击属性右侧的属性值列并添加一个值。
* 如果该属性采用预定义的值，请从属性值列右侧的弹出菜单(或颜色选择器)中选择一个值。
* 如果属性采用 URL 值，请单击【浏览】按钮 或使用【指向文件】图标 选择一个文件，或者键入 URL。
* 如果该属性采用来自动态内容源(如数据库)的值，请单击属性值列右侧的【动态数据】按钮，然后选择一个源。
* 若要删除属性值，请选择该值然后按 BackSpace 键。
* 若要更改属性的名称，请选择该属性名称然后进行编辑。
* 若要添加未列出的新属性，请单击列出的最后一个属性名称下方的空白位置，然后键入一个新的属性名称。

5.2.2 使用标签编辑器编辑代码

使用标签编辑器可以查看、指定和编辑标签的属性。体操作步骤如下。

操作步骤

❶ 在【代码】视图中，选中要编辑的对象，如下图所示。

选择更改状态栏文本的触发事件

❷ 右击鼠标选择【编辑标签】命令，如下图所示。

❸ 弹出【标签编辑器】对话框，设置完标签属性，然后单击【确定】按钮，如下图所示。

❹ 回到【代码】视图，可看到增加了相关的属性代码，如下图所示。

如果在快速标签编辑器中键入了无效的 HTML，Dreamweaver 将根据需要尝试通过插入结束引号和结束尖括号帮助改 HTML。

学以致用系列丛书

15.3 HTML 事件和脚本语言

本节主要介绍有关 HTML 常用标签、HTML 事件和脚本语言的相关知识。

15.3.1 常用的 HTML 标签介绍

HTML 语言中涉及的标签相当多，对于初学者来说，只需掌握一些常用的标签。在今后的学习过程中，可以一边应用一边深入学习。一般来说，常用的 HTML 标签有以下几种。

1. 标题标签

标题标签是网页设计中经常用到的标签，一共有六个：从<h1>到<h6>。<h1>是最大的标题，<h6>是最小的标题。每个标题自成一段，从而设置一定层次结构的文档。

在【代码】视图输入以下代码。

在【设计】视图中即可看到效果，如右上图所示。

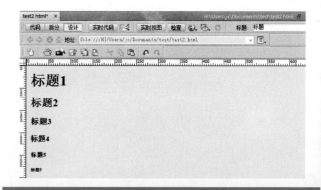

2. 段落标签

段落标签<p></p>在 HTML 里用来定义段落。

在【代码】视图输入以下代码。

在【设计】视图中效果如下图所示。

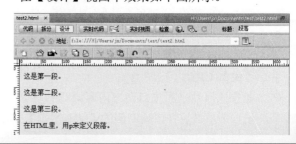

3. 图片标签

图片标签是由<img>标签表示的，定义图片标签的语法形式为<img src="url">。

在【代码】视图输入以下代码。

在【设计】视图中效果如下图所示。

4. 链接标签

链接标签一般使用<a>来建立，其标签语法形式为<a href="url">显示带链接的对象</a>。

在【代码】视图输入以下代码。

```
1  <html >
2  <head>
3
4  <title>段落</title>
5
6  </head>
7
8  <body bgcolor="#CCFF99">
9  <a href="anniu.TIF">显示带链接的对象</a>
10 </body>
11 </html>
```

在【设计】视图中效果如下图所示。

5. 表格标签

表格标签也是用处十分广泛的一种标签，它不仅仅用来放置数据，还可以用来排版。

表格标签用<table>来建立，一般用<tr>标签进行划分行，每行用<td>标签划分若干个单元格，如下图所示。

在【设计】视图中效果如下图所示。

6. 换行标签和注释标签

之前提到的
标签即换行标签，可以在不新建段落的情况下进行换行。

在 HTML 文档里，你可以为代码写注释，解释说明代码，这样有助于你和他人日后能够更好地理解和改进代码。注释可以写在<!--和-->之间，浏览器是忽略注释的，你不会在【设计】视图中看到你的注释。

15.3.2 脚本语言介绍

在网页中通常都会含有一些动态行为，比如变换的图像、跳动的文字、弹出的对话框等，这些都是由嵌入到网页中的脚本语言来完成的。脚本语言，又叫动态语言，是一种编程语言控制软件应用程序。脚本语言的特点是语法简单，不需要编译成目标程序，只在被调用时进行解释。

在网页中应用脚本语言可以减少网页代码，提高网页浏览速度，为网页增加丰富的动态效果。目前常用的脚本语言有 JavaScript、VBScript、PHP、JSP 等。而 JavaScript 则是其中较为优秀的一种，也是众多网页设计者首选的脚本语言。

JavaScript 程序是纯文本的，而且不需要编译，所以任何纯文本的编辑器都可以编辑 JavaScript 文件。在 Dreamweaver CS5 中使用 JavaScript，可以有很好的代码高亮显示，还有较全的代码提示和错误提示，这可以帮助修改代码，从而帮助网页设计者更加方便快捷地设计网页。关于 JavaScript 的知识我们会在后面章节进行详细介绍。

15.3.3 HTML 事件介绍

HTML 事件就是指可以触发浏览器中的各种行为的操作，比方说当用户单击网页中某个 HTML 元素时启动一个 JavaScript 程序。

meta 标签是记录当前页面的相关信息(例如字符编码、作者、版权信息或关键字)的 head 元素，这些标签也可以用来向服务器提供信息，例如页面的失效日期、刷新间隔和 PICS 等级。

学以致用系列丛书

在现代浏览器中都内置有大量的事件处理器。这些处理器会监视特定的条件或用户行为，例如鼠标单击或浏览器窗口中完成加载某个图像。而通过使用客户端的JavaScript，可以将某些特定的事件处理器作为属性添加给特定的标签，并可以在事件发生时执行一个或多个命令或函数。

事件处理器的值是一个或一系列以分号隔开的JavaScript 表达式、方法和函数调用，并用引号引起来。当事件发生时，浏览器会执行这些代码。

比如把鼠标移动到一个图片超链接时，会启动一个JavaScript 函数。支持 JavaScript 的浏览器支持<a>标签中的一个特殊的 mouse over 事件处理器来完成这项工作。

在代码视窗会多出下列代码：

`<ahref="anniu.TIF"onMouseOver="MM_openBrWindow('anniu.TIF','','')">显示带链接的对象</a>`

在标签检查器的【行为】面板会增加一个 HTML 事件，如下图所示。

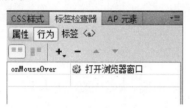

下面提供了一些标准的事件属性。

窗口事件(仅在 body 和 frameset 元素中有效)：

属性	值	描述
onload	脚本	当文档被载入时执行脚本
onunload	脚本	当文档被卸下时执行脚本

表单元素事件(仅在表单元素中有效)：

属性	值	描述
onchange	脚本	当元素改变时执行脚本
onsubmit	脚本	当表单被提交时执行脚本
onreset	脚本	当表单被重置时执行脚本
onselect	脚本	当元素被选取时执行脚本
onblur	脚本	当元素失去焦点时执行脚本
onfocus	脚本	当元素获得焦点时执行脚本

图像事件(该属性可用于 img 元素)：

属性	值	描述
onabort	脚本	当图像加载中断时执行脚本

键盘事件：

属性	值	描述
onkeydown	脚本	当键盘被按下时执行脚本
onkeypress	脚本	当键盘被按下又松开时执行脚本
onkeyup	脚本	当键盘被松开时执行脚本

鼠标事件：

属性	值	描述
onclick	脚本	当鼠标被单击时执行脚本
ondblclick	脚本	当鼠标被双击时执行脚本
onmousedown	脚本	当鼠标按钮被按下时执行脚本
onmousemove	脚本	当鼠标指针移动时执行脚本
onmouseout	脚本	当鼠标指针移出某元素时执行脚本
onmouseover	脚本	当鼠标指针悬停于某元素之上时执行脚本
onmouseup	脚本	当鼠标按钮被松开时执行脚本

15.4 思考与练习

选择题

1. 下列语言中，在 Dreamweaver 中不支持的是_____。
   A. XHTML　　　　B. JavaScript
   C. PHP　　　　　D. perl

2. 常用的 HTML 标签有_____。
   A. 标题　　　　　B. 段落
   C. 表格　　　　　D. 换行

3. 在 Dreamweaver CS5 中使用 JavaScript 的优点包括_____。
   A. 代码高亮显示
   B. 较全的代码提示和错误提示
   C. 帮助修改代码
   D. 编辑目标程序

4. 下面属于 HTML 事件的是_____。
   A. onMouseUp　　　　B. onLoad
   C. onBlur　　　　　　D. onSubmit

操作题

1. 在文档中新建一个超链接，并分别使用标签检查器和标签编辑器对其进行编辑，查看并体会代码中的变化。

2. 建立一个网页，在其中使用标题标签、图片标签、链接标签、换行标签和注释标签等。

3. 对 2 中的图片标签加入一个 HTML 事件，使得鼠标经过图片时图片产生晃动效果。

Dreamweaver 通过突出显示(红色)发生语法错误的行号来提供帮助，包含错误的文件的【代码】视图中会出现高亮显示。Dreamweaver 不但显示当前页面的语法错误，而且显示相关页面的语法错误。

运筹帷幄——网站建设

知道网上的站点页面是如何组织的吗？有没有想过要发布自己的网页作品，让它能够为大家所浏览？又如何管理一个已经上传的站点呢？就让我们一起来建设站点，实现梦想！

 学习要点

- ❖ 申请网络域名和网络空间
- ❖ 网站测试
- ❖ 发布网页
- ❖ 管理站点及文件

学习目标

通过本章的学习，读者应该了解有关网站建设的方方面面，包括如何申请域名以发布站点，以及对网站进行测试、发布与管理等。

16.1 申请网络域名和网络空间

通过前面的学习，我们对 Dreamweaver CS5 的功能有了很好的了解。养兵千日，用兵一时。本章将介绍如何把制作好的网页发布出来。下面先来体会一下发布网站的兴奋吧！

要让网页能够为浏览者所打开，必须要有一个固定的域名来标识网站。域名相当于网站的姓名，它由相应的域名管理机构管理，且全球唯一。所以，发布网页的第一步，就是申请一个域名。

16.1.1 申请顶级域名

域名按其面向范围可分为国际域名与国内域名。国际域名以.com(.org 或.net)来结尾，而国内域名的形式通常为.???.cn，其中.cn 即代表中国。国际域名的管理注册由国际域名及 IP 地址分配机构 ICANN 来负责，个人及单位都可以申请，且不需要提供资格条件认证。国内域名的管理注册机构是中国互联网络信息中心 CNNIC，只允许单位进行注册申请，且要求单位提供营业执照。

顶级域名的申请都需要付费，无论是国内的还是国外的，而且它的申请经常是通过代理机构，即国际互联网服务提供商 ISP 来实现。目前国内的 ISP 有中国电信、中国网通、中国联通及中国铁通等。

提示

域名的级数一般有顶级域名、二级域名和三级域名。从域名形式上就可以区分，例如：.com 就是顶级域名，.com.cn 则为二级域名。虽然顶级域名的申请一般都要支付费用，但很多二级和三级域名都是免费的。

在申请域名前，应根据网站的性质确定域名及其后缀。一般而言，.com 代表了公司，.edu 多用于教育机构，.org 表示这是一个组织(常为非盈利性的)，而.gov 则用于政府机构。

在进行申请前，我们应当对要注册的域名进行查询，以确保它还没有被注册。在中国万网 http://www.net.cn 上可以查到很多有用的信息，如右上图所示。

16.1.2 申请免费域名

虽然与收费的域名相比，免费域名上的主页空间大小和运行条件(如对于数据库和动态脚本语言的支持等可能会受到一定的限制，但如果仅仅是为了个人的应用则完全可以使用免费的域名。现在很多网站都提供了免费域名和空间的注册申请，下面一起来看看吧！

1. 申请主页空间

如果要将自己的网页放在网上，就需要拥有一个空间来存放文件。这里以酷网免费空间为例，介绍它的申请方法。

操作步骤

❶ 在浏览器地址栏中输入 http://www.kudns.com/，进入酷网的首页，如下图所示。

❷ 单击登录栏下的【点此立即申请免费空间】链接，进入会员注册信息填写页面，填写确认无误后单击下面的按钮以提交，如下图所示。

  在建设网站之前，首先要明确建网站的目的，否则可能不知道要发布什么内容才好。无论对于什么站点，要突出自己的特色，并要求能够与浏览者进行沟通，这样才能不断地改进与提高。

❸ 注册成功后，将会获得一个通行号码。等待几秒后会跳转到个人空间页面，如下图所示。也可以返回首页，输入账号、密码后单击后面的【登录】按钮以进行登录。

❹ 登录成功后，提示表明我们需要开通免费空间服务，单击【开通免费空间】按钮开通空间，如下图所示。

❺ 网页上的提示表明我们需要先通过手机验证才能开

通空间，依提示信息完成验证，等待 5 分钟后空间开通，如下图所示。

❻ 好了，系统提示个人主页空间开通成功，记下主页地址与自助建站主页地址即可，如下图所示。

❼ 单击转到个人空间的链接，或是直接在浏览器地址栏中输入网站地址，即可打开我们的个人主页空间，如下图所示。

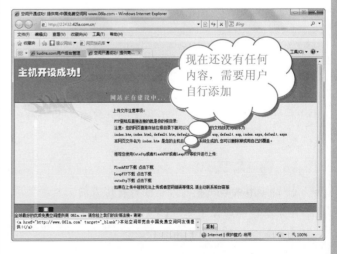

如果在协作环境中工作，则可以使用存回/取出系统在本地和远端站点之间传输文件，取出文件后，Dreamweaver 会在【文件】面板中显示文件取出人的姓名，并在文件图标的旁边显示一个红色选中标记(其他成员)或一个绿色选中标记(本

❽ 可以看到这里还没有任何网页内容，以后只需在酷网上登录，并进入管理中心就可对个人空间进行管理。

2. 申请免费域名

在申请自己的个人主页空间时，通常都会获得一个免费的域名，很多时候这就可以了。当然，也可以专门申请一个域名。提供这方面服务的网站很多，如下面的 http://my.1a.cn/，只需按提示进行相应的操作即可，这里就不做介绍了，如下图所示。

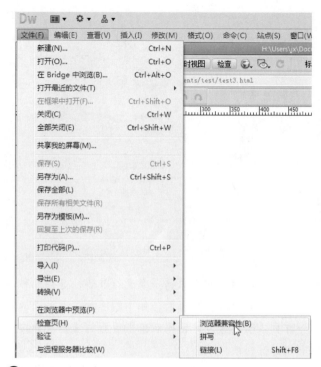

❷ 此时 Dreamweaver 会在【浏览器兼容性】面板中给出检查的结果，根据这里的指示给出应对措施，如下图所示。

❸ 通过单击面板左上方的【检查目标浏览器】按钮 ▷▾，可以指定要检查的文档和浏览器范围，如下图所示。

16.2 网 站 测 试

为了确保网站发布后网页运行的顺利与流畅，在正式发布前，还需要对网页进行各方面的测试，包括兼容性测试、链接测试及预览测试等。

16.2.1 兼容性测试

兼容性的问题一般较少会碰到。在 IE 8.0 中，常见的网页元素都能够正确显示。但作为网站发布前的检查工作，兼容性测试还是很有必要的。

操作步骤

❶ 在 Dreamweaver 中打开需要进行检查的文档，然后在菜单栏中选择【文件】|【检查页】|【浏览器兼容性】命令，如右上图所示。

✓技巧❄

注意到面板侧面的【更多信息】❺、【保存报告】❑ 与【浏览报告】按钮❺ 了吗？通过单击它们，可以获得有关报告更详细的信息，而且可以将其保存下来以供参考。下面是单击【浏览报告】按钮后 Dreamweaver 自动生成的错误报告页面(会自动保存在本站点根文件夹中)，如下图所示。

发布站点时，注意将网站中的文档资料进行有效的编排、存档以及备份。对于站点中的网页，可能需要合理地重新命名(这可以通过在 Dreamweaver 中对站点进行查找与替换来实现)。建设网站是一件长远的工作，将工作流程记录在案，对于今后的维护与更新将大为有利。

对目标浏览器检查的 HTML 格式文件内容

16.2.2 测试、修复链接

链接是影响到网页浏览的一个重要因素，因此在发布站点之前最好对链接进行测试。Dreamweaver 提供了非常简便的方法来测试各种链接。

操作步骤

❶ 在 Dreamweaver 中打开需要进行检查的文档，选择【文件】|【检查页】|【链接】命令，或是直接按下 Shift+F8 键以进行检查，如下图所示。

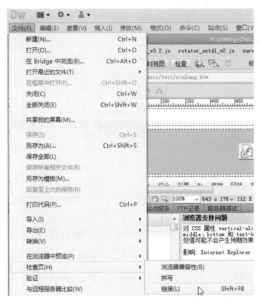

❷ 现在可以在【结果】面板的【链接检查器】选项卡中看到检查的结果了，如下图所示。

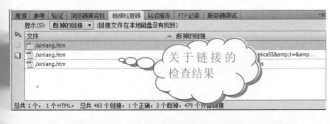

关于链接的检查结果

❸ 同样，通过单击【检查链接】按钮 ▷，可以在弹出的菜单中选择所检查的文档范围：当前文档、本站点中的所有文档或被选中的文档，如下图所示。

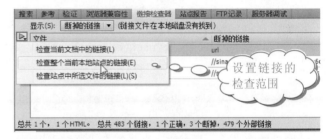

设置链接的检查范围

16.2.3 整理 HTML 文档

在进行页面设计时，可能会在网页中产生大量的无效代码，使得网页变得臃肿不堪。现在就来整理网页的 HTML 文档，即对 HTML 源代码进行优化，以加快其浏览速度。

操作步骤

❶ 在 Dreamweaver 中打开要进行优化的文档，选择【命令】|【清理 HTML】命令，如下图所示。

❷ 弹出【清理 HTML/XHTML】对话框，选中需要移除的 HTML 标签，以及相应的清理选项，再单击【确定】按钮以执行清理，如下图所示。

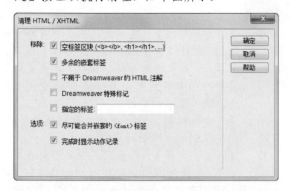

注意

在【清理 HTML/XHTML】对话框中选中【Dreamweaver 特殊标记】复选框后，可以删除 Dreamweaver 自动生成注解信息。这样可以提高网页的下载速度。但是，也有可能会影响 Dreamweaver 的某些功能。选中【指定的标签】复选框后，可以在后面的文本框中输入要删除的标签名称，而且多个标签之间可以用逗号(,)隔开，如 marquee,span 等。

16.2.4 预览测试

网站发布之前，最有效和直接的方式莫过于用浏览器来对网页进行预览，看看最终显示的效果如何，以及网页上的元素是否正确显示、脚本是否运行得当、超链接是否跳转正常等。

操作步骤

❶ 在 IIS 中创建好自己的站点后单击【文档】工具栏上的【在浏览器中预览/调试】按钮 ，然后选择【预览在 IExplore】命令，或是直接按下 F12 键，即可在浏览器中看到网页的效果了，如下图所示。

技巧

如果按下 F12 键没有反应，则可以在 Dreamweaver 的标准工具栏中选择【文件】|【在浏览器中预览】|IExplore 命令进行预览，如右上图所示。

❷ 如果要查看网页在其他浏览器中的显示效果，选择【文件】|【在浏览器中预览】|【编辑浏览器列表】命令，弹出【首选参数】对话框。然后在【分类】列表框中选择【在浏览器中预览】选项，接着单击【浏览器】旁边的 ⊞ 按钮，如下图所示。

❸ 弹出【添加浏览器】对话框，然后在【名称】文本框中输入要添加的浏览器的名称。接着单击【浏览】按钮，选择浏览器的安装位置，再在【默认】选项组中选中【次浏览器】复选框，最后单击【确定】按钮即可，如下图所示。

对网站的相关操作，包括浏览、维护等，最好能够将它们记录在案，并确保服务器日志文件的安全。我们可以选择一些工具软件分析这些日志文件。一些高效的访问分析软件甚至可以指出从各个搜索引擎来的点击数，以及人们搜索访问到站点使用的关键字等。合理使用这些资料，可以有效增加站点的访问量。

16.2.5 使用报告功能

为了减少网页正式发布后的错误，在此之前的测试工作必不可少。如果站点中包含了大量的网页文件，单独的测试检查将耗费大量的时间与精力。好在Dreamweaver 提供了"站点报告"的功能，可以方便地对站点进行检查。

操作步骤

❶ 在菜单栏中选择【窗口】|【结果】|【站点报告】命令，如下图所示。

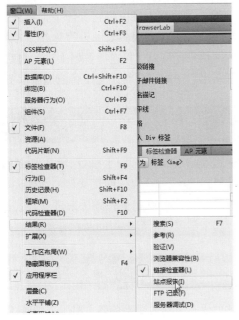

❷ 在【结果】面板组中切换到【站点报告】选项卡，在此将会列出所有的检查结果。当然，没有执行检查的时候这里是不会有任何显示条目的，如下图所示。

这里将会列出所有的站点报告结果

✓技巧❄

注意到左侧的【更多信息】按钮与【保存报告】按钮了吗？在列表中选择报告，然后单击按钮则弹出【描述】对话框，在其中可查看对于本问题的详细解释，而按钮则用于将本次报告保存为.xml文档，如右上图所示。

对于所发布的站点检查报告的解释

❸ 单击面板左侧的【报告】按钮▷，在弹出的【报告】对话框中设定要检查的对象及具体的报告内容，如下图所示。

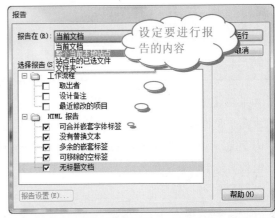

设定要进行报告的内容

❓提示◉

事实上，在 Dreamweaver 菜单栏中选择【站点】|【报告】命令，即可快速进入上面的【报告】设置对话框，如下图所示。

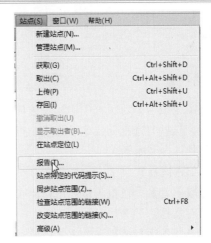

❹ 在【报告在】下拉列表中选择【整个当前本地站点】，然后选中【HTML 报告】下面的所有复选框，单击【运行】按钮即可执行检查，并且所有的报告结果都将显示在【结果】面板中，双击某一报告文件名称即可在文档的【代码】视图下将其标出来，如下图所示。

当使用【文件】面板在本地和远端文件夹之间传输文档时，Dreamweaver 会提供选项以传输文档的相关文件。相关是文档中引用的图像、外部样式表和其他文件，浏览器在载入该文档时会载入这些相关文件(库项目也视为相关文某些服务器会在上传库项目时报告错误，可以遮盖这些文件以阻止其传输。

学以致用系列丛书

双击后将标出相应的问题所在区域

❺ 如果在【报告】对话框中选中了【工作流程】下面的几个复选框，可以对要报告的具体内容作更细致的设定。运行检查后，Dreamweaver 将生成一份网页以指明结果，如下图所示。

下面介绍【报告】对话框中的相关选项。由于将使用报告功能，这些复选框即指定了生成的报告中所包含的内容，其具体含义如下。

(1) 【工作流程】
❖ 【取出者】：在报告中列出特定人员所取出的所有文档。
❖ 【设计备注】：列出选定文档或站点的所有设计备注。
❖ 【最近修改的项目】：列出在指定时间段内发生了更改的文件。
(2) 【HTML 报告】
❖ 【可合并嵌套字体标签】：在报告中列出所有可以为清理代码而合并的嵌套字体标签。
❖ 【没有替换文本】：指出所有没有替换文本的图片。

❖ 【多余的嵌套标签】：在报告中包含应该清理的嵌套标签。
❖ 【可移除的空标签】：在报告中列出所有可以为清理 HTML 代码而移除的空标签。
❖ 【无标题文档】：列出在报告范围内找到的所有无标题的文档。

16.3 发布网页

现在已经为站点找到了网上的安身之处，检查了网页的正确性，下面终于可以将它上传了！将制作好的网页及其相关文件上传到服务器的过程称作发布网页。如果是局域网用户，可以直接在服务器上进行网站的管理；对于互联网用户，则需要将站点上传到远程服务器。

16.3.1 构建远端站点

构建远端站点，需要我们在网络服务器(远端主机或本地计算机)上设置一个存放网页文件的文件夹作为发布网页的第一步，可以用多种方法来进行设置，下面让我们一起来学习目前最常用的两种方法。

16.3.2 使用 FTP 定义远端站点

当网页要发布到远端服务器上时，一般用 FTP 方式将本地的网页文件上传，这需要有 FTP 主机的域名或 IP 地址。可以用 Dreamweaver 自带的 FTP 上传功能来上传本地站点。具体操作步骤如下。

操作步骤

❶ 选择【站点】|【管理站点】命令，如下图所示。

❷ 弹出【管理站点】对话框，选择要上传的站点后单击【编辑】按钮以进行站点的编辑，如下图所示。

建设好网站后，可以通过在搜索引擎中注册，来让站点有机会为更多的人所了解和知道。事实上，大部分的浏览者在想要了解什么内容时，会通过搜索引擎来查找相关的页面，有效的注册会帮助吸引更多的浏览者。

❶ 首先在 IIS 中设置好本地的站点信息。选择【站点】|【管理站点】命令。然后在打开的【站点设置对象】对话框中，在【站点】设置界面中的【本地站点文件夹】文本框中输入站点所在的磁盘目录。

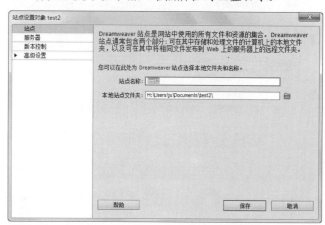

❷ 单击【高级设置】下面的【本地信息】选项，并在 Web URL 文本框中输入站点根文件夹地址，如 http://loacalhost/folderpath。

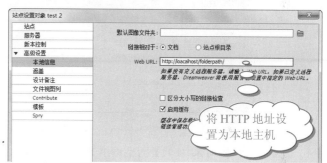

将 HTTP 地址设置为本地主机

❸ 弹出如下图所示的对话框，切换到【服务器】选项卡，选择服务器并单击【编辑现有服务器】按钮，接着将【连接方法】设为 FTP，在【FTP 地址】文本框中输入 FTP 地址(如 ftp.XXX.net)，再依次在下面输入登录信息，单击【测试】按钮来测试与 FTP 主机的连接是否正确，最后单击【保存】按钮以保存设置。

输入 FTP 主机名称及相关的登录信息

❸ 单击【服务器】选项，添加一个新服务器，在【基本】设置界面，输入新服务器名称，然后将【连接方法】设为【本地/网络】，将服务器文件夹定义为所要存放的远端文件夹磁盘目录，它可以与站点文件夹相同或不同，如下图所示。

服务器文件夹可以设为本地磁盘的路径

❹ 在【管理站点】对话框中单击【完成】按钮以保存对于远程信息的设置。回到 Dreamweaver 的主界面，按下 F8 键打开【文件】面板，单击工具栏上的【连接到远端主机】按钮即可进行远程连接，如下图所示。

单击此按钮以连接到远端主机

16.3.3　使用局域网定义远端站点

如果把自己的电脑当成网络服务器，将远端站点定义成本地的站点文件夹，这样也可以用本地主机进行网页的浏览测试了。具体操作步骤如下。

④ 接着切换到【高级】选项卡，在【测试服务器】选项组中的【服务器类型】下拉列表中选择服务器类型，如下图所示，最后单击【保存】按钮完成设置。

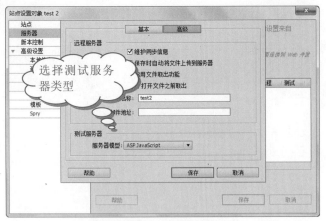

注意

Dreamweaver 提供了 ASP、ASP.NET、JSP、PHP 及 ColdFusion 等动态页面的服务器模型，用户可以依据网页上需要应用的内容进行选择，如下图所示。

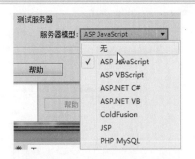

⑤ 在【站点设置对象 test2】对话框中单击【完成】按钮以保存设置。现在就可以按下 F12 键在本地测试网页的效果了，注意地址栏中的路径(与设定的站点文件夹路径一致)，如下图所示。

16.3.4 上传站点

构建好远端站点后就可以开始网站的上传工作了。没错，这就是网页的正式发布！

① 在 Dreamweaver 窗口的菜单栏中选择【窗口】|【文件】命令，或按下 F8 键，打开【文件】面板，如下图所示。

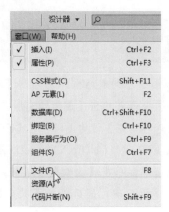

② 选择【本地视图】选项(如果使用了 FTP 定义远端站点，还需要单击 按钮以连接远端主机)，在下面的文件列表中选择要上传的文件(可以按下 Ctrl 键以同时选择多个文件)，然后单击【上传文件】按钮⬆即可将文件上传了，如下图所示。

③ 在闪过显示上传状态的信息框后，文件即上传成功。将视图切换到【远程】视图或【测试服务器】视图，即可看到上传成功的文件(这里的远程信息是可以通过管理站点来进行设置的)，如下图所示。

④ 注意到面板右上方的 按钮了吗？单击它，可以打开站点管理器，在这里可以很方便地看到本地与测试(远端)的文件列表并进行相关的操作，再次单击此按钮可恢复到【文件】面板的形式，如下图所示。

 如果在协作环境中工作，则可以在本地和远程服务器中存回和取出文件。如果只有您一个人在远程服务器上工作，则可以使用"上传"和"获取"命令，而不用存回或取出文件。

可以方便地管理测试站点与本地文件

16.3.5　下载站点

如何将上传到远端服务器上的站点下载到本地呢？只需在【文件】面板或站点管理器中的相应视图中选择要下载的文件，然后单击【获取文件】按钮　　即可，如下图所示。

选择文件后单击此按钮即可将其获取

16.4　管理站点及文件

网页已经发布成功！然而，一切才刚刚开始。站点文件的维护、更新与备份是我们接下来要努力做好的事。从某种意义上来说，每一次对于网站的管理，都相当于一次重新的制作。

16.4.1　设置同步

网站管理的一个重要方面，就是保持本地与远端站点的一致，实现两者之间的及时交流与更新，以便更好地采集和发布所需信息。在 Dreamweaver 中我们可以通过"同步"来实现这一需求。

操作步骤

❶ 在【文件】面板中单击命令按钮　　，在弹出的菜单中选择【站点】|【同步】命令，如下图所示。

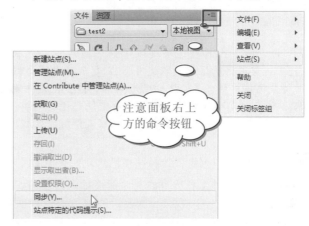

注意面板右上方的命令按钮

❷ 在弹出的【同步文件】对话框中选择同步的范围：仅为当前选中的远端文件或整个站点，以及同步的方向，如下图所示。

？提示

这里提供了 3 个方向选项，其含义如下。

❖ 【放置较新的文件到远程】：将本地站点中较新的文件上传到远端服务器。

❖ 【从远程获得较新的文件】：从远端服务器下载较新的文件到本地磁盘。

❖ 【获得和放置较新的文件】：前面两者的综合，即将本地文件上传的同时下载远端较新文件到本地。

❸ 设置完毕后单击【预览】按钮，在弹出的【同步】对话框的文件列表中选中文件后单击下方的标记按钮以确定对于文件的操作，这里可以按下 Ctrl 键以进行多选。标记完毕后单击【确定】按钮即可进行

一定要注意对网站的更新和维护，总是没有变化的网站会让人觉得奇怪。页面上的内容可以有一定的更新频率，最不要相隔太久。另外，要留意与浏览者的互动，及时地听取来自各方面的意见和建议，争取将网站做得更好。

239

同步，如下图所示。

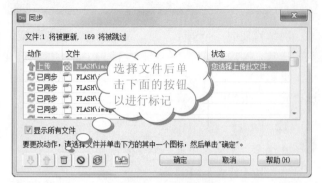

单击【导出】按钮以进行站点的导出，如下图所示。

提示

Dreamweaver 在这里提供了如下的几种标记状态：⬇表示将从远端获取文件；⬆表示将本地文件上传至测试远端；将文件标记为🗑后，将会把文件删除；⊘表示忽略此文件；意味着文件已进行同步。单击按钮则可以将本地文件与远端文件进行比较。

❷ 在弹出的【导出站点】对话框中输入要保存的.ste 文件名称和保存路径，单击【保存】按钮，然后回到上面的【管理站点】对话框中并单击【完成】按钮即可完成站点的导出与保存，如下图所示。

❹ 同步完成后我们可以选择保存记录。再选择【同步】命令，我们会发现所有的文件都被标记为已同步，即表明上传成功，如下图所示。

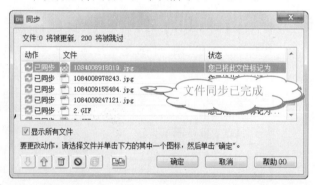

注意

这里的导出站点操作仅是将站点的一些配置文件，如本地信息、远程信息、测试服务器等进行了保存。至于站点中的网页与图片，并没有包含在导出的.ste 文件中(这一点，从删除站点时仍然保留了所有的站点文件也可以看出)。所以，在转移站点时，记得将站点中的文件也一并进行转移。

16.4.2　导入和导出站点

当由于工作需要，将一台计算机中的站点转移到另一台计算机中时，难道又要重新创建并设置站点吗？Dreamweaver 提供了更加方便的解决方案，下面一起来看看吧！

1. 导出站点

将站点导出后，就能够在其他的地方直接使用了。导出站点的具体步骤如下。

操作步骤

❶ 在菜单栏中选择【站点】|【管理站点】命令，然后在弹出的【管理站点】对话框中选择要导出的站点，

2. 导入站点

通过导入.ste 文件，可以快速地复原站点，从而实站点的转移。其具体步骤与站点的导出相似。

操作步骤

❶ 在菜单栏中选择【站点】|【管理站点】命令，在出的【管理站点】对话框中单击【导入】按钮，下图所示。

单击【导入】按钮以导入站点

❷ 在弹出的【导入站点】对话框中选择要导入站点保存而成的.ste 文件，然后单击【打开】按钮，如下图所示。

选择已保存好的站点文件并打开

现在可以在【管理站点】对话框中看到所打开的站点，单击【完成】按钮即可完成站点的导入，如下图所示。

站点已经成功导入

16.5　思考与练习

选择题

1. 下列选项中不属于国际域名的是_____。
　　A．.com　　　　　　　B．.org
　　C．.com.cn　　　　　D．.net

2. 在 Dreamweaver 中进行网页链接的测试时，常见的 3 类链接测试是_____。
　　A．断开的链接　　　B．孤立文件
　　C．内部链接　　　　D．外部链接

3. 要打开站点管理器，可以通过单击_____按钮来实现。
　　A．　　　　　　　　B．
　　C．　　　　　　　　D．

4. 下列 4 个按钮中不能在【结果】面板中找到的是_____。
　　A．　　　　　　　　B．
　　C．　　　　　　　　D．

5. 在【文件】面板中的　　按钮，其作用在于_____。
　　A．获取文件　　　　B．上传文件
　　C．取出文件　　　　D．存回文件

操作题

1. 上网申请一个免费的个人主页空间，并将制作好的网页进行发布。使用所提供的域名进行浏览，看看效果如何。

2. 将文档在远程站点发布后，进行必要的维护与更新。使用 Dreamweaver 来上传和下载文件，并进行站点的同步。

学以致用系列丛书

第 17 章

知一万毕——
JavaScript 入门

使用嵌入网页的 JavaScript 脚本，可以让整个页面产生美妙的动态效果。仅以文本形式传输的 JavaScript 脚本在浏览器客户端解释执行，配合众多的内置对象，还可以实现很多其他功能。

学习要点

❖ JavaScript 的基本语法
❖ 流程控制语句
❖ JavaScript 的函数
❖ 使用常见的脚本对象
❖ 自定义对象
❖ 修改网页中的表单对象
❖ 添加常见的事件处理函数

学习目标

通过本章的学习，读者应该掌握 JavaScript 的一些基础知识，包括它的语法、流程控制、自定义函数和对象的使用等，并学会如何使用 JavaScript 来控制网页上的各个对象，使整个页面更加生动。

17.1 了解 JavaScript

在学习行为的时候，如果查看代码，就会发现它们是使用 JavaScript 来实现的。JavaScript 能够嵌入网页，并在浏览器端执行指定的操作。

17.1.1 JavaScript 简介

JavaScript 是一种解释型的、基于对象的脚本语言。JavaScript 并非其他语言的简化版，它不能用来编写独立运行的应用程序。JavaScript 依然存在局限性，而且没有提供对文件读写的内置支持。

相比其他的编辑语言，JavaScript 更容易上手，但这并不意味着它的功能简单。事实上，JavaScript 是一门强大的语言，除了照顾到浏览器内的各个方面，它还可以与网页中的诸多元素通过相应的接口进行交互，比如获取 Java 程序的值，或是通过组件来操作文件。

将 JavaScript 嵌入想使用它的页面中，用户在打开该网页时，JavaScript 就会被下载，然后由浏览器解释执行。也就是说，从某种程度上讲，JavaScript 依赖于浏览器，好在目前的大多数浏览器都能够处理 JavaScript，虽然可能会有一些差异。

注意

由于种种缘故，目前的 JavaScript 几乎被分成了两个版本：一个是它的创造者 NetScape 所提出的 JavaScript 规范，另一个是拥有 IE 浏览器的 Microsoft 给出的 JScript。它们之间虽然存在着很多不同，但是大部分功能都能实现，所以 JavaScript 与 JScript 的差别并不是很大。

17.1.2 使用 JavaScript

使用 JavaScript 的方式很多，可以直接在浏览器中输入语句执行。比如任意打开一个网页，然后在地址栏中输入"Javascript:alert(document.lastModified);"（这里的标点是英文状态下的半角符号），即会弹出如右上图所示的对话框，表明当前网页的最后更新时间。

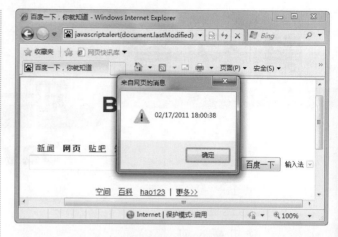

提示

JavaScript 的第一条语句可以用分号结尾，这是 C/C++、Java 等语言的标准。但 JavaScript 的要求并不像它们那样严格，它也允许在语句结尾不加分号。

一般的用法是将 JavaScript 嵌入网页，使用<script></script>标签对括起所有的 JavaScript 代码，在浏览器中打开网页即可查看效果。

新建一份 HMTL 文档，然后输入如下代码：

```
<html>
<head>
    <title>我的 JavaScript</title>
    <script language="javascript">
        document.writeln("欢迎来到
JavaScript 的世界");
    </script>
</head>
<body>
    <h1>第一个 JavaScript 例子</h1>
    <script language="javascript">

document.write("Hello,JavaScript.");
    </script>
</body>
</html>
```

这里使用 JavaScript 脚本对象 document 的 write()和 writeln()方法来向 Web 页的 HMTL 代码中添加内容。

保存该 HTML 文档，然后使用 IE 浏览，可以看到由 JavaScript 脚本所书写的文本内容，如下图所示。

编程语言中的语法比自然语言的语法要更加严格，在编写脚本时注意不要犯语法错误，否则执行脚本时就会产生问题。即使是定义字符串的引号，也要注意英文标点符号与中文标点符号的差别。

学以致用系列丛书

动态 Web 页的编程语言，它们都可以使用最简单的记事本书写，然后选择合适的编辑器，一方面可以调整格式，保证文档良好的可读性；另一方面，使用不同的颜色标注相应语言的关键字，也能够减少输入错误，提高编辑效率。

在 Dreamweaver 中插入 JavaScript 脚本的另一种方法是选择【插入】|HTML|【脚本对象】|【脚本】命令，在弹出的对话框中输入脚本内容，或引用的脚本文件(.js)，如下图所示。

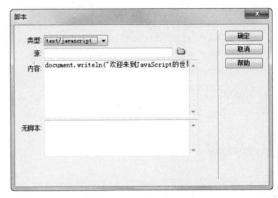

提示

如果将 JavaScript 脚本内容保存为单独的.js 文件，可以在<script>标签后添加"src"属性，并指定外部脚本文件的路径。

注意

如果直接打开网页文件，可能会出现 IE 提示信息，询问是否执行脚本。在提示消息上单击，从弹出的菜单中选择【允许阻止的内容】命令以执行脚本，如下图所示。

可以发现，这里除了 JavaScript 之外，还可以选择 VBScript，它是 Microsoft 推出的另一种脚本语言，基于 Microsoft 的 Visual Basic 产品。

许多旧版本的浏览器并不支持脚本语言，此时脚本内容会直接显示在网页中(而不是它们的执行结果)。考虑到这种情况，可以将所有的脚本语句包含在 HTML 注释中。例如：

```
<script language="javascript">
<!--
    document.write("Hello,JavaScript.");
//-->
</script>
```

注意

上面的双斜杠表示添加注释，双斜杠右侧的内容是 JavaScript 注释，并且在 JavaScript 解释运行时忽略。

在 Dreamweaver 中编写 JavaScript 时，需要切换到【代码】视图，然后输入，此时 JavaScript 关键字和内置函数会以不同的颜色显示，如下图所示。

这也显示出良好文本编辑器的优越性。不论是 HTML 网页，还是 JavaScript 脚本文件，或是各种其他的

对于可能会禁止当前页面中 JavaScript 脚本运行的情况，可以将浏览器不支持脚本时显示的内容使用<noscript></noscript>括起来。如果浏览器能够支持并运

对 JavaScript 的解释是浏览器 HTML 语法分析处理的一部分，按照脚本在文档中的书写顺序依次执行。如果在 HTML 文档的<head>标签对中放置了一个 JavaScript 脚本，它将会在检查所有的<body>标签内容之前解释。这样一来，如果在 ...内创建<body>内自定义的对象，将无法正确执行。

行 JavaScript 脚本，它们将不会显示。

```
<noscript>
    不支持脚本时显示的内容
</noscript>
```

再来看一个例子，这次是通过单击按钮来改变当前图像，新建 HTML 文件，并输入如下内容：

```
<html>
<head>
    <title>交换图像</title>
    <script language="javascript">
        var strPath;
        var strPath1="image/img_1.jpg";
        var strPath2="image/img_2.jpg";
        var bflag=true;
        function swap_image()
        {
            bflag=!bflag;

strPath=bflag?strPath1:strPath2;

document.formIMG.img1.src=strPath;
        }
    </script>
</head>
<body>
    <center>
    <form name="formIMG">
    <h1>单击按钮以交换图像</h1><br/>
    <input type=button value="交换图像"
onclick="swap_image();">
    <img name="img1" src="image/img_1.jpg"
></img>
    </form>
    </center>
</body>
</html>
```

这里使用 "." 运算符来引用不同层级的对象，并通过修改<img>对象的 "src" 属性来指定图像的源路径。

按下 F12 键，在浏览器中查看网页，如下图所示。

单击【交换图像】按钮，改变后的图像如下图所示。

这里为按钮指定 onclick 事件的处理函数，改变图像的引用路径，从而起到交换图像的效果。

虽然 JavaScript 仅是"基于"对象的语言，不过，如果了解一些面向对象语言(如 Java)的知识，会有助于其中一些概念的理解，但这并不是必需的。

17.2 处理数据

JavaScript 处理数据很灵活，功能也十分强大。

17.2.1 脚本组织方式

与其他许多编程语言一样，JavaScript 使用文本方式编写，并被组织为语句和语句块，以及注释。

一条语句由一个或多个表达式、关键字或运算符组成。将多条 JavaScript 语句书写在同一行上时，语句间使用分号 ";" 隔开。为了保证可读性，通常需要使用制表符 Tab 键或空格使代码保持一定的缩进量。使用大括号 "{}" 括起的一组 JavaScript 语句称为一个语句块(代码块)。

JavaScript 中的注释使用两种形式。单行的注释内容以 "//" 开始，例如：

```
var strPath;    //图片的当前路径
```

至于多行注释，则以 "/*" 开始，以 "*/" 结束，包含在其中的所有内容都将被视为注释内容，例如：

```
/*
*作者：
*日期：
*功能：
*/
```

JavaScript 是一种具有自动强制类型的弱类型语言，有时，即使不同类型变量的值实际上并不相等，JavaScript 也将它视为相等，比如表达式"100"=100，注意它与 Java 的区别。如果要求比较双方的类型和值都相等，可以使用严格相等运算符(===)。

17.2.2 变量

至于 JavaScript 的变量,需要使用关键字 var 声明。变量名称是以字母或下划线开始的字母、下划线与数字的序列组合,如:

```
count;
_count_2;
```

均为有效的变量名,而

```
123abc;          //以数字开始
count&total;     //&不可用于变量名
```

则不是有效的变量名。

JavaScript 允许使用未经 var 关键字声明的变量。在首次使用一个没有定义的变量时,JavaScript 将自动定义该变量(成为全局变量),即为隐式声明。比较好的习惯是在使用变量之前先声明:

```
var count;
var count1,count2,count3;
var count4=0;count5=100;
```

JavaScript 中的变量也存在自己的作用域。如果在脚本中定义了一个不属于任何语句块之内(也就是大括号对"{}"内)的变量,它就会成为一个全局变量,也就是说,可以在脚本的任何位置引用它。

> **注意**
>
> 对于未经声明而直接使用的变量,需要赋值才能使用。试图直接获取其值会产生错误。此时浏览器并不显示脚本错误的调试信息,而是简单地在错误发生处终止脚本执行。

JavaScript 区分大小写,无论是关键字,还是自定义的变量名与函数名,大小写不同时,所代表的含义也不同。特别是对于 JavaScript 自带对象的属性和方法,注意要区分大小写,否则可能会发生调用错误,或根本不起作用。

下面给出一个使用 var 声明变量的例子,新建 HTML文档,并输入如下代码:

```html
<html>
    <head>
        <title>使用 var 声明变量</title>
    </head>
    <body>
            <h1>使用 var 声明变量,再显示值</h1>
            <script language="javascript">
                var n1=11,n2=21;
                document.write("<ul><li>全局
范围内,n1 的值为 "+n1+"</li>");
```

```javascript
                document.write("<li>全局范围
内,n2 的值为 "+n2+"</li>");
                {
                    n1=12;
                    document.write("<li>在语
句块中,n1 的值为 "+n1+"</li>");
                    var n2=22;
                    document.write("<li>在语
句块中,n2 的值为 "+n2+"</li>");
                    n3=31;
                    document.write("<li>在语
句块中,n3 的值为 "+n3+"</li>");
                }
                document.write("<li>全局范围
内,n1 的值为 "+n1+"</li>");
                document.write("<li>全局范围
内,n2 的值为 "+n2+"</li>");
                document.write("<li>全局范围
内,n3 的值为 "+n3+"</li></ul>");
        </script>
    </body>
</html>
```

浏览网页,如下图所示。

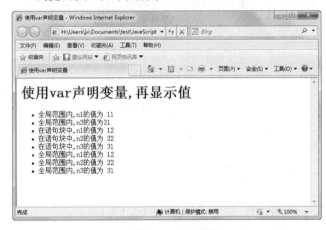

17.2.3 数据类型

JavaScript 是一种弱类型语言,可以使用关键字 var 来定义各种类型的变量和对象。JavaScript 变量的类型取决于它所包含值的类型,这样就能够根据操作对其进行处理。

即使如此,仍然可以在 JavaScript 中使用 true、false 作为布尔值,这表明变量仍是存在类型的。以 Microsoft 使用的 JScript 为例,它包含了字符串、数值和布尔值 3 种数据类型,以及对象、数组和 Null、Undefined 值等类型。

字符串数据类型用于表示 JavaScript 中的文本,它们放置在一对英文半角状态下的单引号""或双引号""""

之间，其中可以包含不同类型的引号。如果要表示单个字符，可以创建只包含一个单字符的字符串。而含有零个字符的字符串则是长度为零的空串。

下面是一些字符串的例子：

```
"Hello,'JavaScript' "
'1234%^&*90'
"a"
' '
```

可以使用 JavaScript 的 String 对象来声明字符串。

JavaScript 中的数值可以是整型或浮点型值，并提供 NaN 和 Infinity 来表示非数字和无限大(小)的数。

在数字序列前方加上"0"可以表示八进制数，而加上"0x"则表示十六进制整型数。

对于浮点数，可以使用大写或小写的"e"来表示 10 的次方，如 0.001 可以写成 1e-3。

技巧

对于数值与字符串，JavaScript 提供了一些内部函数进行类型转换，如 Number()用于将给定的对象转换成数字；parseInt()和 parseFloat()分别用于将指定的字符串转换成数字；String()函数则可以将对象转换成字符串。

在 JavaScript 语句中，可以在同一表达式中对不同类型的变量求值，此时会自动将参与运算的各变量进行类型的强制转换。比如一个字符串与数字相加，该数字将会被自动转换为字符串，并与另外的字符串连接，以此作为表达式的返回值，如：

```
var n1=100;
var str1="Hello,JavaScript";
var str2=str1+n1;
```

此时 str2 的值将等于 Hello,JavaScript100。

17.2.4 运算符

JavaScript 给出了包含计算、逻辑、位、赋值等在内的诸多运算符。

- ❖ 计算：- 取负值、++ 自增、-- 自减、* 乘法、/ 除法、% 模运算(取余)、+ 加法、- 减法。
- ❖ 逻辑：! 逻辑非、< 小于、> 大于、<= 小于等于、>= 大于等于、== 等于、!= 不等于、&& 逻辑与、|| 逻辑或、?: 条件取值(三元运算符)、, 逗号运算符、=== 严格相等(值与类型均匹配)、!== 不严格相等。
- ❖ 位运算：~ 按位取反、<< 按位左移、>> 按位

右移、>>> 无符号右移、& 按位与、^ 按位异或、| 按位或。
- ❖ 赋值：= 赋值，X= 运算赋值，其中 X 为合适的计算和位运算符。

除此之外，JavaScript 还包含如下的一些运算符。
- ❖ New：创建新对象(为对象类型的变量分配存储空间)。
- ❖ Delete：删除对象以释放存储空间，或从对象中删除一个属性，从数组中删除单个元素。
- ❖ Typeof：返回字符串，表示指定对象的类型信息。
- ❖ Instanceof：返回布尔值，指出对象是否为指定类的实例。
- ❖ In：返回布尔值，表明对象中是否存在该属性。

17.3 流 程 控 制

默认情况下 JavaScript 中的语句仍然是顺序执行，如果要更改语句的执行顺序，可以使用流程控制语句。JavaScript 提供了选择结构和循环结构。

17.3.1 选择结构

处理数据时，可以先测试数据的值，然后根据不同的情况执行不同的动作。JavaScript 支持 if 和 if else 语句块，其使用的一般形式为

```
if(条件测试语句)
        {代码块 1}
else
        {代码块 2}
```

其中 else 语句块可选。可以使用多个 else if 语句来实现多重选择，下面给出一个使用 if else 语句的例子。

新建 HTML 文档，然后输入如下代码：

```
<html>
    <head>
        <title>if else 语句</title>
    </head>
    <body>
        <center>
            <h1>使用 if...else 选择分支</h1>
            <script language="javascript">
                var d_current=new Date();
                var nHour=d_current.getHours();
```

JavaScript 提供了一些以"\"开始的特殊字符，如"\b"表示退格，"\f"表示换页符，"\n"代表换行，"\r"表示回车，"\t"表示制表符，"\'"表示单引号，"\""表示双引号，"\\"表示\本身。

```
                document.write("当前时
间:"+nHour+":"+d_current.getMinutes()+":"
+d_current.getSeconds()+"<br/><br/>");
                if(nHour<12){
                    document.write("早上好,:)");
                    }
                else if(nHour<18){
                    document.write("下午好,:D");
                    }
                else{
                    document.write("晚上好,:P");
                    }
            </script>
        </center>
    </body>
</html>
```

这里用到了内置的日期对象 Date,并使用它的成员函数 getHours()、getMinutes()和 getSeconds()来返回当前小时、分钟和秒数。

在浏览器中查看网页,就能够按不同的时间显示不同的内容了,如下图所示。

在需要判断的条件较多时,可以使用 switch case default 语句来组织条件判断。一般的使用格式为

```
switch(返回值的变量或表达式)
{
    case 条件值1:
        语句块 1
    …
    case 条件值n:
        语句块 n
    default:
        以上所有条件均不符合时的执行语句
}
```

下面是一个使用 switch 语句的例子,新建 HTML 文档,然后输入如下代码:

```
<html>
    <head>
        <title>switch case default</title>
    </head>
    <body>
        <center>
        <h1>使用 switch 语句</h1>
        <script language="javascript">
            var d_current=new Date();
            var nHour=d_current.getHours();
            switch(nHour)
            {
                case 6:case 8:
                    document.write("吃过早饭了
吗? ");
                    break;
                case 11:
                case 12:
                    document.write("中午还是休
息一下吧.:)");
                    break;
                case 22:
                    document.write("晚安,睡个
好觉.");
                    break;
                default:
                    document.write("欢迎光临.");
                    break;
            }
        </script>
        </center>
    </body>
</html>
```

这里的 break 语句用于跳出当前 switch 语句块,以免将后面的语句也执行(可以试着将所有的 break 语句去掉,然后将系统时间调整为 6 或 8,看看会有什么效果)。在浏览器中查看网页,如下图所示。

当测试条件和需要执行的语句块较为简单时,可以使用 JavaScript 的三元运算符?:,一般用法如下。

JavaScript 支持使用 try throw catch 语句来处理异常,可以用来抛出自定义的对象。Microsoft 的 JScript 还提供了内置的 Error 对象来保存有关错误的信息。

249

(条件测试语句?条件为真时执行并返回值的语句:条件为假时执行并返回值的语句)

可以发现，条件运算符?:可以轻易地转为同等的 if else 语句。新建 HTML 文档，输入如下内容：

```html
<html>
    <head>
        <title>? :</title>
    </head>
    <body>
        <center>
        <h1>? :</h1>
        <script language="javascript">
            var d_current=new Date();
            var strMinutes="",strSeconds=
"";strHours="";
            var nMinutes=d_current.
getMinutes();
            var nSeconds=d_current.
getSeconds();
            var nHours=d_current.getHours();
            strMinutes=nMinutes<10?("0"+
nMinutes):nMinutes;
            strSeconds=nSeconds<10?("0"+
nSeconds):nSeconds;
            strHours=nHours<10?("0"+
nHours):nHours;
            document.write("当前时间:
"+strHours+":"+strMinutes+":"+strSeconds);
        </script>
        </center>
    </body>
</html>
```

在测试条件和执行语句比较简单时，使用三元运算符?:，更显得灵活。在浏览器中查看效果，如下图所示。

17.3.2 循环结构

JavaScript 中可以使用多种方式来重复执行指定的语句块。典型的情况是使用会随着每次循环更改值的变量来控制循环流程。可使用的语句包括 for、for in、while 和 do while 结构。

for 语句可以说是循环时使用得最多的语句之一，其一般形式为

```
for(初始化条件;条件测试语句;增量修改)
    循环语句(块)
```

在整个 for 循环开始前将执行初始化条件语句，然后在每次循环开始之前，都将依条件测试语句判断是否再进行循环。在一次循环后(循环语句块被执行)，将执行增量修改操作，并进入下一次循环。

循环体可以是单个语句，或使用大括号(())括起来的语句块。

下面给出一个 for 循环的例子，用于计算从 1 到指定数的整数和。新建 HTML 文档，输入代码：

```html
<html>
    <head>
        <title>for 循环</title>
    </head>
    <body>
        <center>
        <h1>for 循环测试</h1>
        <script language="javascript">
            var n_sum=0;
            var n_max=prompt("输入需要相加的最
大数","10");
            n_max=parseInt(n_max);
            if(n_max>0)
            {
                for(var i=1;i<=n_max;i++)
                {
                    n_sum+=i;
                }
                document.write("从 1 到"+n_max+"
的整数和为:"+n_sum);
            }
            else
            document.write("请输入一个大于
零的数.");
        </script>
        </center>
    </body>
</html>
```

这里用到了 JavaScript 脚本对象 window 的方法 prompt()，用于接收用户输入的字符串内容。而 parseInt() 方法则用于将字符串转为整数值。

在浏览器中查看网页，如下图所示。

当处理 JavaScript 文件时，Dreamweaver 会自动刷新可用代码提示的列表。例如，假设您正在处理主 HTML 文件，并切换到 JavaScript 文件进行更改。当返回到主 HTML 文件时，该更改会反映在代码提示列表中。

输入需要相加到的最大数，然后单击【确定】按钮，即可在页面上看到计算结果，如下图所示。

除了 for 循环，JavaScript 还提供了 for in 循环，用于遍历一个对象的所有属性或数组中的所有元素(类似于其他语言中的 foreach 循环)，一般形式如下：

```
for(var_name in object_array_name)
        循环语句块
```

其中 var_name 用于存储对象属性或数据元素的自定义变量，object_array_name 则是对象或数组的名称。

新建 HTML 文档，然后输入如下代码：

```
<html>
    <head>
        <title>for in 循环</title>
    </head>
    <body>
        <h1>for in 循环测试</h1>
        <script language="javascript">
            var ary_message=new Array();
            ary_message[0]="Hello";
            ary_message[1]="JavaScript";
            for(var i in ary_message)
              {
                document.write("ary_message
数组的元素值="
                +ary_message[i]+"<br/>");
```

```
            }
        for(var i in document)
        {
            document.write("document 对象
的属性 ="
            +document[i]+"<br/>");
        }
        </script>
    </body>
</html>
```

这里使用 JavaScript 内置对象 Array 来声明一个数组，并通过下标赋值。"for(var i in document)"语句则用于遍历 JavaScript 另一个对象 document 的各个属性。

在浏览器中查看网页，如下图所示。

还有一种广泛使用的循环结构是 while 语句，它可以与等价的 for 循环互相改写，一般形式如下：

```
初始化条件
while(条件测试语句)
        {
            循环语句
            增量修改
        }
```

当条件测试语句返回值为真时，将执行循环语句。与 while 循环相似的是 do while 语句，其一般形式为

```
do
        循环语句
while(条件测试语句);
```

do while 循环的结构决定了循环体至少被执行一次。很多时候都可以进行相互改写。虽然推荐使用 for 循环和 while 循环，但 do while 循环在一些特定的场合也很有用。

再给出一个 while 循环的例子，使用如下代码创建一份 HTML 文档：

```
<html>
    <head>
```

Arguments 对象保存了传递给函数的所有参数，可以通过"函数名.arguments[]"来访问，在函数体内部直接调用 arguments[]数组，则返回传递给本函数的参数列表。与一般的数组对象一样，arguments[]也包含了 Array 对象的各种属性和方法。

251

```
        <title>while 循环</title>
    </head>
    <body>
        <center>
            <h1>while 循环测试</h1>
            <script language="javascript">
                var n_obj=7;
                var str_msg="";
                var n_guess=parseInt(prompt
("请输入目标正整数可能的值:","0"));
                while(n_guess!=n_obj)
                {
                    str_msg=n_guess>n_obj?"大
":"小";
                    n_guess=parseInt(prompt
(n_guess+"要比目标数值"+str_msg+",加油!",""));
                }
                document.write("对啦,目标数正
是 "+n_obj+",:D");
            </script>
        </center>
    </body>
</html>
```

只有在输入正确的目标整数值后，IE 才不会弹出要求输入值的对话框，并在页面上显示结果，如下图所示。

事实上，作为测试 while 循环用的脚本，它并不很完善。比较好的方法是添加一个链接或按钮，让用户自行选择是否输入值。

JavaScript 提供了 break 与 continue 语句来控制循环结构的流程，其中 break 语句还常用于 switch 结构。

使用 break 语句，可以跳出当前循环结构，其一般形式为

```
break;
break Label;
```

其中 Label 为自定义的语句标识，将它添加到任一 JavaScript 语句之前。例如：

```
Label:
    JavaScript 语句
```

用于标识该语句。当标识符与 break 相结合时，可以跳转到标识的 JavaScript 语句处执行。它常用于多重嵌套循环结构的跳出。

contine 语句的格式与 break 相似，用于循环结构中以结束本次循环，并立即开始下一次循环的执行。

17.4 函　数

使用函数，可以将 JavaScript 代码划分为易维护的代码段。通常的做法是将实现某一功能的代码块组成为一个函数。JavaScript 中的函数可用于执行操作，或返回值。

17.4.1 函数简介

JavaScript 支持两种函数：语言内部的函数和自定义的函数。例如 prompt()、parseInt()等均是 JavaScript 自定的函数，而 document.write()则是脚本对象 document 的成员函数。

如果要添加自定义函数，可以通过使用 function 来定义。声明函数的一般格式为

```
function functionName(参数名1,参数名2,…)
    {
        函数体
    }
```

其中除了 function 为 JavaScript 保留的关键字，其余部分都自行定义。functionName 为函数名，参数名 n

JavaScript 内置的 Date 对象用于操控时间，它提供了包括 getDate()、getDay()、getFullYear()、getHours()、getMinutes()、getMonth()、getSeconds()、getYear()、setDate()、setFullYear()、setHours()、setMonth()、setSeconds()、setTime()、setYear()在内的众多方法用于处理时间。

是传给函数的参数列表，函数体是自行编写的执行语句。

！注意

　　与函数的返回值一样，函数的参数列表不需要指定变量类型。这也算弱类型语言的一个特点。而且 JavaScript 的 function 关键字不仅可以用来定义函数，还可以定义对象。

　　调用自定义函数时，只需要向函数传递各个参数的值即可，格式为

functionName(参数值 1,参数值 2,…)

　　来看一个使用函数的例子，新建 HTML 文档并输入如下代码：

```
<html>
    <head>
        <title>函数</title>
        <script language="javascript">
            function add(n_op1,n_op2)
            {
                var n_result=n_op1+n_op2;
                return n_result;
            }
        </script>
    </head>
    <body>
        <center>
        <h1>函数定义与使用</h1>
        <script language="javascript">
            var i=10,j=20;
            document.write(i+" + "+j+" =
"+add(i,j));
        </script>
        </center>
    </body>
</html>
```

　　在浏览器中查看网页，得到如下图所示的结果。

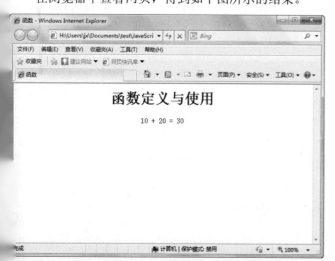

17.4.2　参数

　　JavaScript 对于函数参数的限制并不像其他语言那样严格。在调用函数时完全可以传递比声明的参数更多的值。由于 JavaScript 将 function 声明的函数作为 function 对象处理，而该对象又包含 arguments[]数组属性，这样就可以通过：

functionName.arguments[i]

来引用指定的参数了。

　　新建 HTML 文档，并输入如下代码。

```
<html>
    <head>
        <title>函数</title>
        <script language="javascript">
            function add()
            {
                var n_result=0;
                for(var i=0;i<arguments.
length;i++)
                {
                    n_result+=arguments[i];
                }
                return n_result;
            }
        </script>
    </head>
    <body>
        <center>
        <h1>函数的多个参数</h1>
        <script language="javascript">
            var i=10,j=20;k=30;
            document.write(i+" + "+j+" +
"+k+" = "+add(i,j,k));
        </script>
        </center>
    </body>
</html>
```

　　这里将 add()函数定义为无参数函数，但调用该函数时仍传递了 3 个参数，此时使用 function 对象的 arguments[]数组来取出所有的参数值。注意，这里用到了 JavaScript 数组对象 Array 的 length 属性，用于给出数组的长度(数组中元素的个数)。

　　在浏览器中查看网页，如下图所示。

如果直接将新建的 Date()对象转换为字符串输出，会得到一长串数字，它代表了指定日期到 1970 年 1 月 1 日午夜间全球标准时间的毫秒数。如果使用无参数的构造函数创建对象，即 new Date()，"指定"日期就是系统当前时间了。

 253

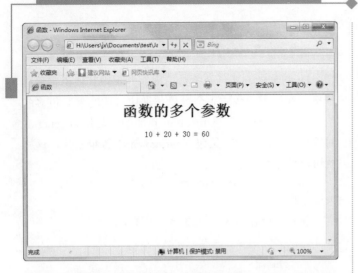

17.5 对象

JavaScript 可以称为"基于"对象的语言，它并不支持像 Java 那样真正的面向对象编程(OOP)，但 JavaScript 确实依赖于各种对象模型。

17.5.1 对象简介

JavaScript 对象是属性和方法的集合，简单来讲，一个方法就是一个函数，而属性则是对象的数据成员，它可以是基本类型的数据、数组或对象。

JavaScript 支持 4 种类型的对象：内置(或内部)对象、自定义类对象、浏览器支持的脚本对象和外部组件对象(如 ActiveX)。自定义类生成的实例对象和使用外部组件嵌入 HTML 的对象需要自行定义，而内置对象和脚本对象则可以直接使用。

JavaScript 中一些常用的内置对象包括 Array(数组)、String(字符串)、Math(包含数学的常用方法和属性)、Date(日期)、Number(数值)等。

至于 window、document、navigator、history、location、frames 等均是浏览器自带的对象，可以在 JavaScript 脚本中按照它们的层次关系直接引用。不同的浏览器，支持的对象数目、种类、方法和属性也不尽相同，Internet Explorer 和 Netscape Navigator 均推出了自己的标准，比如，所有的 HTML 标签在 IE 中均有相应的对象，这使得在脚本中控制页面上指定 HTML 标签的属性和动作成为可能。

new 运算符用于在创建对象时为之分配存储空间。相应的，使用 delete 运算符来删除对象，释放对象占用的存储空间。另一种删除方法是使用赋值运算符将变量值设为 null，以此释放存储空间。

17.5.2 内置对象

内置对象是指可以直接在 JavaScript 中使用的成员变量，在前面很多地方都已经使用过内置对象。下面将为大家详细介绍一下字符串和数组两个内容对象。

1. 字符串对象

以常见的字符串 String 为例，下列语句均能够声明一个内容为"Hello,JavaScript"的字符串。

```
var strTemp1="Hello,JavaScript";
var strTemp2=new
String("Hello,JavaScript");
var strTemp3=new String();
strTemp3="Hello,JavaScript";
```

由于所有的字符串对象均为 String 类型，因此可以使用 String 的各种属性和方法，如 length 属性返回字符串长度，charAt 返回指定位置的字符，subString 方法从指定位置返回一定长度的子字符串。

新建 HTML 文档，并输入如下代码：

```
<html>
    <head>
        <title>字符串</title>
    </head>
    <body>
        <center>
        <h1>使用字符串对象</h1>
        <script language="javascript">
            var strTemp1="Hello,JavaScript";
            var strTemp2=new String("Hello,
JavaScript");
            var strTemp3=new String();
            strTemp3="Hello,JavaScript";
            document.write("<br/>strTemp1 =
"+strTemp1+",长度:"+strTemp1.length);
            document.write("<br/>strTemp2 =
"+strTemp2+",长度:"+strTemp2.length);
            document.write("<br/>strTemp3 =
"+strTemp3.bold()+",长度:"+strTemp3.length);
            document.write("<br/>strTemp1 ==
strTemp2 ? "+(strTemp1==strTemp2));
            document.write("<br/>strTemp1 ==
strTemp3 ? "+(strTemp1==strTemp3));
            document.write("<br/><br/>"
+String(new Date()));
        </script>
        </center>
```

长见识　　img 对象在创建<img>标签时生成，可以通过它的名称(name)或 document 的 images[]聚集来引用。JavaScript 中可以用的属性包括 border、complete、height、hspace、lowsrc、name、src、vspace、width 等，常用的 src 属性表示图像的引用地址，可以通过修改它来更换显示的内容。

```
    </body>
</html>
```

这里用到了 String 对象的 bold()方法，它能够返回字符串的粗体效果。在浏览器中查看网页，如下图所示。

值得一提的是 JavaScript 的内部函数 String()，它能够将给定的对象转换成字符串，一般格式为

```
String(argObject)
```

其中 argObject 为需要转换的对象。上面的代码中使用 new 运算符生成 Date()对象，并直接将它传递给 String() 函数作为参数。

与 String()函数相对应，可以使用 JavaScript 的内部函数 Number()将指定的对象转换为数字，一般格式为

```
Number(argObj)
```

另外两个数值转换函数为

```
parseInt(argStr)
parseFloat(argStr)
```

用于将给定的字符串参数 argStr 转换为整型数或浮点数。

一个有趣的 JavaScript 函数是 eval()，它可以对表示 JavaScript 代码的字符串进行运算，一般格式为

```
eval("strExp")
```

其中字符串参数 strExp 代表 JavaScript 表达式、语句或语序列，其中可以包含对象的变量和属性。

数组对象

下面介绍 JavaScript 的另一个内置对象：数组 Array。编写代码时，可以使用数组来管理带索引的数据项，这样就能够通过"[]"和下标来随机存取数组中的元素值。可以使用 new 运算符来声明一个数组对象：

```
var aryTemp1=new Array();
aryTemp1[1]=
```

JavaScript 中的数组可以被赋予任意值，且具备 length 属性，用于返回数组中元素的个数(数组长度)。定义数组对象的一般方法为

```
var aryTemp1=new Array(2);
    aryTemp1[0]="Hello";
    aryTemp1[1]="JavaScript";
    var aryTemp2=new
Array("Hello","JavaScript","Enjoy","it! :
P");
```

创建数组对象后，就可以通过从 0 到 length-1 的下标来引用数组中元素的值。

下面给出一个 Array 对象的例子，使用表格来输入数组中的数据。新建 HTML 文档，并输入如下代码：

```
<html>
    <head>
        <title>数组</title>
    </head>
    <body>
        <center>
        <h1>数组对象</h1>
        <script language="javascript">
            var aryTemp1=new Array(2);
            aryTemp1[0]="Hello";
            aryTemp1[1]="JavaScript";
            var aryTemp2=new Array("Hello",
"JavaScript","Enjoy","it! :P");
            for(var i=1;i<=2;i++)
            {
                disp_ary("aryTemp"+i,
eval("aryTemp"+i));
            }
            function
disp_ary(aryName,aryValue)
            {
                document.write("<table border=1
width=50%>")
                for(var j=0;j<aryValue.
length;j++)
                {
                    document.write("<tr>
<td>"+aryName+"["+j+"]"+"</td>")
                    document.write("<td>"
+aryValue[j]+"</td></tr>");
                }
                document.write("</table>");
            }
        </script>
    </center>
    </body>
</html>
```

JavaScript 内置对象 Math 包含了一些数学常量(如 E、PI)和常用的数学处理函数，包括 abs()、acos()、asin()、atan()、atan2()、ceil()、cos()、exp()、floor()、log()、max()、min()、pow()、random()、round()、sin()、sqrt()、tan()等。以 random()例，使用格式为 Math.random()。

这里使用 JavaScript 内部函数 eval()对字符串求值，并将返回的值作为参数传递给自定义函数 disp_ary()，用以显示数组中的元素。

在浏览器中查看网页，如下图所示。

Array 对象的 length 属性，也就是数组的长度，会随着添加或删除的元素自动更改。当为>=length 的下标赋值时，数组的 length 属性值将会自动更改以容纳新元素。反过来，如果手动将 length 的值减小，将删除下标>=length 值中的数组元素。

还是以上面的 HTML 文档为例，在 aryTemp1 的后面加上 arTemp[3]的赋值语句，即将代码修改为

```
var aryTemp1=new Array(2);
    aryTemp1[0]="Hello";
    aryTemp1[1]="JavaScript";
    aryTemp1[3]="New Element";
```

在浏览器中查看网页，可以发现 aryTemp1 已经变化，如下图所示。

其中 undefined 表示尚未初始化的变量值。

✔技巧❄

JavaScript 并不直接支持多维数组，但由于可以在数组中存储任意类型的数据，所以可以将数组元素指定为 Array 对象，以此来实现相同的功能(可以发现，上面的数组中存放的是字符串 String 对象)。

新建 HTML 文档，输入如下代码：

```
<html>
    <head>
        <title>数组</title>
    </head>
    <body>
        <center>
        <h1>多维数组</h1>
        <script language="javascript">
            var aryTemp=new Array(2)
            for(var i=0;i<aryTemp.length;i++)
            {
                aryTemp[i]=new Array(3);
                for(var j=0;j<aryTemp[i].length;j++)
                {
                    aryTemp[i][j]=(i+1)*(j+1);
                }
                disp_ary("aryTemp["+i+"]",
eval("aryTemp[i]"));
            }
            function disp_ary(aryName,aryValue)
            {
                document.write("<table border=
width=50%>")
                for(var j=0;j<aryValue.
length;j++)
                {
                    document.write("<tr><td>
+aryName+"["+j+"]"+"</td>")
                    document.write("<td widt
30%>"+aryValue[j]+"</td></tr>");
                }
                document.write("</table>")
            }
        </script>
    </center>
    </body>
</html>
```

在浏览器中查看，如下图所示。

---

document 对象在 Netscape Navigator 和 Internet Explorer 中存在不同的属性和方法。两种浏览器都支持的属性有 aLinkColor、anchors[]、applets[]、bgColor、cookie、domain、embeds、fgColor、formName、forms[]、images[]、lastModifi linkColor、links[]、plugins[]、referrer、URL、vlinkColor 等。

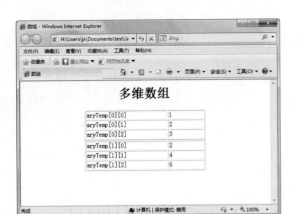

17.5.3　对象成员引用

几乎可以将对象和数组以相同的方式处理。在 for in 循环中，就是直接使用"[]"加属性名称来访问对象的属性值，这与数组的索引如出一辙。

引用对象成员的一般形式为

```
objName.attribName
objName.method(argList)
```

其中 objName 为对象名称，可以使用"."引用多层级的对象。attribName 为属性名称，method()即该对象的方法，argList 为方法的参数列表。比如 document 对象的 write()方法：

```
document.write("Hello,JavaScript");
```

事实上，由于 document 对象是 window 对象的成员，上面的语句还可以写成：

```
window.document.write("Hello,JavaScript");
```

由于 window 是浏览器默认的顶层对象，因此前面的"window."通常可以省略。

如果要反复使用某一对象的属性或方法，而该对象处于一个比较深的层级，此时引用代码会变得很长，如将在后面提到的表单对象引用，需要将代码写成：

```
document.formName.txtName.value="Hello";
document.fomrName.cbName.checked=true;
document.formName.selName.selectedIndex=
1;
```

这样并不是很方便，JavaScript 提供了更简洁的解决方案。当程序中需要使用一个对象的很多属性或方法时，可以使用 with 语句，格式为

```
with(objName)
        语句(块)
```

其中 objName 为引用的对象名称。在 with 语句块内部可直接引用 objName 对象的属性和方法。比如要调用

document 的多个 write 方法时，可以使用 with 语句改写为

```
with(document)
{
        write("Hello");
        write("JavaScript");
    }
```

而对表单对象的引用也可以简化为

```
with(document.formName)
{
        txtName.value="Hello";
        cbName.checked=true;
        selName.selectedIndex=1;
}
```

新建 HTML 文档，然后输入如下代码：

```
<html>
    <head>
        <title>对象成员引用</title>
    </head>
    <body>
        <h1>使用 with 引用 window 对象成员</h1>
        <script language="javascript">
            with(document)
            {
                for(var i in window)
                write("<br/>"+i+" = "+window[i]);
            }
        </script>
    </body>
</html>
```

浏览网页，即可查看 window 对象的所有属性和方法，如下图所示。

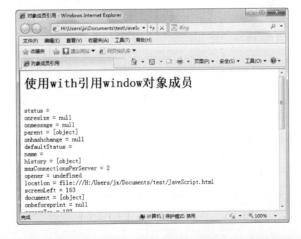

17.5.4　创建自定义对象

在 JavaScript 中可以使用 function 关键字来自定义对象。实际上是定义一个构造函数，并在构造函数中定义

---

screen 对象由浏览器自动生成，包含浏览器端显示器的各项属性，其中宽度 width 和高度 height 反映了当前分辨率。

对象的属性和方法。

与其他类一样，创建自定义的对象实例时，需要使用 new 运算符分配存储空间。

先来看一个自定义对象的例子，它定义了一个属性 strMsg 和一个成员函数 dispMsg：

```html
<html>
    <head>
        <title>自定义对象</title>
    </head>
    <body>
        <h1>创建自定义对象</h1>
        <script language="javascript">
            function cMyText(strArgText)
            {
                this.strMsg=strArgText;
                var dCur=new Date();
                this.dispMsg=disp_Msg;
            }
            function disp_Msg()
            {
                document.write("<br/>strMsg
的值:"+this.strMsg+"<br/>");
            }
            var insTemp=new cMyText("Hello,
JavaScript");
            insTemp.dispMsg();
            for(var i in insTemp)
            {
                document.write("<br/>insTemp
的成员:"+i+" = "+insTemp[i]);
            }
        </script>
    </body>
</html>
```

浏览网页，所得结果如下图所示。

可以发现，在 cMyText 定义语句中的 dCur 变量并没有使用关键字 this 引用，这也使得 dCur 并没有成为对象实例 insTemp 的成员。

由于自定义对象的构造函数依然使用 function 声明，因此可以为它添加参数列表，这样使用 new 运算符创建对象时就可以向该函数传递参数了。

正如浏览器中显示的结果，除了将已定义好的函数赋值给对象的方法，还可以将方法定义在构造函数体中，也可以为对象的方法添加参数，如：

```html
<html>
    <head>
        <title>自定义对象</title>
    </head>
    <body>
        <h1>创建自定义对象</h1>
        <script language="javascript">
            function cMyText(strArgText)
            {
                this.strMsg=strArgText;
                this.dispMsg=function (dArg
                {
                    document.write("strMsg的
值:"+this.strMsg+"<br/>"+
                        "当前时间:"+dArg.toTimeString(
+"<br/>");
                }
            }
            var insTemp=new cMyText("Hello
JavaScript.");
            insTemp.dispMsg(new Date());
            for(var i in insTemp)
            {
                document.write("<br/>insTem
的成员:"+i+" = "+insTemp[i]);
            }
        </script>
    </body>
</html>
```

浏览 Web 页，带参数的对象方法被成功调用，如图所示。

String 是 JavaScript 的内置对象，它提供的方法包括 anchor()、big()、blink()、bold()、charAt()、chartCodeAt()、conca fixed()、fontcolor()、fontsize()、fromCharCode()、indexOf()、italics()、lastIndexOf()、link()、match()、replace()、search slice()、small()、split()、strike()、sub()、substr()、substring()、sup()、toLowerCase()、toSource()、toUpperCase()等。

在 JavaScript 中创建对象实例后，还可以单独为该实例添加属性或方法，使用相同的构造函数生成的其他对象实例将不会包含它们。

新建 HTML 文档，并输入如下代码：

```
<html>
    <head>
        <title>自定义对象</title>
    </head>
    <body>
        <h1>对象实例的不同属性</h1>
        <script language="javascript">
            function cMyText(strArgText)
            {
                this.strMsg=strArgText;
            }
            var insTemp1=new cMyText("Hello,
JavaScript.");
            var insTemp2=new cMyText
("Amethystium -- Arcus");
            insTemp1.dCur1=new Date().
toTimeString();
            insTemp2.dCur2="Amethystium --
Barefoot";
            show_Info("insTemp1",insTemp1);
            show_Info("insTemp2",insTemp2);
            function show_Info(strName,objIns)
            {
                for(var i in objIns)
                {
                    document.write("<br/>"+
strName+"的成员:"+i+" = "+objIns[i]);
                }
            }
        </script>
    </body>
</html>
```

浏览网页，可以发现除了包含来自构造函数的公共

成员，两个对象实例还含有各自独立添加的属性，如下图所示。

如果要为对象的所有实例添加属性和方法，可以在它的构造函数中使用 this 关键字添加新成员。另一种方法是使用构造函数的原型对象属性 prototype 来创建继承属性和共享方法，这在无法修改构造函数时特别有用(比如为 JavaScript 的内置对象添加新成员)。

来看一个使用 prototype 属性添加对象新属性和方法的例子，使用如下代码创建 HTML 文档：

```
<html>
    <head>
        <title>自定义对象</title>
    </head>
    <body>
        <h1>构造函数的 prototype 属性</h1>
        <script language="javascript">
            function cMyText(strArgText)
            {
                this.strMsg=strArgText;
            }
            cMyText.prototype.strTime=new
Date().toTimeString();
            var insTemp1=new cMyText
("Amethystium -- Ad Astra");
            show_Info("insTemp1",insTemp1);

cMyText.prototype.dispMsg=function()
            {
                document.write
("Hello,JavaScript,:P");
            }
            var insTemp2=new cMyText
("Amyehystium -- Berceus");
            show_Info("insTemp2",insTemp2);
            function show_Info
(strName,objIns)
```

学以致用系列丛书

```
        {
          for(var i in objIns)
          {
              document.write("<br/>"
+strName+"的成员:"+i+" = "+objIns[i]);
          }
          document.write("<br/>");
        }
    </script>
  </body>
</html>
```

浏览网页,如下图所示。可以发现,通过构造函数的 prototype 属性添加的新成员将影响到以后创建的对象实例。

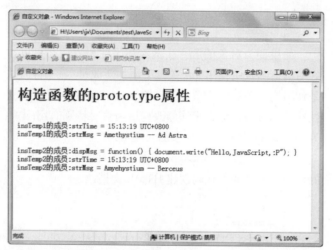

17.6 表 单

了解了 JavaScript 的对象后,就可以使用嵌入到网页中的 JavaScript 来控制浏览器和 HTML 标签对象了。这一节主要讲述如何控制页面上的表单对象。

在网页中使用<form>标签添加表单,并为之添加 name 属性,也就是表单名称。相应地,为表单中的各个对象,如文本域、复选框、单选按钮、图片、按钮等添加 name(名称)属性后,就可以通过如下代码:

```
document.formName.formElemName
```

来引用表单中的对象。其中 formName 为表单名称,formElemName 为表单中的对象名称。

技巧

另一种引用表单中元素的方法是使用表单的数组对象成员 elements[],其中按序包含了所有在网页中添加的表单对象,并通过下标来访问它们。

17.6.1 文本域和按钮

来看一个使用文本字段和按钮的例子,用下列代码新建 HTML 文档:

```
<html>
  <head>
    <title>表单对象</title>
  </head>
  <body>
    <center>
    <h1>控制按钮和文本域</h1>
    <form name="form1">
        <input name="txtDisp" type=text
value="Hello,JavaScript" size="30"><br/>
        <input name="btnTemp" type=button
value="显示时间" onclick="disp_Time();">
    </form>
    <script language="javascript">
        function disp_Time()
        {
            document.form1.txtDisp.
value="当前时间:"+new
Date().toTimeString();
        }
    </script>
    </center>
  </body>
</html>
```

在浏览器中查看网页,如下图所示。

单击按钮,即可在文本框中查看当前时间,如下图所示。

XML 可以描述出数据的类型,但并不描述数据的显示格式。而 HTML 被设计用来显示数据及类型。

这里用到了文本字段对象 txtDisp 的 value 属性,通过修改其值来改变显示的文本内容。而且通过设置表单 form1 的成员按钮对象标签 btnTemp 的 onclick 属性值,使得单击该按钮时能调用事件处理函数 disp_Time()。

可以发现文本域和按钮的使用与 JavaScript 中的对象概念一致:通过标签或脚本来引用具体的表单对象,并更改它们的属性与方法。

在 JavaScript 中经常使用的一些文本域(包括 text 和 textarea)属性有:form——所属表单对象,name——名称,value——值(显示的内容)。常用的方法有:blur()——失去输入焦点,focus()——将光标定位到文本域,select()——选取文本域中的内容。

JavaScript 中按钮常用的属性有名称 name,显示在按钮上的文本 value 等。对于 HTML 代码中的<input type=button>标签,可以通过在其中添加 onClick、onDblClick 等属性,并通过它们在 JavaScript 中定义的函数进行调用。

切换到【代码】视图,将光标定位到相应的标签内后,然后按下空格键,此时 Dreamweaver 会自动给出该对象支持的标签内属性和方法值,如下图所示。

更简单的方法是按下 F9 键,在【标签检查器】面板组的【属性】和【行为】选项卡中查看当前表单对象支持的属性和方法。注意,这仅仅是 HTML 标签所提供的成员,与 JavaScript 支持的属性和方法并不一致(从 HTML 属性不区分大小写和 JavaScript 的大小写含义不同就可以看出),具体可以参考 HTML 和 JavaScript 各自的标准文档。

17.6.2 选择控件

表单中的常用选择控件包括复选框、单选按钮和列表/菜单,可以通过它们来获取规定范围的值。

复选框与单选按钮的常用属性包括:checked——是否选中,form——所属表单对象,value——返回值。常用的方法包括 blur()——失去焦点,click()——单击当前选项按钮,focus()——获取输入焦点。

来看一个使用复选框和单选按钮组的例子。新建 HTML 文档,并输入如下代码:

```
<html>
<head>
<title>表单对象</title>
</head>
<body>
<center>
  <h1>复选框和单选按钮组</h1>
  <form name="form1">
    <table width=300 border="1">
    <tr>
      <th colspan="2">选择复选框以查看专辑中
的推荐曲目</th>
    <tr>
    <tr>
      <td><input type=checkbox name="chk0"
value="Shadow to Light" onClick="disp_
Title();"></td>
      <td>Ahpelion</td>
    </tr>
    <tr>
      <td><input type=checkbox name="chk1"
value="Paean" onClick="disp_Title();">
</td>
      <td>Odonato</td>
    </tr>
    <tr>
      <td><input type=checkbox name="chk2"
value="Barefoot" onClick="disp_Title();">
</td>
      <td>Evermind</td>
    </tr>
    <tr>
```

ant 是 Java 环境中应用最为广泛的构建管理工具,它本身基于 XML 语法,具有良好的可理解性,同时通过自定义任务等扩展机制,可以完成非常复杂的处理任务。随着 ant 的深入发展,它的能力已经逐渐超出了一个普通构建工具的范畴,渐发展为一种新的 XML 动态标签语言。

学以致用系列丛书

长见识

261

```
    <td colspan="2"><textarea
name="txtTitle" cols="30"
rows="5"></textarea></td>
    </tr>
  </table>
  <table width=300 border="1">
    <tr>
    <th colspan="2">单击单选按钮以查看艺术
家</th>
    <tr>
    <tr>
    <td><input type=radio name="radGp1"
value="Secret Garden" onClick="disp_Artist
(0);"></td>
    <td>Greenwaves</td>
    </tr>
    <tr>
    <td><input type=radio name="radGp1"
value="Within Temptation" onClick="disp_
Artist(1);"></td>
    <td>Memories</td>
    </tr>
    <tr>
    <td><input type=radio name="radGp1"
value="Enigma" onClick="disp_Artist(2);">
</td>
    <td>The Eyes of Truth</td>
    </tr>
    <tr>
    <td colspan="2"><input
name="txtArtist" size="30"></td>
    </tr>
    <tr>
    <td colspan="2"><input type=button
value="清除选择" onclick="clear_Sel();">
</td>
    </tr>
  </table>
  </form>
  <script language="javascript">
    function disp_Title()
    {
      var strTitle="";
      with(document.form1)
      {
        if(chk0.checked)
          strTitle+=chk0.value+"\n";
        if(chk1.checked)
          strTitle+=chk1.value+"\n";
        if(chk2.checked)
          strTitle+=chk2.value;
        txtTitle.value=strTitle;
      }
    }
    function disp_Artist(nIndex)
    {
```

```
      with(document.form1)
      {
        if(radGp1[nIndex].checked)
          txtArtist.value=radGp1
[nIndex].value;
      }
    }
    function clear_Sel()
    {
      var objTemp;
      for(var i=0;i<3;i++)
      {
        objTemp=eval("document.
form1.chk"+i);
        objTemp.checked=false;
        document.form1.radGp1[i].
checked=false;
      }
      document.form1.txtTitle.value="";
      document.form1.txtArtist.value="";
    }
  </script>
  </center>
</body>
</html>
```

这里用到了 JavaScript 的特殊字符"\n，表示换行。另
外，通过 eval()函数将字符串 ""document.form1.chk"+i"
所代表的对象返回，也就是表单中的 3 个复选框对象。

浏览网页，单击复选框即可在下面的文本区域中查
看复选框的值 value，如下图所示。

单击单选按钮，可以在下面的文本框中查看单选
钮数组各元素的值 value，如下图所示。

HTML 页面中的每个标签都含有 style 对象，可以通过它来动态修改指定标签的样式。IE 支持的 style 属性有
background、backgroundAttachment、backgroundColor、backgroundImage、backgroundPosition、backgroundPositionX、
backgrounPositionY、backgroundRepeat、border、borderBotom、borderBottomColor、borderBottomStyle 以及 borderBottomWid
等。

单击【清除选择】按钮，即可清空页面上的选择内容，效果如下图所示。

这里通过将复选框与单选按钮的 checked 属性设为 false 来清除选择。

至于列表/菜单项<select>对象，其常用属性包括：length—列表项的长度，name—对象名称，options[]—列表项数组，selectedIndex—当前被选中列表项的索引值。对于 options[]数组对象，属性包括：selected—当前项是否被选择，text—当前选项的文本标签。方法包括：blur()—失去焦点，focus()—获取输入焦点。可以在<select>标签中添加的常用事件属性为 onChange。

只能选取一项时，可以用 selectedIndex 来访问被选项的值。当<select>标签中添加了 multiple 属性，允许多选时，可以结合使用 options[]数组和它的 selected 属性来访问被选项。

使用如下代码创建 HTML 文档：

```
<html>
<head>
<title>表单对象</title>
</head>
```

```
<body>
<center>
  <h1>列表/菜单项</h1>
  <form name="form1">
    <table>
      <tr>
        <td>艺术家</td>
        <td>
         <select name="selArtist">
           <option value="1">Secret
Garden</option>
           <option value="2">Enigma</option>
           <option value="3">Amethystium
</option>
         </select>
        </td>
      </tr>
      <tr>
        <td>作品</td>
        <td>
         <select name="selTitle" size="8"
multiple>
           <option value="1">Sleepsong</option>
           <option value="3">Hymnody</option>
           <option value="2">Return to
Innocence</option>
           <option
value="3">Dreamdance</option>
           <option value="1">Nocturne</option>
           <option value="2">Mea Culpa</option>
           <option value="4">Only Time</option>
         </select>
        </td>
      </tr>
      <tr>
        <td colspan="2">测试艺术家与作品是否一致
        <input type=button value="比较"
onClick="comp_AT();">
        </td>
      <tr>
    </table>
  </form>
  <script language="javascript">
       function comp_AT()
       {
         var bFlag=true;
         with(document.form1)
         {
             var nArtist=selArtist.
ptions[selArtist.selectedIndex].value;
             for(var i=0;i<selTitle.
ptions.length;i++)
             {
```

styleFloat、textAlign、textDecoration、textIndex、textTransform、top、verticalAlign、visibility、width、zIndex 等的义，可以对照 CSS 样式表来理解。

263

```
                      if(selTitle.options
[i].selected && selTitle.options[i].
value!=nArtist)
                          {
                              bFlag=false;
                              break;
                          }
                      }
                  }
              if(bFlag) alert("作品选择正确！");
              else alert("选错啦！");
              }
      </script>
</center>
</body>
</html>
```

浏览网页，如下图所示。

分别在两个列表对象中选择合适项，然后单击【比较】按钮即可比较它们传递的值(value)，如下图所示。

17.7 其 他

接下来讲述一些 JavaScript 的其他知识，包括事件处理及和浏览器相关的几个脚本对象。

17.7.1 事件处理

如前所述，对于网页上各标签的事件处理属性，可以在【行为】面板中查看。由于是 HTML 标签的属性，因此它们并不区分大小写(与 JavaScript 不同)。

添加事件的处理方法时，只需要将 JavaScript 语句赋值给事件处理函数即可，如：

onClick="alert(Hello,JavaScript);"

如果有多条语句需要添加，可以使用分号";"分隔：

onClick="var d=new
Date();alert(d.toTimeString());"

每个 HTML 元素或脚本对象都可以添加特定的事件处理函数。对系统事件(如响应鼠标与键盘)的处理，Netscape Navigator 与 Internet Explorer 采用了不同的方式实现，具体可以参考相关的文档。这里给出一个在 IE 中响应键盘输入的简单例子。

```
<html>
<head>
<title>事件处理</title>
</head>
<body>
<center>
  <h1>接收键盘输入</h1>
  <form name="form1"
onKeyPress="disp_Msg();">
    <textarea name="txtMsg" cols="50"
rows="10"
readonly="readonly">Hello,JavaScript!
</textarea>
  </form>
  <script language="javascript">
        var strMsg="";
        var nKeyCode;
        function disp_Msg()
        {
            nKeyCode=window.event.keyCode;
            if(nKeyCode==27)
            {
                if(strMsg.length>0)
strMsg=strMsg.substr(0,strMsg.length-1);
                else strMsg="";
            }
            else
            {
                strMsg+=String.fromCharCode
(nKeyCode);
            }
```

下面列举 window 对象的属性和方法，NetScape Navigator 与 Internet Explorer 共有的属性包括 closed、defaultStatus、document、frames[]、history、length、location、name、navigator、offscreenBuffering、opener、parent、screen、self、status、top 等。

```
document.form1.txtMsg.value=strMsg;
                }
        </script>
</center>
</body>
</html>
```

其中window中的event对象为IE所支持，由浏览器自动产生，包含了事件的各种信息。可以由event对象的keyCode属性获取发生事件时按键的ASCII代码。27代表Esc(退出)键。使用String对象的fromCharCode()成员函数，可以从ASCII码值返回相应的字符。而String对象的substr()成员函数，则用于返回从指定位置开始的指定长度的子字符串，格式为

```
strObj.substr(start,length);
```

其中strObj为父字符串，start为子字符串开始的索引值，length为可选的子字符串长度，当它省略时，将返回strObj从start开始的剩余部分。

浏览网页，可以发现文本域为只读，如下图所示。

使用键盘输入文字，它们将在文本域中显示出来，还可以使用Esc键删除上一个字符，如下图所示。

17.7.2　常用脚本对象

虽然不同的JavaScript标准支持的脚本对象结构并不完全相同，但也有一些固定的对象和方法可以使用。IE中最顶端的JavaScript脚本对象是window，其中包含了location、frames、history、navigator、event、document等众多对象。

由于window是默认的JavaScript对象，因此很多时候可以将它省略。Window提供了几种常用的显示消息的方法：

```
alert("警告消息");
confirm("确认信息");
prompt("提示内容" ,"默认的输入内容");
```

document对象代表了当前的HTML页面主体，在IE中相当于<body></body>标签对内的部分。除了通过表单名称来引用表单对象，还可以通过all对象来引用页面中的各个标签。它所提供的write()和writeln()方法可以向当前页面输入指定的内容。

document提供了包含网页中一些同类标签的数组成员对象，称为聚集，由浏览器自动提供。常见的聚集有anchors[]、images[]、forms[]等，可以由下标引用网页中相应的同类标签元素。

history对象提供了3种方法，用于控制浏览器中网页的前进或后退，如：

```
history.forward();
history.back();
history.go(nStep);
```

分别用于浏览器前进一页、返回上个页面和跳转指定的步数。

有关JavaScript的基本知识就介绍到这里。除了这里简单介绍的一些功能，JavaScript还可以与嵌入HTML页面的ActiveX对象、Java Applet小程序等进行交互，结合数量众多的脚本对象。JavaScript还是很值得学习的。

17.8　思考与练习

选择题

1. 如果要获取用户输入的文本，可以使用的方法有_____。

  A. alert()   B. prompt()

  C. confirm()   D. document.write()

两种浏览器均支持的window对象方法有alert()、blur()、clearInterval()、clearTimeout()、close()、confirm()、focus()、moveBy()、movtTo()、open()、prompt()、resizeBy()、resizeTo()、scroll()、scrollBy()、scrollTo()、setInterval()、setTimeout()

2. 可以使用_____语句来读取数组中的元素。

    A. for   B. for in

    C. while   D. swith

3. 引用页面上的标签对象时，可以用_____。

    A. document.标签名称

    B. document.all.标签名称

    C. form 的 elements[]数组

    D. document.表单名.表单对象名称

4. 在 JavaScript 中可以修改 value 属性的对象有_____。

    A. 表单文本字段<input type=text>

    B. 表单中的按钮<input type=button>

    C. select 控件的 option[]数组成员

    D. 图像标签<img>

5. 下列说法正确的是_____。

    A. 在 JavaScript 中使用 function 关键字定义函数

    B. 创建对象时一定要使用 new 运算符

    C. 只有使用 this 关键字才能为对象添加属性

    D. 调用函数时可以比声明的参数列表传递更多的值

操作题

1. 新建 HTML 文档，使用不同的方法显示当前时间，比如文本域、对话框、图像等。

2. 使用 JavaScript 将当前页面上的内容全部重写。

3. 使用 JavaScript 验证表单数据的合法性，并依不同的情况给出提示。

4. 在 Dreamweaver 中添加行为，然后在【代码】视图中查看添加的 JavaScript 代码。

JavaScript 提供了一些以"\"开始的特殊字符，如"\b"表示退格，"\f"表示换页符，"\n"则代表换行，"\r"是 Enter，"\t"表示制表符，"\'"表示单引号，"\""表示双引号，"\\"则表示\本身。

第 18 章

个人网站设计综合案例

网络除了作为获取资源的途径，也提供了展示自我的平台。若搭建好个人站点，则可以自由地发布信息，还能够在网站中自由实现各种设计方面的想法，充分体现个性。

学习要点

- ❖ 制作主页特效
- ❖ 状态栏显示停留时间
- ❖ 刷新网页以随机播放音乐
- ❖ 在网页中嵌入浮动框架
- ❖ 制作个人日志数据库
- ❖ 信息显示页面
- ❖ 个人空间日志管理

学习目标

通过本章的学习，读者应该掌握个人网站设计的基本知识和一些常用特效的制作，包括刷新网页随机播放音乐、在网页中嵌入浮动的框架、添加日志模块等。

18.1　案例分析

首先来看一些优秀的个人网站。从 Google 或百度中搜索"个人站点",可以查找到很多不错的站点演示。很多网站充分使用了 Flash 来制作漂亮的效果,有的则是结合 HTML 与 CSS 样式表实现,而以内容为主的个人网站中则更注重文章展示,因此更关注网站的功能设置与后台管理。

对于个人站点设计,可以依自己的爱好进行设计制作,来看一看最终的效果,如下图所示。

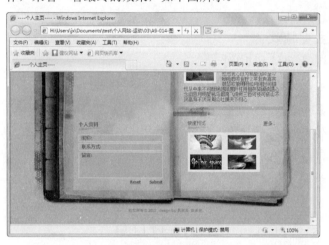

再来一张全屏的,查看一下页面布局,如下图所示。

18.2　个人网站设计

设计个人网站时,应明确建站目的,作好站点规划,并取一个"好听"的名字。设计具体页面时,还需要注意整体的风格统一,善于使用音乐、特效与图片来装饰

网页,并保持对网站的更新维护。

18.2.1　创建背景

由于是建立个人站点,背景颜色与图片可以依自己喜欢的风格来制作。对于网站主页,由于它定下了整个站点的基调,尤其要注意。

操作步骤

❶ 在 Dreamweaver 窗口中选择【修改】|【页面属性】命令,在弹出的对话框中设置页面的字体、颜色与大小,选择好背景颜色、图片及其重复方式,如下图所示。

提示

背景颜色用于填充背景图片未覆盖的部分。如果要让背景动起来,可以将此处的背景图片设置为动态的 GIF 图片。

❷ 在【分类】列表框中选择【链接(CSS)】选项,在修改整体页面的链接样式,设置完毕后单击【确定】按钮,如下图所示。

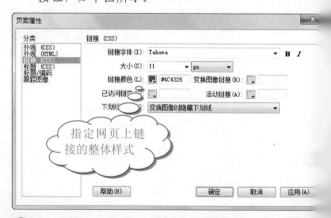

指定网页上链接的整体样式

❸ 返回 Dreamweaver 窗口,切换到【代码】视图查

设计网页版式时,要注意使网页易于阅读,这包括字体选择、文字大小与行高、单词间距与字母间距、填充与间等。对于文字与背景的配色方案,一般使用浅色背景下的深色文字。对于文章正文,使用左对齐方式,并横向编排会有利于流畅阅读。

网页代码，可以在<head></head>标签对中查看自动添加好的 CSS 样式，如下图所示。如果有什么需要更改的地方，可以直接在本页面中进行修改。

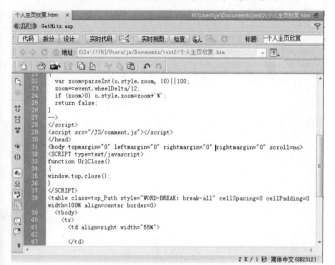

提 示

下面按事先做好的站点布局输入合适的内容，注意合理地使用表格、层等元素进行页面布局。

18.2.2　制作主页特效

制作个人主页时，经常需要在主页上添加一些有趣的特效，除了使用 CSS 样式表与 HTML 标签外，很多时候需要用到 JavaScript 代码。

操 作 步 骤

1 在 Dreamweaver 中切换到【插入】面板，然后单击【脚本】按钮，即可在光标所在处添加脚本，如下图所示。

2 在弹出的对话框中选择脚本类型为 JavaScript(默认)或 VBScript，一般情况下选择 JavaScript 就可以了，如右上图所示。

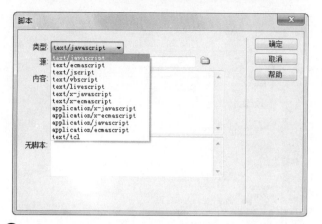

3 如果需要引用外部的脚本文件，则在【源】文本框中输入外部脚本文件(.js)的路径，或单击后面的文件夹按钮以选择，如下图所示。此时相当于将.js 文件中的 JavaScript 脚本代码嵌入<script></script>标签对中。

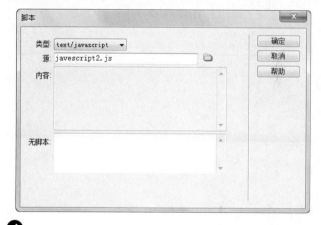

4 如果不需要独立文件中的 JavaScript，可以直接在【内容】文本框中输入脚本内容，如变量、函数的定义与调用等。【无脚本】文本框中的内容将在浏览器不支持JavaScript脚本时显示在网页上，如下图所示。

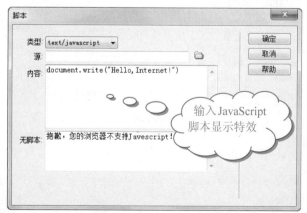

输入 JavaScript 脚本显示特效

5 切换到【代码】视图后，可以发现这里使用<script></script>标签对将脚本包括了起来，如下图所示。

6 如果切换到【设计】视图，会发现这里显示的是 <noscript></noscript>标签对中的内容，如下图所示。

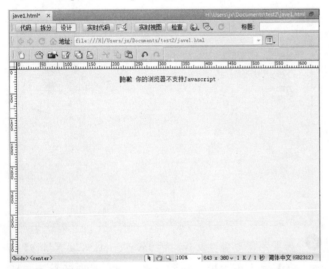

7 接下 F12 键，在浏览器中查看当前网页，就可以看到使用 JavaScript 脚本书写到网页上的内容了，如下图所示。

8 除此之外，另一种在网页中添加 JavaScript 代码的方法是使用超链接 <a>，如 <a href="#" onclick="javascript:alert('Hello,Internet!');">Click!</a>，如下图所示。

9 浏览网页，可以发现添加了 JavaScript 脚本的<a>标签与普通的链接文本一样，继承了当前页面 CSS 中定义的样式，如下图所示。

10 单击 Click 链接，即会弹出如下图所示的提示对话框，表明 JavaScript 脚本被成功运行(这里 alert()函数用于显示一个警告对话框)。

下面给出的例子，将使用 JavaScript 显示网页的最...

动态网页的内容随着用户的输入和互动而有所不同，或者随着用户、时间、数据修正等改变。网页上的内容也可以由用户通过使用客户端描述语言(JavaScript, JScript, Actionscript)来改变。

修改时间。

操作步骤

1 将光标定位到<body></body>标签对中的合适位置，然后输入脚本内容 with(document) write("修改时间: " +lastModified);。注意是半角英文状态下输入的引号，如下图所示。

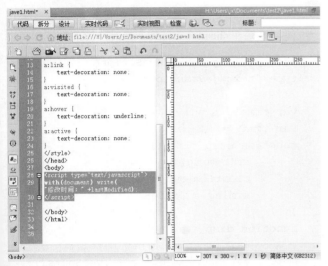

2 由于在 Dreamweaver 的【设计】视图中看不到脚本执行的内容，按下 F12 键在浏览器中查看，如下图所示。

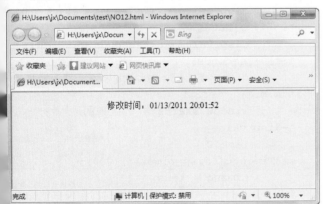

再给一个例子，通过为超链接附加 JavaScript 代码，使之完成收藏站点的功能。

操作步骤

1 将光标定位到【设计】视图的合适位置，然后在【代码】视图中输入如下脚本:

```
function add_fav(){
    with(window.external)
    addFavorite("http://URL/","网站名称");
}
document.write("<a href='#'
onclick='add_fav();'>收藏本站</a>");
```

2 脚本中的 "http://URL/" 是添加到收藏夹中的 URL 地址，而 "网站名称" 是收藏夹中显示的网站名称。切换到【代码】视图以查看完整代码，如下图所示。

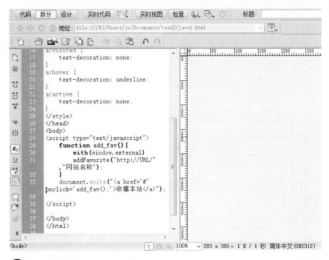

3 浏览网页，使用 JavaScript 书写的【收藏本站】链接已显示到当前页面，如下图所示。

4 单击【收藏本站】链接，即会弹出浏览器的【添加收藏】对话框(与使用 Ctrl+D 组合键的效果相同)，如下图所示。

除了 JavaScript，巧妙使用 CSS 样式表也可以实现很多不错的效果，比如修改当前页面的指针形状。

操作步骤

1 下面介绍使用 CSS 样式表实现修改鼠标指针的效果。以新建 CSS 类为例，配置好鼠标指针资源文件的存放位置，然后定义 "cursor" 样式：

```css
<style type="text/css">
<!--
.my_cursor {
    cursor: URL("cursor/cur_3.ani");
}
-->
</style>
```

如下图所示。

2 将该 CSS 类应用到具体标签，比如这里的\<body\>标签\<body class="my_cursor"\>，如下图所示。

3 这样将鼠标指针移动到页面上时，鼠标指针就会变成 URL 中指定的指针样式了，如下图所示。

18.2.3 制作状态栏显示时间特效

使用 JavaScript 脚本的 setInterval()或 setTimeout()函数，可以让浏览器中的内容自动刷新。可以使用它来完成需要反复执行的动作，比如动态地显示时间。

操作步骤

1 如果要在浏览器地址栏中显示浏览网页的当前时间，可以在\<head\>\</head\>标签对中输入如下代码：

```javascript
<script language="JavaScript"
type="text/javascript">
<!--
var timeID = null;
var timing = false;
function stop_time (){
     if(timing)
     clearTimeout(timeID);
     timing = false;
}
function disp_time () {
     var cur_time = new Date();
     var hours = cur_time.getHours();
     var minutes = cur_time.getMinutes();
     var seconds = cur_time.getSeconds();
     var disp_value = "" + ((hours >12) ?
hours -12 :hours);
     disp_value += ((minutes < 10) ? ":0" :
":") + minutes;
     disp_value += ((seconds < 10) ? ":0" :
":") + seconds;
     disp_value += (hours >= 12) ? " P.M." :
" A.M.";
     window.status = "当前时间:
"+disp_value;
     timeID =
setTimeout("disp_time()",1000);
     timing = true;
}
function start_time () {
     stop_time();
     disp_time();
}
//-->
</script>
```

2 接下来将为 \<body\> 标签添加事件处理函数 "onload="start_time();"" ，表示在加载页面时即用时间显示函数，此时\<body\>标签显示为\<body onload="start_time();"\>，如下图所示。

CSS 样式中，URL 中使用引号括起来的是引用的指针文件地址，其格式为.cur(静态)或.ani(动画)，在 Google 中搜"图标工具"，可以查找到许多图标编辑工具，如 ArtIcons、PC Icon、IconCool、IconEdit 等。也可以从网上直接查找成的图标资源包。

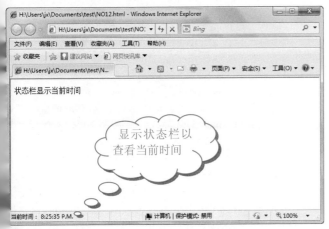

```
        ++hours;
    }
    else
     {
       ++minutes;
     }
   }
   else {
     ++seconds;
   }
   time_disp = '您在本页停留了 '+hours+' 小
时'+', '+minutes+' 分'+', '+seconds+' 秒'+''
   window.status = time_disp;
   timerID = setTimeout("disp_time()",
1000);
   timing = true;
 }
 function stop_clock() {
   if(timing)
     clearTimeout(timerID);
     timing = false;
 }
 function start_time() {
   stop_clock();
   disp_time();
 }
//-->
</script>
```

3 按下 F12 键浏览网页，显示状态栏后即可查看当前时间，随着时间的变更状态栏上的文本也会刷新，如下图所示。

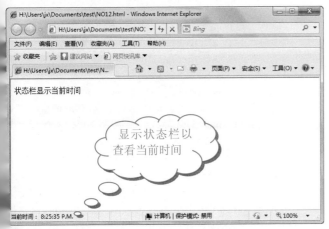

> 显示状态栏以查看当前时间

4 如果是统计用户在当前页面的停留时间，可以将下列代码添加到<head></head>标签对中：

```
<script language="JavaScript"
type="text/javascript">
<!--
    var time_disp = "";
    var timerID = null;
    var timing = false;
    var seconds = 0;
    var minutes = 0;
    var hours = 0;
    function disp_time()
    {
      if(seconds >= 59)
      {
        seconds = 0;
        if(minutes >= 59)
        {
          minutes = 0;
```

5 为 <body> 标签添加事件处理函数 " onload="start_time();"" ，这样加载或刷新页面时便会开始计时，此时<body>标签显示为<body onload="start_time();">，如下图所示。

6 按下 F12 键浏览，即可在状态栏中查看当前的停留时间，如下图所示。

18.2.4 制作刷新网页随机播放 音乐特效

可以使用<bgsound>来为网页添加固定的背景音乐。使用 JavaScript，还能够让背景音乐随着每次的网页刷新而变化。

操作步骤

1 在<head></head>或<body></body>标签对中输入如下脚本：

```
<script language="JavaScript"
type="text/javascript">
var aryBgSound = new Array(3);
    aryBgSound[0] = "music/bgsound_00.wav";
    aryBgSound[1] = "music/bgsound_01.wav";
    aryBgSound[2] = "music/bgsound_02.wav";
var i =
Math.floor(Math.random()*aryBgSound.length);
if ( i==aryBgSound.length ) --i;
</script>
```

提示

其中 aryBgSound 数组代表了背景音乐文件的存放路径，既可以是站内文件，也可以从网上引用。

2 将光标定位到<body></body>标签对中，然后输入如下脚本：
```
<script language="JavaScript"
type="text/javascript">
    document.write("<bgsound
src='"+aryBgSound[i]+"' loop='-1' />");
  </script>
```

提示

其中的<bgsound>标签属性可以依情况进行修改。当刷新包含了该代码的页面时，就会从提供的文件中随机选取一首进行播放。

18.2.5 添加飘雪特效

在网页上添加飘雪特效的方法很多，包括制作 GIF 格式的动画背景图片、使用全局覆盖的 Flash 等，这里介绍的是使用 JavaScript 与层(<div>标签)相结合的方法添加飘雪特效。

虽然在 Dreamweaver 中将层添加到时间轴也能够实现简单的飘动效果，不过它往往是设置好固定的路径，因此显得不够灵活。而使用 JavaScript 来生成随机数，显然要好多了。

操作步骤

1 在<body></body>标签对(注意，不是<head></head>标签对)之间添加下述代码：

```
<script language="JavaScript"
type="text/javascript">
<!--
    totol_num = 50;     //雪花数量
    x = new Array();      //层的 x 坐标
    y = new Array();      //层的 y 坐标
    offset = new Array();     //坐标初始偏移量
    arc = new Array();
    arc_incre = new Array(); //角度增量
    size = new Array();       //雪花尺寸
    is_layer = (document.layers)?1:0;
    inn_width=(document.layers)?window.
innerWidth:window.document.body.
clientWidth;           /*屏幕宽度*/
    inn_height=(document.layers)?window.
innerHeight:window.document.body.
clientHeight;    /*屏幕高度*/
    for (i=0; i < totol_num; i++)
    {
    //开始时让雪花布满屏幕
    x[i]=Math.round(Math.random()
*inn_width);          y[i]=Math.round
(Math.random()*inn_height);
offset[i]=Math.round(Math.random()*5+2);
arc[i]=0;
arc_incre[i]=Math.random()*0.1+0.1;
/*角度增量，自行调整*/
size[i]=Math.round(Math.random()*1+1);
/*雪花尺寸，自行调整*/
    }
    //根据不同的浏览器绘制飘动的"雪花"层
    if (is_layer)
    {
    //Netscape Navigator
        for (i = 0; i < totol_num; i++)
        {
```

如果仅仅是将音乐嵌入页面中，可以将<body></body>标签对中的<bgsound>脚本更改为 "document.write("<embed src='"+aryBgSound[i]+"' width='368' height='32'   </embed>");"，其中的宽度 width 与高度 height 值可以自行调整。

```
       document.write("<layer
name='snow"+i+"' left=0 TOP=0
bgcolor='#FFFFFF'
clip='0,0,"+size[i]+","+size[i]+"'></laye
r>");        //层的背景颜色bgcolor可以自行调整，
也就是雪花的颜色
       }
   }
   else
   {
   //Internet Explorer
   document.write("<div
style='position:absolute;top:0px;left:0px
'>");
       document.write("<div
style='position:relative'>");
   for (i = 0; i < totol_num; i++)
       {
       document.write("<div id='snow'
style='position:absolute;top:0;left:0;wid
th:"+size[i]+";height:"+size[i]+";backgro
und:#FFFFFF;font-size:"+size[i]+"'></div>
");
//bgcolor自行调整
       }
   document.write("</div></div>");
}
function disp_snow()
{
   //重新获取窗口尺寸
   var
inn_width=(document.layers)?window.innerW
idth:window.document.body.clientWidth;
   var
inn_height=(document.layers)?window.inner
Height:window.document.body.clientHeight;
   var
y_off=is_layer?window.pageYOffset:documen
t.body.scrollTop;        //y坐标总偏移量
   //调整每一层的坐标
   for (i=0; i < totol_num; i++)
   {
   sx=offset[i]*Math.cos(arc[i]);
//正负波动的x坐标增量
   sy=offset[i];        //y坐标增量
   x[i]+=sx;          //修正层x坐标
   y[i]+=sy;          //修正层y坐标
   if (y[i] > inn_height)
       {
       /*超出窗口时重置层x与y坐标，以及尺寸与初始
偏移量*/
       x[i]=Math.round(Math.random()*
inn_width);
       y[i]=-10;
```

```
size[i]=Math.round(Math.random()*1+1);

offset[i]=Math.round(Math.random()*5+2);
       }
       if (is_layer)
       {
           //Netscape Navigator

document.layers["snow"+i].left=x[i];

document.layers["snow"+i].top=y[i]+y_off;
       }
       else
       {
           //Internet Explorer
           snow[i].style.pixelLeft=x[i];
           snow[i].style.pixelTop=y[i]+y_off;
       }
       arc[i]+=arc_incre[i];
   }
setTimeout("disp_snow()",10);
   }
//-->
</script>
```

❷ 然后为 <body> 标签添加 onload 事件处理函数 disp_snow()，即 <body onload="disp_snow();">，如下图所示。

❸ 由于这里雪的颜色(层背景颜色)是白色，因此需要将页面背景颜色或图片调整为其他颜色。按下F12键，在浏览器中查看网页就能够看到雪花效果，如下图所示。

如果想让自己的网站为更多的人浏览，需要做好兼容性测试工作。不同版本、不同类别的浏览器对HTML标签(包括框架)、CSS样式、脚本和插件的支持是不同的，此时要对应地加上<script>标签内的HTML注释符、<noframe>、<noscript>部分。当然，为了保证网页在各种情况下的正常显示，可以考虑在不同的浏览器中进行浏览。

4 注意啦，如果是在 Dreamweaver 新建的空白 HTML 文档中，可以在【代码】视图中看到<html>标签之前的 <!DOCTYPE html PUBLIC "-//W3C//DTD XHTML 1.0 Transitional//EN" "http://www.w3.org/TR/xhtml1/DTD/xhtml1-transitional.dtd">，如下图所示。

5 将它们删除，或使用"<!-- -->"括起注释，就能够正确显示雪花效果，如下图所示。

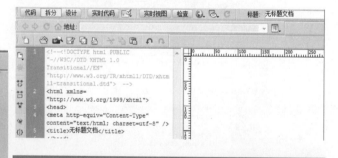

18.2.6 制作浮动框架

在网页上添加框架时，除了使用<frameset>和<frame>标签对引用已制作好的页面，还可以将整个网页嵌入新的页面中。这里使用的方法是加入<iframe>标签。

操作步骤

1 将光标定位到网页上需要添加嵌入页面的位置，然后选择【插入】|【标签】命令，在弹出的对话框中

选择【HTML 标签】下的【页面元素】类别，然后选择 iframe，单击【插入】按钮，如下图所示。

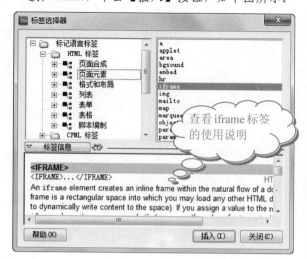

查看 iframe 标签的使用说明

2 在弹出的对话框中选择嵌入页面的源文件，并输入其名称、宽度和高度等属性，如有必要，还可以切换到【样式表/辅助功能】类别指定框架的类与标签，设置完毕后单击【确定】按钮，如下图所示。

指定框架引用的网页

3 返回【设计】视图，可以发现嵌入框架区域以灰色显示，如下图所示。

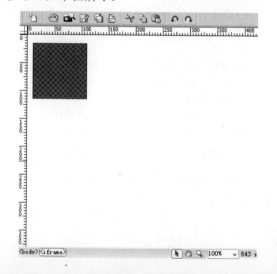

Java 和 JavaScript 是两种不同的语言，前者是 Sun 公司的产品，而后者源自 Netscape 公司。Java Applet 程序需要用编译器编译成 .class 文件，然后在 HTML 中使用<Applet>标签来引用。而 Web 页中的 JavaScript 脚本由<script></script>标签对包含，直接由浏览器解释执行。

④ 按下 F12 键即可在浏览器中查看效果，如下图所示。可以发现，嵌入框架的显示方式与层类似，不过框架中引用的内容是作为独立的网页进行编辑，而且它的加载也与父页面分离。

提示

如果要修改框架的属性，选择【窗口】|【标签检查器】命令，然后在【属性】面板中设置嵌入框架的各属性值，如下图所示。

8.2.7　创建网页

准备好素材，然后开始制作网页。

① 新建 HTML 文档，插入 1×1 的表格，将宽度调整为 90%，如下图所示。

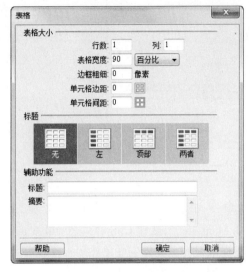

② 进入【属性】面板，将表格的对齐方式设为【居中对齐】，输入表格 ID "tb_Total"，如下图所示。

③ 新建 CSS 样式表 "#tb_Total"，调整字体大小和行高至合适值。在【区块】设置界面中将 Letter-spacing 设为 0.1cm，如下图所示。

④ 将表格拆分成 5 行，在第二行插入 1×1 的 GIF 图片，调整尺寸为 600px(宽)×1px(高)，将图片所在表格列 td 的高度也设为 1px，如下图所示。删除表格列中默认添加的空格 。

如果需要在一个图片上制作多个链接，可以使用 HTML 中的<map>/<area>标签组，在 Dreamweaver 中称为"图像热点"。选中图片后，可以在【属性】面板的图像名称下方看到矩形、椭圆和多边形 3 个热点工具，使用它们在图像上画连接区域，并在【属性】面板中设置好各自的链接即可。

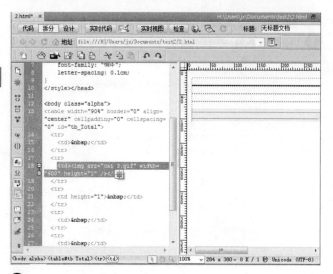

为"tb_Navi"，为它的单元格新建 CSS 样式"#tb_Navi_td"，将文本对齐方式设为垂直中线，水平靠右对齐，选择好边框的样式、宽度和颜色，如下图所示。

❺　选取下方左侧的表格列 td，添加 id 属性"td_Main_Left"，新建 CSS 样式表"#td_Main_Left"，调整文本对齐方式为垂直顶部和水平居中对齐，选择好边框类型和颜色，然后在其中插入图片，将大小修改为合适值，如下图所示。

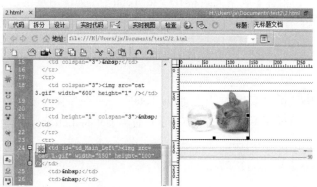

❽　返回 tb_Navi 表格，在其中输入合适的文本内容，如下图所示。

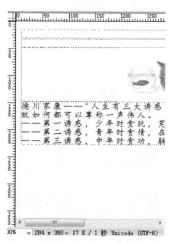

❻　选取中间的表格列 td，添加 id 属性"td_Main_Center"，并为之新建 CSS 样式表，将文本对齐方式设为垂直中线，水平右对齐，选择好边框类型和颜色，如下图所示。

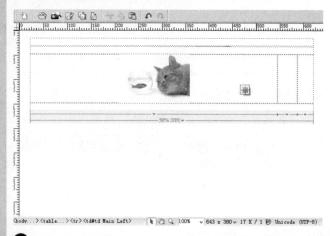

❾　继续向表格中添加适当的内容，此处用到了嵌入 JavaScript 脚本以显示更新日期，如下图所示。

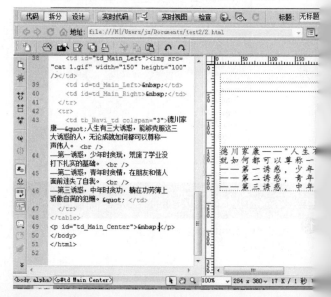

❼　在该单元格中插入宽度为 100%的表格，设置其 ID 值

⑩ 转移到右侧单元格 td，添加 ID 属性"td_Main_Right"，将文本对齐方式调整为垂直顶部，水平左对齐，并在【方框】设置界面中指定上方和左侧的填充值，记得选择好边框样式，如下图所示。

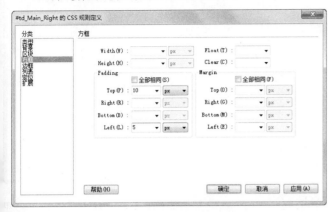

⑪ 接下来使用固定高度的 Div 标签实现嵌入的滚动效果。在当前单元格中输入合适的内容，然后插入 Div 标签；ID 为 "div_Content"，如下图所示。

⑫ 新建 CSS 样式表"#div_Content"，设置好文本对齐方式和上边框，在【定位】设置界面中将其宽度设为 100%，高度设为 300px，溢位方式为 scroll，如下图所示。

⑬ 双击 div_Content 标签，在其中输入合适的内容，如右上图所示。

⑭ 依次在 tb_Total 表格的其他单元格输入内容，并设置好文本对齐方式，如下图所示。

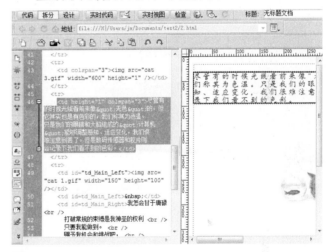

⑮ 接下来为整个页面添加标题、圆角图片以及各种特效以完成网页制作，如下图所示。

　　具体到网页设计时，通常需要首先进行页面的总体规划，包括风格、布局、颜色搭配等，可以使用平面设计软件，如 Photoshop 来绘制出整个页面，然后将获得的网页图像进行切片，并输出 HTML 格式内容以显示图像(Photoshop 内置了对网页设计和制作的支持)。

18.3　答疑与技巧

下面是一些制作个人站点时的问题和技巧。

18.3.1　如何清除网页左侧与顶部的空白

默认情况下在网页中添加图片或文字时，它们总会与浏览器左侧和顶部有一定的间隔，如下图所示。

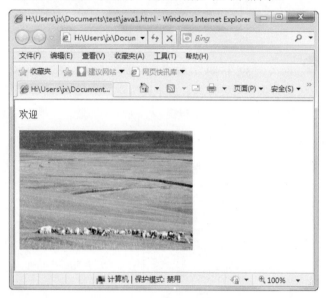

如果要去掉这里的空白区域，需要修改页面，也就是<body>标签的属性。

操作步骤

❶ 在菜单栏中选择【修改】|【页面属性】命令，在【外观】设置界面中输入【左边距】与【上边距】值为0像素，如下图所示。

提示

也可以使用 CSS 样式表定义，margin-left、margin-top、margin-right、margin-bottom 分别代表左边距、上边距、右边距与下边距。

❷ 在浏览器中查看网页，可以发现页面边距已被清除，如下图所示。

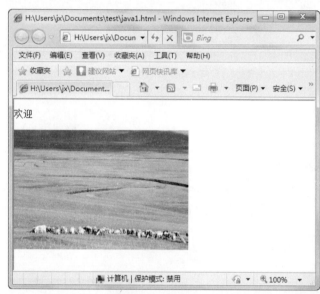

18.3.2　如何将库项目从源文件中分离

在网页中添加库项目后，它的属性值只能在库文件中修改。对于一些需要独立设置的库实例，可以考虑将它们与库源文件分离。

操作步骤

❶ 选择网页中的库实例元素，查看其【属性】面板，【打开】按钮用于打开库项目的源文件进行编辑，【重新创建】按钮则使用当前选定内容覆盖原始库项目，如下图所示。

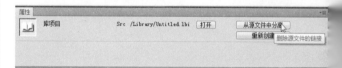

❷ 单击【从源文件中分离】按钮，弹出对话框，表示能够对该项目进行编辑修改，并且在更改源文件时不会对其进行更新，单击【确定】按钮即可完成分离。

 在网页制作软件中，如 Dreamweaver，将平面设计软件导出的 HTML 文件打开并编辑。重新调整各个图像切片的位置，并将它们设置为前景图片或显示为背景、参考图像等。结合其他的网页元素，就可以将当初在平面设计软件中制作的构思逐步实现。

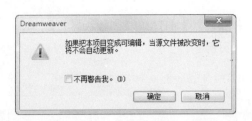

18.3.3 如何添加站内搜索引擎

很多网站都提供了站点搜索功能。除了自行编制索引，并撰写引擎代码，更简单的方法是使用各搜索引擎提供的免费代码，Google、百度、雅虎都提供了此类服务。

以百度为例，进入 http://www.baidu.com/search/freecode.html，这里有百度公共服务搜索的说明。只需要将提供的搜索代码嵌入个人网页的合适位置即可，如下图所示。

注意将"YOUR DOMAIN NAME"换成需要搜索的站点地址。结合 CSS 样式表，还可以让这里的搜索表单与自己的网站风格保持一致。

18.3.4 如何为区域背景添加圆角

大家可能已经注意到了，一些网站上的表格、Div 标签或其他区域的图片具有圆形转角。实现这种效果的方法很多，可以结合使用 CSS 的 Padding 属性与具有圆形转角的背景图片，或是直接将相关的图片插入网页中。

一种简单的方法是使用单独的"角"图片，然后将它插入网页中，并为它指定水平与垂直的对齐样式。

操作步骤

❶ 绘制 50×50 像素的小图片，使它的侧边与网页背景颜色保持一致，如右上图所示。

❷ 选择需要添加圆角的表格列，然后在 CSS 样式表中将其文本靠齐属性设置到合适的边角，以表格的左上角为例，指定其 CSS【区块】设置界面的【垂直对齐】值为【顶部】，【文本对齐】值为【左对齐】，如下图所示。

❸ 将制作好的圆角图片插入该表格列，接下来按相同的步骤插入其他的小图片，并设置好对齐方式即可，如下图所示。

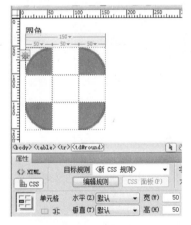

❹ 将表格或网页的背景颜色指定为小图片的对应颜色。

提示

如果使用<div>标签，可以在【定位】设置界面中输入其转入方式，并使用绝对或相对的类型来与其他页面元素保持一致。

18.4 拓展与提高

这里将要介绍的是 Dreamweaver 的一些拓展与提高的知识。

18.4.1　插入作者和版权信息

制作完成的网页就是您的作品，您可以为其添加作者和版权信息，它们一般被放置于网站的最底部。下面就介绍插入作者和版权信息的具体步骤。

操作步骤

❶ 打开制作的网页，在其底部插入一个表格，在其中输入想添加的信息，如下图所示。

❷ 为其中文本加上适当的链接，如下图所示。

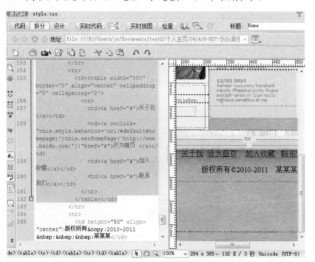

❸ 保存文档，按 F12 键在浏览器中预览，效果如下图所示。

❹ 选择【插入】|HTML|【文件头标签】| Meta 命令，如下图所示。

❺ 弹出 META 列表框，在【值】文本框中输入 "author"，在【内容】文本框中输入要添加的作者和版权信息，如下图所示，单击【确定】按钮完成设置。

18.4.2　设置刷新时间

设置刷新时间可以指定浏览器在一定的时间后自动刷新页面，可选择的操作是重新加载当前页面或转到不同的页面。

操作步骤

❶ 选择【插入】|HTML|【文件头标签】|【刷新】命令，如下图所示。

在 Dreamweaver 中插入水平线时，【属性】面板中并没有提供关于水平线颜色的设置，如果需要更改水平线颜色，可以进入源代码进行更改：<hr color="颜色值"/>。当然，另一种方法是将图片设置好宽度(width)与高度(height)属性值，也可以起到 "水平线" 的效果。

❷ 弹出【刷新】对话框，在【延迟】文本框中输入在浏览器刷新页面之前需要等待的时间，在【操作】单选按钮组中选择【转到 URL】单选按钮，如下图所示，再单击【确定】按钮完成设置。

18.4.3　设置描述信息

许多搜索引擎装置(自动浏览网页为搜索引擎收集信息以编入索引的程序)用于读取说明网页 meta 标签的内容。因此，在 meta 标签中可以设置网页的描述信息，具体步骤如下。

操 作 步 骤

❶ 选择【插入】|HTML|【文件头标签】|【说明】命令，如右上图所示。

❷ 弹出【说明】对话框，在【说明】列表框中输入网页的说明信息，如下图所示。单击【确定】按钮完成设置。

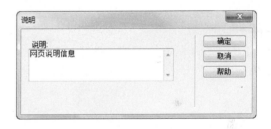

18.4.4　设置页面中所有链接的基准链接

设置页面中所有链接的基准链接就是设置页面中所有文档相对路径相应的基础 URL，设置的具体步骤如下。

操 作 步 骤

❶ 选择【插入】|HTML|【文件头标签】|【基础】命令，如下图所示。

学以致用系列丛书

使用 HTML 制作的网页，注意控制文件的体积，尽量使浏览者能迅速打开网页。而对于图片、音乐等资源尽量做到重复引用。当然，如果是使用纯 Flash 制作的页面，用户可能会比较有心理准备，但这并不适用于反应快速的网页。

283

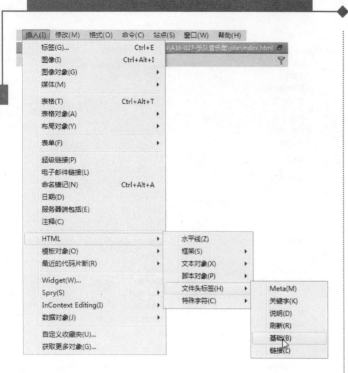

❷ 弹出【基础】对话框，在 HREF 文本框中输入或选择基准链接，在【目标】下拉列表中选择打开方式，如下图所示。单击【确定】按钮完成设置。

过去，在 HTML 表单中输入的数据以电子邮件的形式发送给员工或 CGI 应用程序进行处理。而 Web 应用程序可将表单数据直接保存到数据库，并且可以提取数据并创建基于 Web 的报表以进行分析。

第 19 章

企业网站设计综合案例

很多企业都提供了网上信息服务，一方面能发布企业的信息，另一方面也有利于客户与企业的互动交流。企业网站的设计涉及很多基本知识，一起来学习！

 学习要点

- ❖ 创建网站的背景
- ❖ 制作网站上的导航栏
- ❖ 设计网站的 LOGO
- ❖ 创建网页

学习目标

通过本章的学习，在 Dreamweaver 中设计并制作一个企业网站，包括创建网站的背景、导航栏、LOGO 等。

19.1 案 例 分 析

本章将以创建商业新闻公司的企业网站为例，来介绍如何创建企业网站。下面先来看一下设计的最终效果，如下图所示。

这里主要使用表格来进行内容的组织，让页面整体内容居中显示，并由透明图像来控制表格的最小宽度。查看一下总体效果，如下图所示。

提 示

关于网页的版面编排，应当依据所展示的内容进行合理的布局。一般来说，可以遵循的原则有：主次分明，突出重点；大小搭配，结构适当；图文并茂，生动直观等。当然，多多实践是最好的锻炼，平时可以留意一些设计优良的站点，将其保存下来后好好研究，相信会有所帮助。

19.2 企业网站设计

在进行企业网站的设计时，应注意与企业的整体文化和风格相对应，并考虑到所面向的用户，做到有针对性。

19.2.1 创建背景

网页的背景关系到整体的风格，一般来说，创建网页背景有如下几种方法。

操 作 步 骤

❶ 在菜单栏上选择【修改】|【页面属性】命令，或直接按下 Ctrl+J 键，打开【页面属性】对话框，在【分类】列表框中选择【外观】选项，设置好网页的背景图片和颜色，如下图所示。

在此进行背景设定

技 巧

事实上，在【设计】视图中选择<body>标签后，在【属性】面板中单击【页面属性】按钮，也可以进入上面的【页面属性】对话框，如下图所示。

❷ 如果需要将背景设为单一的颜色，可以在【背景颜色】文本框中直接输入颜色值，或是单击旁边的██拉钮，在弹出的颜色表中拾取颜色，如下图所示。

用于展示企业形象的首页，可以以图像为主，通过艺术造型和设计布局，利用与企业相关的形象和产品、服务有关的图像、文字信息，向浏览者展示企业的形象，并吸引潜在的客户进入浏览。这需要我们努力挖掘企业深层的内涵，展示企业文化，力求通过色彩和页面布局给访问者留下对企业的深刻印象。

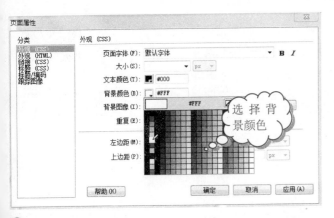

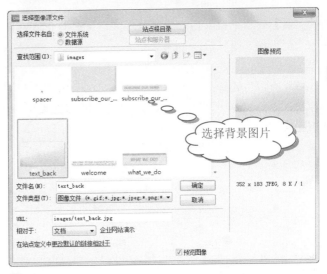

选择背景图片

3 通过单击右边的小三角按钮，还可以选择颜色的布局形式。设置完毕后单击【确定】按钮即可，如下图所示。

5 返回到【页面属性】对话框，在【重复】下拉列表框中选择背景图片的重复方式。需要注意的是，不管这里图片的重复方式如何，背景图片都是从网页左上角开始铺设并由此进行展开，如下图所示。

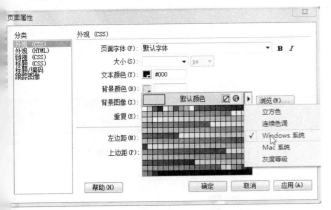

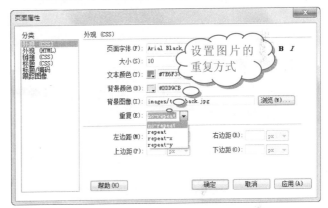

设置图片的重复方式

提示

单击系统颜色拾取器按钮，则会弹出如下图所示的对话框，选择需要的背景颜色，再单击【确定】按钮即可。

提示

这里提供了 4 种图像的重复方式，其含义如下。

❖ norepeat：将所提供的背景图片作为背景平铺在网页的左上角，未覆盖的部分将显示背景颜色。

❖ repeat：用所提供的图片按从左至右、从上至下的方式铺满整个网页的背景，显示在背景颜色的上方。

❖ repeat-x：将图片以水平向右的方式进行重复，即铺满与图片高度相同的矩形区域，其余部分为背景色。

❖ repeat-y：与 repeat-x 相似，不同的是图片将以垂直的方式进行重复。

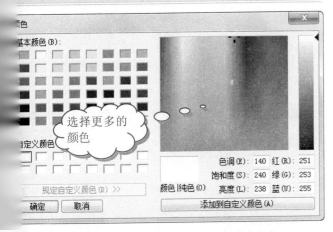

选择更多的颜色

也可以将图片设为网页的背景，在【背景图像】文本框中直接输入图片的路径，或者单击【浏览】按钮，打开【选择图像源文件】对话框，选择需要的图片文件，再单击【确定】按钮，如右上图所示。

6 好了，现在网页的背景颜色图片已经设置完成，其他还需要注意的方面包括正文的边距，这只要在【外观】中进行设置即可。

对于以展示信息为主的首页，要求网站能在细微之处体现企业形象。我们可以仔细阅读企业的介绍手册，熟悉企业相关文本与图像，仔细规划网页的配色方案，认真设置网站的每一方面。最终的目标是将企业形象印在浏览者的脑中。

学以致用系列丛书

观】选项中输入相应的值即可，记得选择合适的单位，如下图所示。

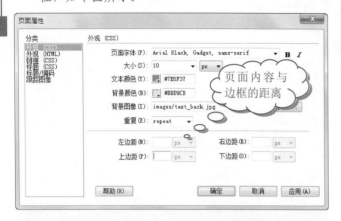

19.2.2 制作导航栏

网页上的导航栏能够为浏览者提供内容的快速定位功能，而在 Dreamweaver 中也提供了编辑模板，这使得导航栏的制作更加方便。下面来学习如何自制导航栏，具体操作步骤如下。

操作步骤

❶ 在菜单栏上选择【插入】|Spry|【Spry 菜单栏】命令，如下图所示。

❷ 在弹出的【Spry 菜单栏】对话框中选择布局模式，然后单击【确定】按钮，如下图所示。

❸ 添加导航条元件，并设置图片、超链接、布局方式等，当然也可以自己规划一个区域，并将它设置为导航栏，如下图所示。

技巧

如果要添加更多的效果，可以结合层和时间轴来实现。将导航栏制作完成后，可以将网页另存为模板，以便于今后的网页创建工作。

19.2.3 设计 LOGO

企业的 LOGO 作为站点的第一印象，一般置于网页的顶端。

操作步骤

❶ 我们可以使用各种绘图软件，如 Fireworks、Freehand、Photoshop 等来进行制作，注意应与网页的整体风格保持一致。

❷ 好了，现在打开所保存的模板文件，将 LOGO 图插入。插入合适的可编辑区域后将模板保存，如图所示。

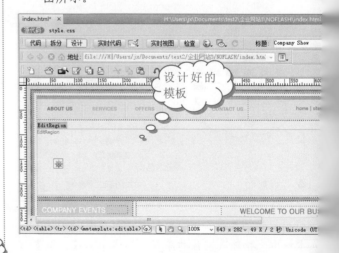

在保持网站的风格统一方面，我们可以从以下几点着手：页面的整体布局结构、色彩的搭配使用(可以制作成独立 CSS 文件以便调用)、导航栏的合理使用、特别元素(如 LOGO、企业的相关符号与图像等)的一致、图片的协调、背景设置等。

19.2.4　创建网页

素材准备就绪后，就可以开始进行创作了，下面是完整的步骤。

操作步骤

❶ 新建 HTML 文档，选择【修改】|【页面属性】命令，在弹出的【页面属性】对话框中将页面的上下左右边距均设为 "0 像素(px)"，如下图所示。

❷ 在当前页面添加一个 1×3 表格，宽度为 "100%"，边框、单元格边距和间距均设为 0，如下图所示。

设置表格 ID 为 "tb_Total"，将 3 列的宽度分别调整为 5%、90% 和 5%，并将两侧的表格列添加 id 属性，分别命名为 "#td_Side_Left" 和 "#td_Side_Right"，如下图所示。

❹ 为 tb_Total 两侧边栏新建 CSS 样式表，分别指定它们的背景图片，如下图所示。

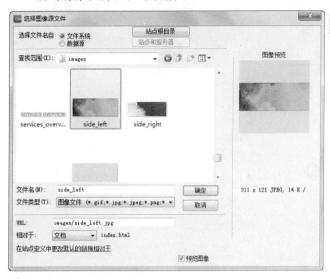

❺ 选择背景图片的重复方式(纵向重复)和水平位置(左对齐或右对齐)，并选择好背景颜色，如下图所示。

❻ 返回【设计】视图，进入 tb_Total 表格的中间列(td)，然后将其拆分为两行，选取上面一行，删除 td 中的空格，插入一幅 1×1 的透明 GIF 图片，并将其宽度设置为 560px(自行控制)，以此控制中间列的最小宽度，如下图所示。

❼ 在拆分出的下面一行中插入宽度为 100% 的 1×1 无边框表格，设置其 ID 值为 "tb_Head"，为它新建一个 CSS 样式表，调整其字体、大小、行高和颜色值，如下图所示。

Dreamweaver CS5 增加了缩放功能，以便更好地控制设计，放大并检查网页上的图片、表格及其他元素，或缩小网以预览效果。要使用缩放功能，可使用【文档】窗口右下角的 "缩放工具" 按钮进行放大，配合 Alt 键可缩小。直接引 Ctrl 与+组合键或者 Ctrl 与-组合键也可以进行缩放

8 切换到【区块】选项，在此将 Letter-spacing 调整为 0.1em，并使文本左对齐，如下图所示。

9 切换到【背景】选项，选择背景颜色和图片，如下图所示。

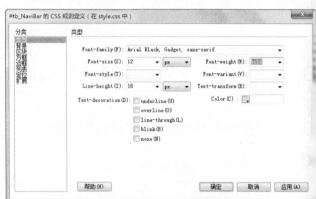

10 在 tb_Head 表格中插入 LOGO 或其他图片，在【属性】面板中调整图片的对齐方式为【绝对居中】，然后输入其他文字内容，如下图所示。

11 返回原来的大表格，在 tb_Head 前面添加一个新的 2×1 无边框宽度 100%的表格，设置 ID 为 "tb_NaviBar"，如下图所示。

12 为该表格新建 CSS 样式表，设置好字体、大小、行高与颜色值和文本对齐方式，如下图所示。

13 新建 "#tb_NaviBar_a" 和 "#tb_NaviBar_a_hover" CSS 样式表，并分别调整它们的背景颜色，如下所示。

14 在 tb_NaviBar 的第一行输入导航内容，并设置好接。在第二行插入分隔图片，宽度设为 98%，高设为 3px，并将所在 td 的高度调整为 3px，如下所示。

【代码】视图一侧的沟槽栏中提供了许多用于编码功能的按钮，可用于折叠/扩展标签、选择父标签、选取当前代段、显示/隐藏行号、高亮显示无效代码、应用/删除注释、缩进/凸出源代码以及格式化源代码等。

15 在 tb_NaviBar 表格后添加一个新的无边框 100%宽表格，输入 ID 值 "tb_Main"，并对它进行适当的拆分，如下图所示。

16 新建 CSS 样式表 "#tb_Main"，选择合适的字体样式，如下图所示。

18 返回【设计】视图，选择合适的表格列，调整其宽度为 150px，为其添加 id "td_Navi_List"，如下图所示。

19 新建 CSS 样式表 "#td_Navi_List_table_td"，选择合适的字体格式，设置文件对齐方式为垂直中线和水平左对齐，并在【方框】选项中调整高度为 20px，如下图所示。

17 切换到【区块】选项，调整字母间距和文本对齐方式，如右上图所示。

20 在 CSS 样式表中选择合适的边框样式和颜色，然后单击【确定】按钮，如下图所示。

可以自定义和保存工作区配置，选择【窗口】|【工作区布局】命令，可以从弹出的子菜单项中选择合适的面板布局方式，也可以保存或管理自己的布局方式。按下 F4 键，还可以显示/隐藏所有当前面板。

291

㉑ 返回【设计】视图，在 td_Navi_List 表格列中添加宽度为 150px 的表格，然后输入文本内容，如下图所示。

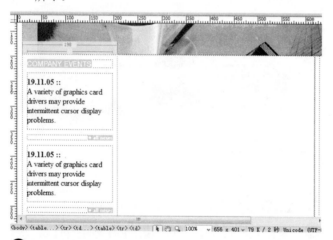

㉒ 在表格 tb_Main 后添加 1×1 的无边框 100% 宽表格，输入 ID "tb_Foot"，定义好 CSS 样式表，然后输入页面内容，如下图所示。

㉓ 这样整个页面的框架就大致完成了，现在将它另存为模板。选取表格 tb_Main，然后在菜单栏中选择【插入】|【模板对象】|【可编辑区域】命令，输入可编辑区域的名称后，即可将该页面转换为模板保存，

如下图所示。

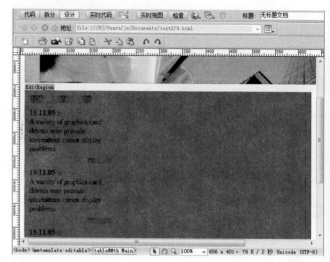

㉔ 下面使用模板创建具体页面。选择【文件】|【新建】命令(快捷键为 Ctrl+N)，选择【模板中的页】选项，并在【站点】列表框中选择模板所在站点，然后单击【创建】按钮，如下图所示。

通过模板来创建页面

㉕ 根据所提供的建站资料进行合理的版面布局，并合理编排站点中的各项内容，完成的【设计】视图如下图所示。

输入主体内容

往 Dreamweaver 中输入文本时，可以直接输入，也可以剪切并粘贴，还可以从其他文档导入数据(选择【文件】|【导入】命令)。粘贴文本至 Dreamweaver 时，可以使用【编辑】|【粘贴】或【选择性粘贴】命令，选择后者时将弹出【粘贴格式】对话框，对应的快捷键分别为 Ctrl+V 与 Ctrl+Shift+V。

26 修改完成后，按下 F12 键，看看网页的最终效果，如下图所示。如果有什么需要进行修改，在 Dreamweaver 中进行编辑即可。

最终的浏览效果

19.3　答疑与技巧

下面介绍 Dreamweaver 中的一些常见问题与使用技巧。

19.3.1　如何在 Dreamweaver 中输入空格

在 Dreamweaver 中输入空格时会发现在【设计】视图中最多仅能输入一个空格，这在一些应用场合非常不方便。

事实上，在 Dreamweaver 中对空格输入的限制是针对【半角】文字状态而言的，通过将输入法调整到全角模式就可以避免了。只需在语言工具栏中将输入法切换为【全角】状态，或是按下 Shift+空格键切换到全角状态即可，如下图所示。

S 中 ● □ ，国 🖌 🔧

除此之外，还可以通过在【代码】视图中将光标定位到需要输入空格的位置。由于 HTML 中 " "（英文状态下输入）代表了一个空格，再将其进行复制并粘贴即可。刷新并转到【设计】视图，空格已经输入成功。

19.3.2　如何在浏览器地址栏的 URL 前添加图标

在浏览网页时注意到浏览器地址栏中的小图标了吗？如下图所示。

地址栏中的小图片

这是 IE 默认的网页图像，怎么进行更改呢？具体操作步骤如下。

操作步骤

1 先制作一个图标文件，大小为 16×16 像素，记得文件扩展名为 ".ico"（图标文件），将图标上传到网站。

2 打开需要使用该图标的网页，在其【代码】视图中找到 <head></head> 标签对，在其间添加如下 HTML 标签代码：<Link Rel="IconName" href="http://图片的文件夹目录"/>。如果浏览器的版本为 IE 5.0 或更高，我们只需将图标文件上传到网站根目录下即可自动识别并显示在地址栏中。

注意

其中的 "<>" 与 """ 均是在英文状态下输入。"IconName" 为图标的完整文件名，"href=" 后面指出了图标的存储地址，也可以将它设为相对路径。

19.3.3　如何改变网页显示时浏览器窗口中标题栏的信息

当进行网页浏览时，浏览器窗口顶部的标题栏中往往会显示与该网站相关的信息，这有助于用户的访问。

制作站点时，可以将图片、脚本、数据库等资源分类存放管理，注意保持合适的命名规则，要考虑到网站的用户群，并对可能的不同浏览器与分辨率保证好网页的兼容性，多采用通用的技术，并在不同的环境下做好测试工作。另外做好一个企业站点后，还要注意它的推广与维护工作，这甚至在设计网站之初就需要考量。

长见识　293

学以致用系列丛书

事实上，只需在【代码】视图中找到<head></head>标签对，再找到<title></title>标签对，在这里就是网页上所显示的标题了。用户可以直接将新标题的内容输入并保存。

还有一种更简单的方法，即打开网页后在【标题】文本框中输入内容，这与上面的方法效果相同，如下图所示。

代码 拆分 设计 实时代码 实时视图 检查 标题：无标题文档

19.3.4 如何在网页中为图片添加边框

直接将图片插入网页中时，会发现其显示效果有时并不是那么理想。有没有办法为它添加一个边框呢？答案是肯定的。具体操作步骤如下。

操作步骤

❶ 插入图片后，按下 F9 键进入【标签检查器】面板，在此找到【常规】栏下的 "border" 属性，在后面输入边框的宽度(也可以直接在图片的【属性】面板中找到【边框】栏并输入边框宽度)，如下图所示。

❷ 在【设计】面板中拖动选择(注意，是拖动鼠标，而不是单击选中，可利用扩展模式)图片，在【属性】面板中设定文本颜色就可以了，如下图所示。

❸ 事实上，上面的操作是为图像添加一个<span></span>标签对，并在其中指定样式。这虽然可以在【设计】视图中显示出来，但在 IE 中浏览时似乎并不能体现出效果。还是看看 Dreamweaver 中

的表现吧，如下图所示。

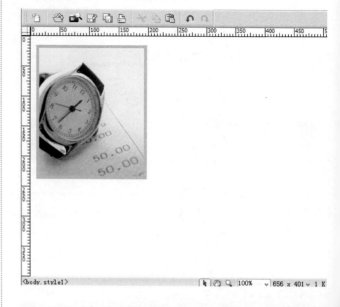

19.4 拓展与提高

这里将要介绍的是 Dreamweaver 的一些拓展与提高的知识。

19.4.1 为图片和链接文字添加提示信息

在进行网页的浏览时有没有注意到，当鼠标指针停留在图片或超链接上时，会有一个提示信息框出现，对目标进行相应的说明。某些时候，这确实能提供不错的网页浏览体验。

操作步骤

❶ 图片的提示信息：可以选择图片后在【属性】面板中找到【常规】栏下的 "alt" 属性并输入提示信息。当然，也可以在下面的【属性】面板中找到【替换】文本框，并进行信息的输入。这两种方法的效果相同，如下图所示。

 网站上的主体部分：普通的信息页承载网站的内容，只需与整体风格协调一致即可，并要求链接准确、文字无误、图文并茂，毕竟这是衡量网站价值的地方。至于网站上的弹出页，可以用于广告和消息的发布，合理的使用也是可以的，只是注意不要考验浏览者的耐心就行了。

选择对链接到的文档的处理方式

❷ 至于超链接，我们需要选择链接的<a>标签后进入【属性】面板，找到【CSS/辅助功能】栏下的 "title" 属性，在此输入要提示的内容，如下图所示。

输入超链接的标题内容

19.4.2　文件下载功能的实现

很多网页中均提供了文件的下载功能，这确实方便了资源的共享和交流。

操 作 步 骤

❶ 事实上，比较简单的方法是将网页上的超链接指向站点中要下载的文件，如下图所示。

❷ 在 Dreamweaver 中，当把不能被浏览器识别的格式的文件作为超链接的目标时，默认的操作就是弹出我们常见到的【文件下载】对话框，如右上图所示。

19.4.3　固定网页中的文字大小

由于在 IE 浏览器中提供了一个可自由设置文件大小的功能(选择【视图】或【查看】命令，在弹出的菜单中选择【文字大小】命令)，这使得网页最终的显示效果可能并不像我们当初设计的那样。

这时我们需要将网页的字体大小进行强制性的规定。进入 CSS 样式表的编辑页面，在【外观】选项中指定字体的大小就可以了，如下图所示。

明确指定字体大小

19.4.4　在新窗口中打开链接

浏览网页时，有时确实很有必要将链接到的新网页在新窗口中打开，这样就不用单击 按钮返回到先前的页面了。

在超链接的【标签检查器】面板组的【属性】面板中找到【常规】栏下的 target 属性，进行设置，如下图所示。

在 Dreamweaver 中插入水平线时，【属性】面板中并没有提供关于水平线颜色的设置，如果需要更改水平线颜色，可以进入源代码进行更改：<hr color="颜色值"/>。当然，另一种方法是将图片设置好宽度(width)与高度(height)属性值，也可以起到 "水平线" 的效果。

长见识

或是直接在下面的【属性】面板中的【目标】下拉列表框中进行选择,如右上图所示。

这里 4 个选项的含义如下。

❖ _blank:在新窗口中打开链接。

❖ _parent:在父窗口中打开链接。

❖ _self:在本窗口中打开新的链接网页。

❖ _top:在顶层窗口中打开链接。

其中_parent 与_top 常见于使用了框架集的页面中。这里我们选择_blank 就可以了。

在 Dreamweaver 中可以将动态内容放在 Web 页或其 HTML 源代码的任何地方。也可以将动态内容放在插入点、替换文本字符串,或是作为 HTML 属性插入。

第 20 章

校园网站设计综合案例

校园网站因它所体现出的气质、简明的页面布局，以及所提供的丰富信息资源吸引着众多的浏览者，而在这一章里，将学习校园网站的设计方法。

学习要点

- ❖ 进行校园网站的总体规划
- ❖ 制作网站的梦幻效果
- ❖ 网页上信息面板的创建
- ❖ 进行细节方面的修饰

学习目标

通过本章的学习，读者应该掌握有关校园网站设计的相关技巧，包括总体的规划、梦幻效果的制作、信息面板的创建等。

20.1 案例分析

根据学校的特点,其主页应很好地体现出各自的风格。比较常见的是简约风格的校园网站首页,如下图所示。

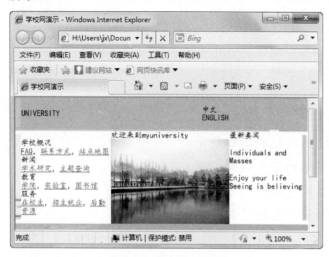

再来看一下整体设置的效果,如下图所示。

20.2 校园网站设计

通过对上面两个网站的分析,下面一起动手进行实战演练吧!

20.2.1 创建背景

制作网页时,首先要考虑对网页的整体背景进行

设定。

操作步骤

❶ 在 Dreamweaver 窗口中,选择【修改】|【页面属性】命令,打开【页面属性】对话框,如下图所示。

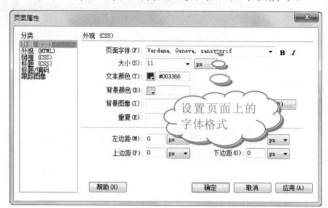

❷ 在【背景颜色】下拉列表中选择网页的整体颜色,在【背景图像】文本框中输入背景图片的路径,然后在【重复】下拉列表框中选择背景图片的重复方式,单击【确定】按钮以保存设置,如下图所示。

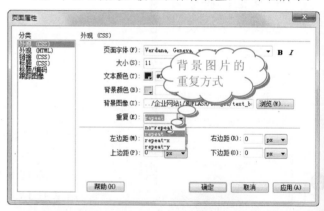

20.2.2 制作梦幻效果

在网页中,可以利用各种方法来制作炫目的效果,可以使用的方法包括 HTML 标签、JavaScript 脚本以及 Flash 等。而有了 Dreamweaver 之后,这一切的实现都变得如此简捷。

1. 滚动的图片与文字

网页上滚动的图片与文字可以起到醒目的提醒效果,可以在 Dreamweaver 中进行可视化的设定。

操作步骤

❶ 选择【插入】|【标签】命令,或直接按下 Ctrl+E 组合键,打开【标签选择器】对话框,这里提供了众

如果需要在网页中自动加入页面修改的日期,只需要在源文件\<body>\</body>标签对之间添加如下代码: \< Script Language= "JavaScript" \>\<!--document.write("更新时间: " +document.lastModified);--\>\</Script> 。

多的标记语言标签，如下图所示。

这里列出了所有可用的标签

❷ 在标签列表中依次选择【HTML 标签】|【页面元素】选项，并在右边的标签列表中找到 marquee。单击下面的【标签信息】按钮，将列出所选标签的使用方式、范例、属性以及浏览器的支持等相关信息，如下图所示。

有关标签的详细信息

❸ 单击【插入】按钮以在当前光标所在位置添加一个 标签对，输入需要滚动的图片或文字，如下图所示。

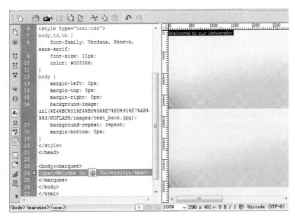

❹ 选定 <marquee> 标签后，按下 F9 键打开【标签检查器】面板组，切换到【属性】面板，然后设定 <marquee>

标签的对齐方式、滚动方向与行为、循环与否、滚动的速率等，如下图所示。

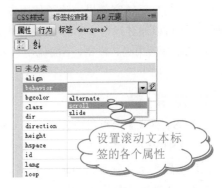

设置滚动文本标签的各个属性

技巧

设置好滚动的内容(文本、图片等)后，可以在【代码】视图中找到 <marquee> 标签，并在标签中输入文本：onMouseOver="this.stop();" onMouseOut="this.start();"，这样当鼠标指针移动到滚动的内容区域时，将停止动画；而鼠标指针移出时，将继续进行内容的移动展示，如下图所示。

添加标签的事件代码

❺ 按下 F12 键，看看浏览器中的最终效果，如下图所示。

遵循同样的思路，打开网页后，在浏览器地址栏中输入：javascript:alert(document.lastModified); 即可弹出对话框，显示出该页面最后的修改日期和时间。

2. 网页中的遮罩字

　　图片上的文字镂空效果，除了使用专门的绘图软件来制作，还可以通过指定文字的 CSS 样式来实现。还记得 CSS 的滤镜效果吗？没错，下面就用它来实现遮罩字。具体操作步骤如下。

操作步骤

❶ 在【CSS 样式】面板组中新建一个 CSS 规则，在弹出的【STYLE1 的 CSS 规则定义】对话框中的【扩展】设置界面中选择 Filter 下拉列表框中的 Mask (Color=?)选项，如下图所示。

❷ 将(Color=?)中的 "?" 号改为颜色代码，这将是遮罩的颜色。单击【确定】按钮以保存设置，如下图所示。

❸ 现在我们只须将 CSS 样式应用到文字上即可。在网页中插入一个表格，输入文本后将 CSS 样式应用到文本所在的表格(Table)，如右上图所示。

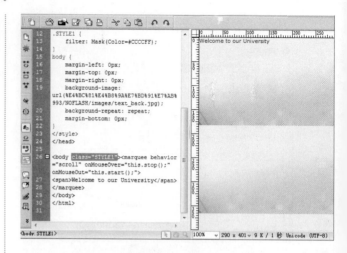

✅技巧❄

　　如果想要指定特定的颜色，可以在其他的颜色面板中选定颜色后将其颜色值复制到 Mask 的参数栏中，这点可以在【CSS 样式】面板组中进行设定，如下图所示。

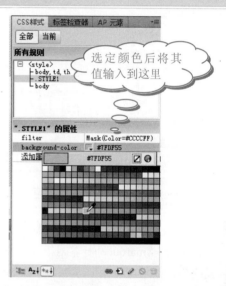

❹ 因为 CSS 的滤镜样式只有在浏览器中才能够显现出效果，现在按下 F12 键，看看遮罩字最终的表现，如下图所示。

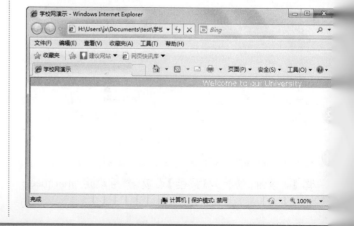

　　浏览网页的过程中，当鼠标指针停留在链接上方时，在下面的状态栏中会自动显示该链接的目标地址，如果不想让目标地址显示出来，可以将链接改为：< a href="http://www.hhu.edu.cn/" onmouseover ="window.status='none'; return true;" 链接地址</a>。这样鼠标指针悬停在链接上方时，浏览器状态栏会显示出空白。

20.2.3　制作信息面板

网页上的信息面板可以帮助用户快速了解网页中的内容。事实上，除了通过导航栏来导向信息外，也可以通过框架集起到类似的效果。对于网页上的浮动信息面板，用户可以使用可自由定位的层来实现。

在制作信息面板的过程中，主要用到层和【行为】面板中的相关动作。具体操作步骤如下。

操作步骤

1 在 Dreamweaver 中切换到【布局】工具栏，单击此处的【绘制 AP Div】按钮，在【设计】视图中绘制出包含主标题栏与子标题栏的信息面板，如下图所示。

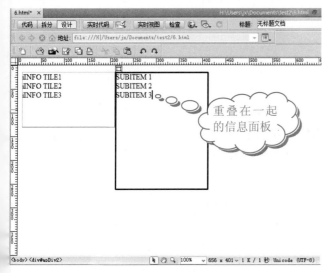

注意

由于这里需要将层进行重叠，因此需要在【层】面板中取消选中【防止重叠】复选框。当然，为了操作方便，也有必要适当地控制层的显示与隐藏，如下图所示。

2 在主信息栏中选取主标题，在【属性】面板的【链接】栏中输入"#"，然后选择该标题，在【行为】面板中单击【添加行为】按钮，从弹出的菜单中选择【显示-隐藏元素】命令，如右上图所示。

3 在弹出的对话框中选择该标题对应的子信息面板所在的层，然后单击【显示】按钮，如下图所示。这样当事件触发时(鼠标指针经过标题时)对应的层将显示。

4 选择其他的所有子信息面板，单击【隐藏】按钮，以保证其他层处于隐藏状态。设置完毕后单击【确定】按钮，如下图所示。

5 回到【行为】面板，将触发事件设为 onMouseOver，如下图所示。将其余的主、次信息面板的显示与隐藏进行相应的设置。

6 在【设计】视图中选择<body>标签，使用同样的方

法在【行为】面板中添加【显示－隐藏元素】行为，设定最终显示的子信息面板，如下图所示。

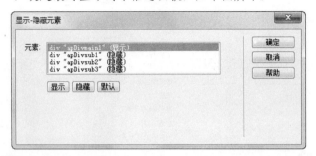

❼ 将该行为的触发事件设置为 onLoad，使得网页被载入浏览器时触发，如下图所示。

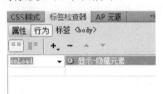

❽ 按下 F12 键以浏览网页，将鼠标指针移动到主标题上时，相应的子信息面板就会显示出来，如下图所示。

20.2.4　进行细节修饰

现在关于网站的整体布局已经设定，还需要注意的地方包括字体的设置、颜色的搭配、整体网站的风格协调、图片的编排等。这些可以用定义好的 CSS 样式表来进行统一的管理。如果有需要改进的地方，可以快速地在【CSS 样式】面板中进行更改。

记得将编排好的整体布局保存为模板，这样可方便以后的站点管理和应用哦！

20.2.5　创建网页

现在一切准备就绪，可以开始整体网页的创建了。像这部分的创作可以根据设计要求与草图来进行，特别是要体现校园的特色。可以在平时多进行网站的对比与参照，并力求体现出自己的风格。

操作步骤

❶ 新建 HTML 文档，在【页面属性】对话框中将边距均调整为 0px，如下图所示。

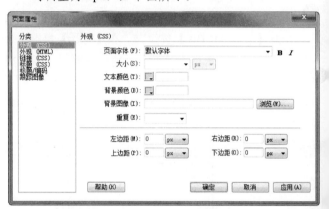

❷ 新建 CSS 样式，并设置【选择器类型】为【标签】、【选择器名称】为 table，最后单击【确定】按钮，如下图所示。

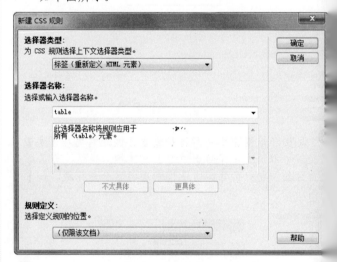

❸ 插入 1×1 的表格用于存放标题，设置其边框、单元格边距和间距均为 0，如下图所示。

使用 Dreamweaver CS5 强大的可视化工具，可快速利用 XML 将源集成到页面上，并方便地进行 XML 到 HTML 的转换，只需使用简单的拖放工作流程即可添加类似于 RSS 源的 XML 数据到 Web 页。Dreamweaver 还具有改善的 SM 和 XSL 代码提示功能，可跳转到【代码】视图来自定义转换。

4 在【属性】面板中输入表格 ID 为 "tb_Head"，选中表格，然后打开【CSS 样式】面板，为该表格新建一个样式，选择其背景图片，如下图所示。

调整好背景图片的对齐和重复方式，并调整表格背景颜色，如下图所示。

返回【设计】视图，将表格拆分为 4 列，然后在第一列插入 1×1 的透明 GIF 图片，调整其宽度为 10px，

相应地，将图片所在表格列 `<td>` 宽调整为 10px。在其他表格列中输入合适的内容，注意设置各单元格的字体大小和对齐方式，如下图所示。

技巧

如果想规定表格的最小宽度，可以在 td 中插入具有该宽度的透明 GIF 图片来进行整体支撑。

7 在表格下方新增一行，并将此行中的各单元格合并，插入两幅图片用于产生分隔用"水平线"，将它们的宽度值均调整为 45%，高度为 3px，相应地，把图片所在 td 宽度也调整为 3px，如下图所示。

8 返回 `<body>` 标签，插入 1×3 的表格，将其 ID 设置为 "tb_Body"，在【属性】面板中将对齐方式设为居中对齐，然后分别调整好各列宽度，如下图所示。

9 添加一个 "#tb_Body_td" CSS 样式，并设置文本的垂直对齐方式为顶部，如下图所示。

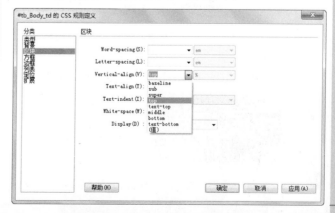

注意，清除 td 中的空格( )时，使得单元格中只存在图片，即 `<img>` 标签，只有这样，才能使单元格 td 的高度与图片一致，并起到分隔线的效果。如果 td 中存在空格(由 Dreamweaver 自动添加)，它的高度将是所包含空格的

10 在左侧 td 中插入一个多行表格，并调整其宽度与父表格列的宽度一致，输入站点导航内容并调整好链接样式，如下图所示。

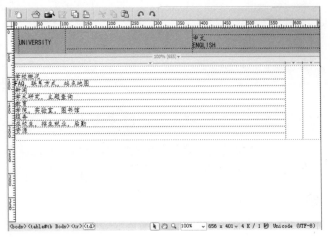

并将其 ID 设置为 "tb_Foot"，设置宽度为 100%。如下图所示。

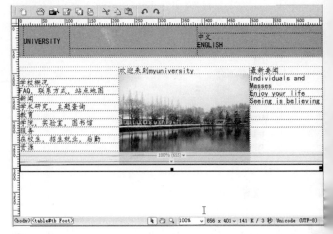

11 如有必要，可以在表格左右侧添置新列，并插入透明 GIF 图片以控制其宽度。往 tb_Body 中间添加图片与<marquee>标签，注意调整好宽度，以便与 tb_Body 的表格列宽度保持一致，如下图所示。

14 新建 CSS 样式 "#tb_Foot"，选择字体、大小、行高和颜色，文本左对齐，如下图所示。

15 设置好背景图片和重复方式，选择合适的背景对方式，如下图所示。

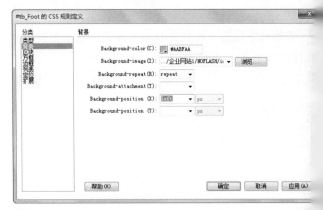

12 返回 tb_Body，在右侧的表格列 td 中插入适当大小的表格，用于输入新闻和一些常规内容，如下图所示。

16 将表格拆分为两行，在上面行的表格列 td 中插入幅宽度均为 45%的渐变图片。在下方的表格列中入适当的说明文字，如下图所示。

13 返回<body>标签，插入一个新的无边框 1×1 表格，

20.3　答疑与技巧

现在又到了答疑与技巧时间，看看这些问题与方法在平时是否遇到过。

20.3.1　如何去掉超链接上的下划线

在制作好网页上的超链接后，Dreamweaver 会自动为其添加一条下划线，用于标识这个链接内容。如何将它去掉呢？具体操作步骤如下。

操作步骤

1 这一点通过 CSS 中的相关设置就可以办到。新建一个 CSS 样式表，在其规则定义对话框中的【分类】列表框中选择【类型】选项，然后在 Text-decoration 选项组中选中 none 复选框，再单击【确定】按钮即可，如下图所示。

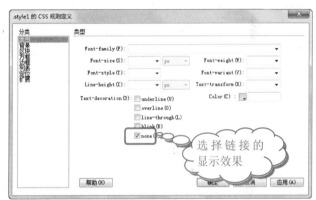

2 将该 CSS 样式应用到链接文本上；然后就可以在浏览器中查看效果，如下图所示。可以发现，在去掉下划线的同时，并没有对超链接及其说明文字产生影响。

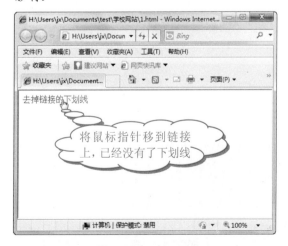

17 按下 F12 键，在浏览器中查看效果，如下图所示。

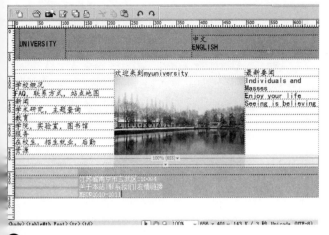

?提示

希望大家在浏览优秀网页时，能够在赞叹之余，将网页中的手法与思路掌握，并与自己的网站结合起来。下图是一个校园主页的信息页面，可以发现，在简洁明了的页面上，原来包括了这么多的元素。而这些，也只有在平时的实战中进行总结与体会了。

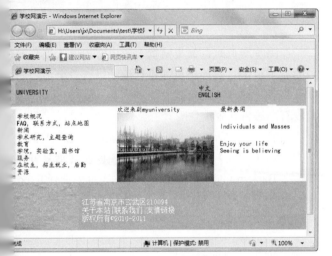

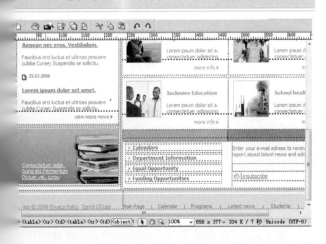

Dreamweaver CS5 集成了新的标准 CSS 面板，可以通过它来集中学习、了解以可视化方式编辑应用于 Web 页的 CSS 式表。新面板中能够方便地观察应用于当前选定元素的样式层级关系，从而能够方便地确定该元素的属性设置。

20.3.2 怎样设定超链接响应鼠标位置的文字效果

访问一些网站时，会发现这里的超链接在鼠标指针经过时会有相应的响应变化，如变色、改变背景、字体等，这是如何做到的呢？这可以通过 CSS 样式表来实现。具体操作步骤如下。

操作步骤

❶ 新建一个 CSS 规则，在弹出的对话框的【选择器类型】下拉列表框中选择【复合内容(基于选择的内容)】单选按钮，在这里提供了超链接的 4 种不同状态，选择 a:hover，再单击【确定】按钮，如下图所示。

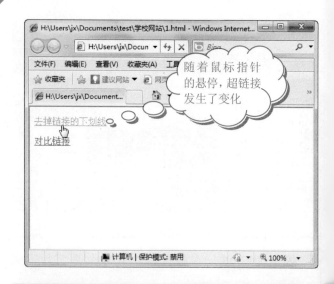

❷ 弹出【a:hover 的 CSS 规则定义】对话框，设置 a:hover 样式，如下图所示，最后单击【确定】按钮。

❸ 在浏览器中看一下它的效果，如右上图所示。

20.3.3 如何将网页的背景图像固定

在浏览网页时，如果网页上的内容超出了浏览器窗口的显示范围，需要将页面进行滚动以查看全部内容。默认情况下，网页的背景是随着内容一同进行滚动，有没有办法将其固定住呢？

当然有了！新建一个 CSS 样式表，在【分类】列表框中选择【背景】选项，指定背景图像及其重复方式，然后在 Background-attachment 下拉列表框中选择 fixed 选项即可，如下图所示。

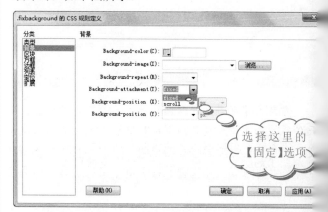

将此样式表赋予<body>标签。这样，在背景图像整个网页按指定的重复方式铺满后，不管页面上的内容如何滚动，背景都保持不变。

20.3.4 如何改变浏览器中鼠标指针的形状

有时会看到在浏览网页时，鼠标指针的形状会改变，这是怎么实现的呢？

在 CSS 中即提供了改变指针的样式。在规则定义

 Dreamweaver 中编辑文本时常用到一些快捷键，例如，Ctrl+B：黑体；Ctrl+0：清除格式；Ctrl+T：段落；Ctrl+1：题 1；Ctrl+2：标题 2；Ctrl+3：标题 3；Ctrl+4：标题 4；Ctrl+5：标题 5；Ctrl+6：标题 6。

话框中选择【分类】列表框中的【扩展】选项，在【视觉效果】下的 Cursor 下拉列表框中选择光标样式，单击【确定】按钮，如下图所示。

将此 CSS 样式应用到页面上的对象。这样，当鼠标指针移动到这些对象上时，光标就会变成这里所规定的类型了。如果需要更多的光标效果，可以在 Flash 中进行编制，并编写相应的 ActionScript 来实现鼠标的互动效果。而在网页中，也可以使用 JavaScript 来实现很多不错的动画效果，有兴趣的读者可以尝试一下。

20.4　拓展与提高

下面是拓展与提高时间，希望能对您有所帮助。

20.4.1　网页的关键字

关键字对于网页可以起到一个不容忽视的作用。对于许多用户来说，很多网页都是通过搜索引擎进行的链接。而大多数的搜索服务器会隔一段时间自动探测网络中新产生的网页，并将它们按关键字进行记录，以方便用户的查询。

如果想要网页出现在搜索引擎的查询结果中，就得要求它包含相关内容的关键字(Key Word)才行。下面就来为自己的网页添加关键字吧！

操作步骤

在 Dreamweaver 的【插入】面板中切换到【常用】工具栏，单击【文件头】，选择【关键字】选项，如右上图所示。

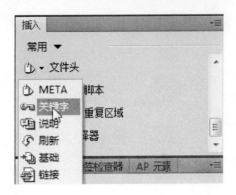

❷ 在弹出的【关键字】对话框中输入关键字，注意每个关键字之间以分号";"隔开，且没有数目上的限制，如下图所示。

20.4.2　浏览器不支持框架时的处理

目前市面上的浏览器类型众多，因此在设计网页时需要考虑到页面在不同浏览器中的显示情况，尽可能地保证能有最好的效果。

当在页面上使用了一定的标签与样式时，应该意识到：并不是所有的浏览器都支持它们(可以在对网页进行浏览器检查时得到具体的报告)。

一般而言，如果碰到网页中浏览器不能支持的问题，都需要更换新的标签或删除相关的内容。好在对于框架来说，HTML 提供了<noframes></noframes>标签对进行异常处理。顾名思义，它包含了框架无法显示时网页将给出的内容。

至于在 Dreamweaver 中进行无框架浏览的处理，就更简单了。先回到总页面，在【代码】视图中将光标定位到框架集之外的标签，如<body>中，选择菜单栏中的【插入】|HTML|【框架】|【无框架】命令。在这里输入替代的内容，它们将在框架无法显示时出现在网页中，如下图所示。

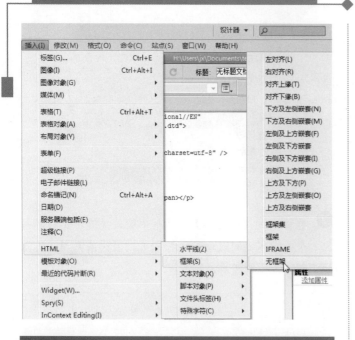

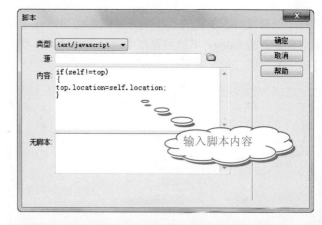

输入脚本内容

20.4.3 保护自己制作的网页

自己辛辛苦苦制作好的网页，却被他人以子页面的形式放到框架中，怎么才能防止这种情况发生呢？解决方法如下。

操作步骤

❶ 在 【常用】工具栏中单击【脚本】按钮 ◇。

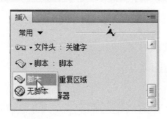

❷ 打开【脚本】对话框，然后设置【类型】为 text/JavaScript，接着在【内容】文本框中输入"if(self!=top) {top.location=self.location;}"，再单击【确定】按钮，如下图所示。这样，当本网页加载到浏览器中后会自动将自己调整到最上层，当然也就无法将它作为框架中的子页面了。

20.4.4 自动关闭当前窗口

在网页中设计好弹出窗口，并显示一定时间的信息后，可能会要求其自动关闭。要实现这个功能，可以先打开【脚本】对话框，选择【类型】为 text/JavaScript，然后在【内容】文本框中输入 "setTimout("self.close()", 10000)"，再单击【确定】按钮，将脚本插入，如下图所示。

这里的数字 10000 以毫秒为单位，表示本窗口将在 10 秒钟后关闭，可以自行设定为任意时间

使用键盘快捷键编辑器可以创建自己的快捷键，包括代码片段的键盘快捷键。也可以在键盘快捷键编辑器中删除快捷键、编辑现有的快捷键以及选择一组预定义的快捷键。

第 21 章

网站论坛设计综合实例

在网上的论坛里，我们可以与大家一同交流信息和共享资源，这里就是一个公共的对话平台。现在，就让我们一起来进行论坛的设计与制作！

 学习要点

- ❖ 论坛用户的注册页面
- ❖ 修改个人资料
- ❖ 显示用户的注册信息
- ❖ 用户登录与身份验证
- ❖ 论坛的欢迎页面与计数器的添加
- ❖ 发表帖子
- ❖ 搜索论坛中的帖子
- ❖ 回复帖子
- ❖ 用户的权限管理

 学习目标

通过本章的学习，读者应该掌握论坛的创建方法，包括用户的注册与登录、个人信息的查看与修改、帖子的发表与回复、已发表帖子的搜索与查询、用户权限的管理等。

21.1 案例分析

论坛的制作主要用到了动态页面的相关知识，而在 Dreamweaver 中，这些功能也被整合为【应用程序】面板中的命令操作，设计页面时，可以考虑使用表格进行内容组织。先来看用户登录界面，如下图所示。

接下来是登录成功后的页面，此时可以依用户不同显示不同的欢迎信息，如下图所示。

通过在 Dreamweaver 的【应用程序】面板中的简单操作，即可实现对数据库内容的存取，如右上图所示。

21.2 网站论坛设计

网站的论坛设计更多的时候是一个数据的管理工作，包括显示的信息、用户资料、权限分配等。在设计网页方面，只须保持页面的整洁即可。

21.2.1 制作新用户注册页面

由于是制作用户的注册与登录页面，需要进行信息的提交与处理，这就需要用到动态网页设计技术，而这在 Dreamweaver 中可以通过相应的功能面板组来实现。

操作步骤

❶ 选择【文件】|【新建】命令，打开【新建文档】对话框，在左侧选项卡中选择【空白页】，在【页面类型】列表框中选择 ASP VBScript 选项，然后单击【创建】按钮新建一个 ASP 页面，如下图所示。

❷ 在【设计】视图中输入注册信息表单，并进行页的总体布局与编排，如下图所示。

对于超链接的动态效果，可以通过添加 a:link、a:visited、a:hover、a:active 的 CSS 定义来实现，结合 id(以 "#" 开头)和 class(以 "." 开头)的 CSS 样式表，以及对标签外观的重新定义，可以做出各种漂亮的效果。相比起 JavaScript，在方面使用 CSS 具有更好的适用性。

❸ 现在主要的任务就是设计相应的数据库连接，以完成对注册的处理与操作。在 Access 中新建一个表，用于存储用户的注册信息，将它保存为 .mdb 文件。

❹ 单击任务栏上的【开始】按钮，从弹出的【开始】菜单中选择【控制面板】命令，然后选择【所有控制面板项】|【管理工具】命令(如果是经典视图，直接双击【管理工具】图标)，如下图所示。

❺ 双击【数据源(ODBC)】图标，在弹出的【ODBC 数据源管理器】对话框中切换到【系统 DSN】选项卡，如下图所示。

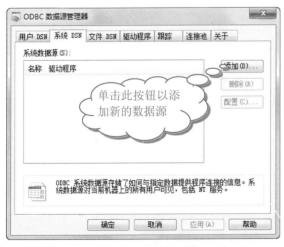

❻ 单击【添加】按钮，弹出【创建新数据源】对话框，在驱动程序列表框中选择 Access(*.mdb)，然后单击

【完成】按钮，如下图所示。

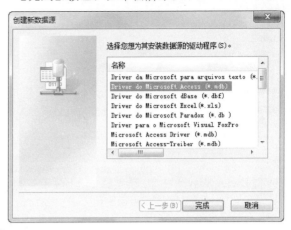

❼ 在弹出的对话框中输入新数据源的名称与说明，如下图所示。

❽ 单击【选择】按钮，从弹出的对话框中选择数据库的存放路径和名称，如下图所示。

❾ 单击【确定】按钮以返回到数据库的安装对话框，确认无误后单击【确定】按钮以完成系统 DSN 的添加，如下图所示。

在 Dreamweaver 中使用 Ctrl+V 组合键粘贴文本时，会将图片、段落格式等信息一并粘贴过来。如果只需要文本，可以使用 Ctrl+Shift+V 组合键，在弹出的【选择性粘贴】对话框中选择需要的部分，这一设定可以在【首选参数】对话框的【复制/粘贴】项中进行更改。

⑩ 回到 Dreamweaver 中，在菜单栏中选择【窗口】|【数据库】命令，进入【应用程序】面板组，切换到【数据库】选项卡，单击此处的 + 按钮，在弹出的菜单中选择【数据源名称(DSN)】命令，如下图所示。

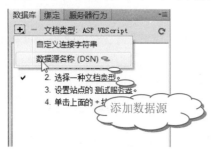

⑪ 在弹出的【数据源名称(DSN)】对话框中输入连接名称，然后在【数据源名称(DSN)】下拉列表框中选择已经定义好的数据源，如下图所示。

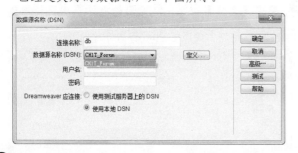

⑫ 单击【测试】按钮，弹出对话框表明脚本创建成功，依次单击【确定】按钮以完成设置，如下图所示。

⑬ 现在可以在【数据库】面板中看到数据源已添加成功，展开数据库，即可查看其中的表和字段集。可以通过单击面板上的 + 和 − 按钮来增加/删除数据源连接，如下图所示。

提示

在数据库中的表上右击，在弹出的快捷菜单中选择【查看数据】命令，可以即时查看其中的数据，如下图所示。

⑭ 由于是新用户注册，需要将用户的注册信息写入数据库中。在【应用程序】面板组中切换到【服务器行为】选项卡，在此单击 + 按钮，在弹出的菜单中选择【插入记录】命令，如下图所示。

⑮ 在弹出的【插入记录】对话框中选择【连接】为刚

单击网页上的链接时，浏览器会转到链接指向的新页面，如果需要在页面转换时加上过渡效果，可以使用 \<head>\</head> 标签对中的 \<meta/> 标签。在网页的源代码中输入 \<meta http-equiv="Page-Exit" content="revealTrans (Duration=1,Transition=23)">，在浏览器中打开后刷新，或由页面上的链接转到其他网页，看看会有什么效果吧。

才定义的数据源连接，然后在【插入到表格】下拉列表框中选择用于存储用户信息的表格，在【获取值自】下拉列表框中选择网页上的注册信息表单，并在【表单元素】列表框中选择网页上表单元素的对应插入列。指定跳转页面后单击【确定】按钮，如下图所示。

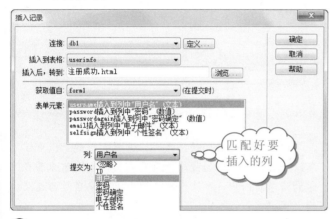

16 终于将注册页面制作完成了！在新用户进行注册后，这里的动态页面会将数据写入用于存储用户信息的数据库。还需要注意的是，为了保证数据的合法性，除了在数据库(如这里用的 Access)中进行有效性规则的定义外，在网页中可以在【行为】面板中添加一个检查表单的动作，或是自定义 JavaScript 脚本来实现合法性的判别，如下图所示。

17 如果数据库中已经存在请求的用户名，可以切换到【服务器行为】面板，然后单击 + 按钮，从弹出的菜单中选择【用户身份验证】|【检查新用户名】命令，如右上图所示。

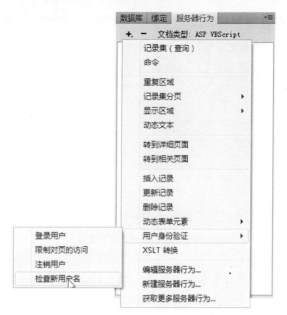

18 在弹出的快捷菜单中选择需要验证的用户名字段及相应的跳转页面，再单击【确定】按钮，如下图所示。

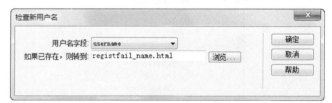

提示

可以发现，Dreamweaver 所提供的【应用程序】面板组极大地方便了动态页面的创建与设计。以往需要编写很多代码的工作，现在可以在窗口中轻易地实现。当然，如果了解各种服务器端的脚本以及数据库查询语言，会更加有利于页面的创建。

21.2.2　制作注册信息修改页面

当用户需要修改个人的注册信息时，就要进入下面的个人信息修改页面来进行操作了。

操作步骤

1 注册信息的修改页面与注册页面相似，需要注意的是，要将各文本框的名称、显示属性、有效性验证等进行正确的设置，表单的【动作】属性可以设为需要跳转的页面。最终设计好的效果如下图所示。

http-equiv="Page-Exit"表示页面离开时产生的效果。它的另一个值是 http-equiv="Page-Enter"，指页面进入时产生的效果。Duration 指出了网页动态过渡的时间，单位为秒；Transition 则是过渡方式，取值范围为 0~23，定义了 24 种动态效果。

313

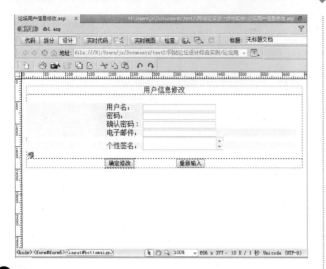

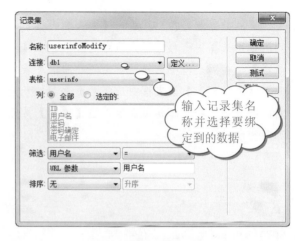

❷ 下面进行数据库的操作。进入【应用程序】面板组，依照上面介绍的方法，在这里的【数据库】面板中添加用于存储用户注册信息的数据源，如下图所示。

❸ 切换到【服务器行为】面板，在此单击 ➕ 按钮，在弹出的菜单中选择【记录集(查询)】命令，如下图所示。

❹ 在弹出的【记录集】对话框中输入一个记录集的名称，选择刚才在【数据库】面板中定义好的连接，选中【全部】单选按钮，并将下面的筛选条件设置为表格中的用户名与相应的表单变量相等，然后单击【确定】按钮，完成数据的绑定操作，如右上图所示。

注意

按照这里设置的筛选条件，这里制作的"用户信息修改页面"是作为被请求页面来访问，这意味着在它的请求页面中，存储用户名的表单对象名称为这里的"用户名"。

❺ 回到【绑定】面板，可以发现记录集已绑定成功，如下图所示。

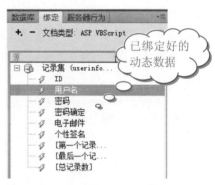

❻ 在【设计】视图中单击用户名文本框 username2，然后在它的【属性】面板中单击【初始值】文本框旁的【绑定到动态源】按钮 🔗，如下图所示。

❼ 在弹出的【动态数据】对话框中展开刚才在【绑定】面板中添加的记录集，并选择下面的用户名(数据源表中的字段名称)，然后单击【确定】按钮以完成绑定数据的显示，如下图所示。

在【绑定】面板中可以将动态数据拖动到【设计】与【代码】视图的任何地方。而且可以像操作普通的数据一样进行动态数据的移动、复制、删除等操作。

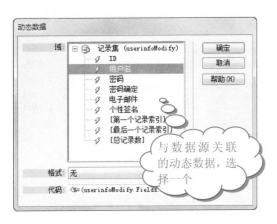

与数据源关联的动态数据，选择一个

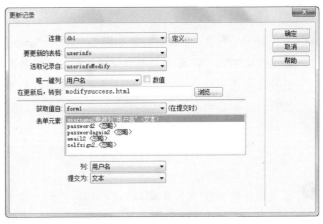

⑩ 弹出【更新记录】对话框，设置【要更新的表格】选项，并将【选取记录自】设置为所绑定的记录。由于这里使用了用户名作为记录的标识符，需要将【唯一键列】设为用户名，如下图所示。

✅ **技巧** ❄

事实上，也可以直接从【绑定】面板中将标有 ⚡ 的动态数据拖动到文本框中，这样各表单元素的值就可以与特定的用户联系起来。

⑧ 如果需要将用户名作为唯一的注册标识符，在进行注册信息的修改时用户名就不能进行修改。在【代码】视图中定位到文本框标签，并为它加上 "readonly"（只读）属性，如下图所示（其他可以进行修改的信息就不用设为只读了）。

⑪ 在【表单元素】列表框中将当前网页上的表单数据与数据库中的字段名称对应起来，单击【确定】按钮以完成更新记录行为的操作，如下图所示。

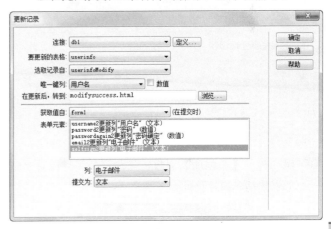

这样就将用户信息的修改页面制作完成了。除了用户名，也可以为每个用户指定唯一的一个身份标识符（UserID）作为表单中的隐藏域，并与其他个人信息一起写入数据库中。这样在进行注册信息的修改时，就能够将【唯一键列】设为这个用户 ID。

⑨ 进行修改后需要将新的用户信息进行保存。在【服务器行为】面板中单击 ➕ 按钮，从弹出的快捷菜单中选择【更新记录】命令，如下图所示。

值得一提的是，这个用户信息修改页面并不能独立运行。从新建记录集的筛选条件中包含了表单变量即可得知，它需要从其他请求页面传入的表单变量。这样，就需要在请求页面中添加一个表单，然后将它的【动作】属性设置为本用户信息修改页面，并在该表单中包含一个指示用户名的 username2 文本域对象。此后，就可以通过该表单来访问此用户信息修改页面了。

学以致用系列丛书

Transition 的值：0—盒状收缩；1—盒状放射；2—圆形收缩；3—圆形放射；4—由下往上；5—由上往下；6—从左至右；7—从右至左；8—垂直百叶窗；9—水平百叶窗；10—水平格状百叶窗；11—垂直格状百叶窗；12—随意溶解；—从左右两端向中间展开。

 长见识

315

21.2.3 制作显示个人信息页面

在用户注册并成功登录后，可以将用户的个人信息
显示在页面上，这里也用到了数据的绑定技术。

操作步骤

❶ 制作好一个网页，在其中包含了名为 "txtUserName"
的用户名字段，以及一个用于指向显示用户信息的
链接或者按钮的表单，然后将该表单的【动作】属
性设为下面我们将要创建的个人信息显示页面，这
里将它命名为 "用户信息显示.asp"。新建一个 ASP
页面并将其另存为该名称，用以显示数据库中已存
在的个人信息。

❷ 在这个新的 ASP 页面中建立一个表格，并输入必要
的标题与其他内容，注意需要留出用于显示信息的
地方，如下图所示。

❸ 现在进入【数据库】面板，添加一个到存储用户信
息的数据库的连接，如下图所示。

❹ 切换到【绑定】面板，单击 ➕ 按钮，从弹出的菜单
中选择【记录集(查询)】命令，在弹出的对话框中输
入记录集名称，并选择合适的连接和表格，如右上
图所示。

❺ 选中【选定的】单选按钮，并在列表框中按住 Ctrl
键以选择需要显示的数据。将【筛选】下拉列表框
设为 "用户名=表单变量 用户名"，如下图所示。

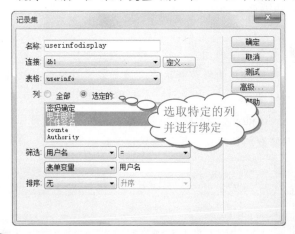

❻ 回到【设计】页面，从【绑定】面板中将动态数据
拖动到适当的位置，如下图所示。

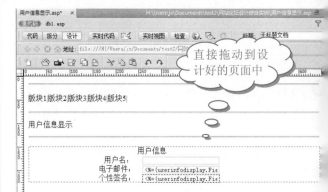

❼ 为表单添加一个名为 "displayusername" 的文本字段
并为它指定 "readonly" 属性。选中后进入【属性】
面板，单击【初始值】文本框后面的【绑定到动
源】按钮 ⌗，如下图所示。

Transition 的值(续)：14—从中间向左右两端展开；15—从上下两端向中间展开；16—从中间向上下两端展
17—从右上角向左下角展开；18—从右下角向左上角展开；19—从左上角向右下角展开；20—从左下角向右上角展
21—水平线状展开；22—垂直线状展开；23—随机产生一种过渡方式。

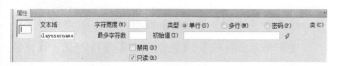

8 弹出【动态数据】对话框，在已建立的记录集中选择用户名字段"用户名"，然后单击【确定】按钮，如下图所示。

9 这样用户名就与该文本字段绑定了，如下图所示。接下来可以考虑将该表单的提交页面设置为用户的注册信息修改页面。

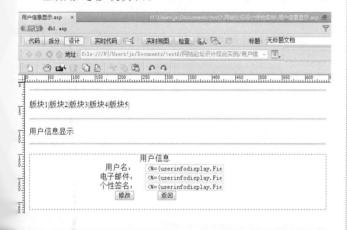

21.2.4　制作登录页面、登录验证与退出

OK，已经有用户注册完毕，以后进入论坛时，只须输入正确的用户名与密码即可登录了。

操 作 步 骤

1 先制作好一个登录的 ASP 表单页，设定好用户名与密码文本框的名称属性，下面将会用到。记得将【密码】文本框的【类型】属性设为【密码】，如右上图所示。

2 用户登录时需要进行验证，因此在【数据库】面板中设定了一个到存储用户信息的数据源的连接，具体方法参见上面的步骤。

3 数据源设置完毕后，进入【服务器行为】面板，单击 + 按钮，在弹出的菜单中选择【用户身份验证】|【登录用户】命令，如下图所示。

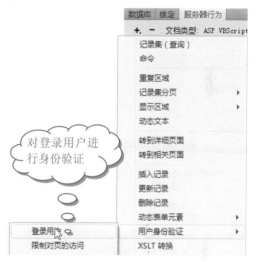

对登录用户进行身份验证

4 弹出【登录用户】对话框，在【从表单获取输入】下拉列表框中选择网页上提交数据的表单名称，并依次选择表单中存储了用户名与密码值的字段，如下图所示。

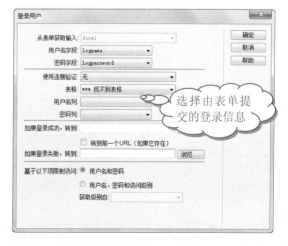

选择由表单提交的登录信息

在网页中播放音乐，可以使用的方法包括：在【行为】面板中添加【播放声音】的行为、在网页中添加<embed/>标签对插入音乐，或使用<object/>标签对来使用插件播放。另一种方法是使用<bgsound/>标签来插入背景音乐，不过仅适用于 IE 浏览器。

317

学以致用系列丛书

长见识

5 选择用于验证登录信息的数据库连接和表格，选择表格中存储用户名和密码的列名称，如下图所示。

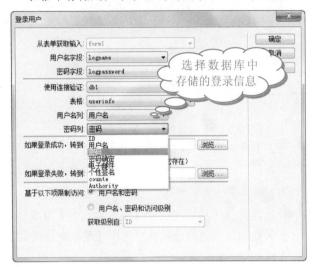

选择数据库中存储的登录信息

6 选择用户登录成功与失败的跳转页面，单击【确定】按钮即可完成登录验证，如下图所示。

7 这样用户在输入用户名与密码并提交表单信息后，服务器在接受请求后将表单中的信息与数据源中的信息进行比较，当用户名与密码均一致时即可转到登录成功的页面。

技巧

现在很多网站的登录都需要输入验证码，这可以从一定程度上防止恶意的注册行为。比较简单的做法是生成一组随机的数字和字符后直接显示在页面上，而通常则是将这些字符和数字与一定的图像格式协议结合起来，即时生成能够显示出有效信息的一幅图片。相关的信息可以在网上进行查阅。

8 现在我们来设置用户的注销。打开登录成功页面，

然后进入【服务器行为】面板，单击 **+** 按钮并选择【用户身份验证】|【注销用户】命令，弹出【注销用户】对话框，如下图所示。

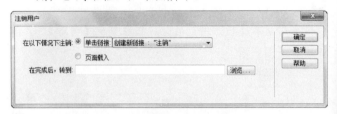

9 选中【单击链接】单选按钮，并在后面的下拉列表框中选择【创建新链接："注销"】选项，选择好注销后所跳转的页面，单击【确定】按钮以完成注销设置，如下图所示。

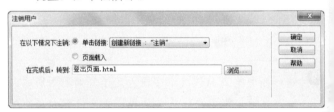

10 在【设计】视图中查看页面，可以发现在光标所在位置添加了一个【注销】链接，单击它就能注销当前登录的用户了，如下图所示。

提示

事实上，可以将自动生成的"注销"字符进行任意的更改，这在【设计】视图中即可实现。转到【代码】视图，可以发现，这里实际上是一个由服务器端脚本生成的超链接，这由 Dreamweaver 自动生成，也可以自己手动编写。

21.2.5 制作欢迎信息和计数器

登录完成后，可以设定一个欢迎页面来表示用户登录成功。并且可以在特定的页面上添加一个计数器，以显示网页的访问流量。

  ASP 应用程序必须通过开放式数据库连接(ODBC)驱动程序(或对象链接)和嵌入式数据库(OLEDB)提供程序连接到数据库，该驱动程序或提供程序用作解释器，能够使 Web 应用程序与数据库进行通信。

操作步骤

1 欢迎信息的制作比较简单，只须在制作好一般的页面后通过数据绑定技术实现动态数据的显示。而这里的欢迎页面可以作为上面登录页表单的目标页，这样就能够从中获取数据了。制作好的页面如下图所示。

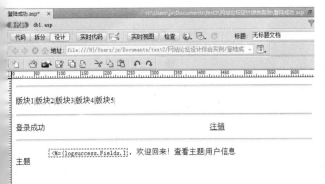

2 注意到这里的记录集名称了吗？没错，数据绑定！进入【应用程序】面板组，设置好数据源的连接，然后切换到【绑定】面板，添加一个记录集(查询)。由于欢迎页面需要相关信息，而且是针对于登录成功后的特定用户，因此这里要将【筛选】进行用户名的匹配设定，如下图所示。

根据所提交的数据来选择用户信息

OK，现在从【绑定】面板中将代表了用户名的动态数据拖动到页面中合适的位置即可，这样就能够根据登录页面传过来的数据显示正确的用户名了，如右上图所示。

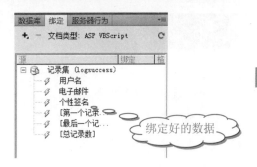

绑定好的数据

4 如果要为当前页面添置计数器，可以在数据源的数据表中添加用于存储累计数的字段，然后在登录成功的网页中添加一个绑定到动态数据的隐藏域，别忘了在【值】后面添上"+1"，再设置好更新记录的服务器行为。如果要显示计数的话，将相应的绑定字段拖动到页面上的合适位置就行了，如下图所示。

技巧

这里的计数器只是显示出了一串数字，还可以使用图片来实现更好的效果。如果是自己手动操作，就需要编写相应的脚本代码。好在网上提供了免费的资源。在 Google 或百度中查找"计数器"或"Counter"，将会列出很多资源站点，而且对于使用方法还给出了详细的说明，如下图所示。

5 这里的计数器制作方法也可以用到后面的帖子管理中。对于已发布的帖子，通过添加用于标记其浏览量的隐藏域，并结合数据源中记录的更新，可以起到不错的计数效果。

可以使用数据源名称(DSN)或连接字符串连接到数据库。DSN 是单个词的标识符，它指向数据库并包含连接到该数据所需的全部信息。连接字符串是手动编码的表达式，它标识数据库并列出连接到该数据库所需的信息。如果使用的 OLE DB 提供程序，或未安装在 Windows 系统上的 ODBC 驱动程序，则必须使用连接字符串。

319

21.2.6 制作发布内容显示页面

对于论坛中的内容，需要制作出一个页面将其显示出来，下面就是具体的步骤。

操 作 步 骤

1 在此之前需要有数据库用于存储论坛中与帖子相关的内容。先设计好显示页面的整体布局，如下图所示。

2 进入【应用程序】面板组，设置好到数据源的连接，在【绑定】面板中添加一个到论坛内容表格的记录集，如下图所示。

3 将这些动态数据拖动到【设计】视图中的相应位置，如下图所示。

4 考虑到可能会在一个页面上显示出多行数据，因此需要我们进行数据的重复显示设置。选择动态数据所在的这一行(<tr>标签)，进入【服务器行为】面板，单击 **+** 按钮并选择【重复区域】命令，如下图所示。

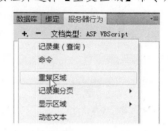

5 在弹出的【重复区域】对话框中确定要重复显示的记录集，选择在一个页面中显示的数量为指定值或是全部显示，单击【确定】按钮，如下图所示。

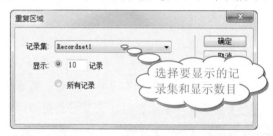

6 进入【代码】视图，会发现这个重复区域的功能通过一个循环来实现的，掌握这一点之后，大家可以用它来做出更多的显示效果(比如嵌套循环)，下图所示。

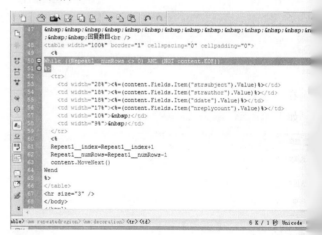

7 按下 F12 键进行浏览，可以发现论坛的内容已经够正确显示了，虽然现在看起来还比较简单，但它的基本原理已经体现出来，如下图所示。

当使用 Dreamweaver 将文件上传到远程服务器后，这些文件驻留在服务器本地目录树中的某一个文件夹中，此处通常称为文件的物理路径；但是，用来打开文件的 URL 并不使用物理路径。它使用服务器名称或域名，后接虚拟路径。可使用 Server.MapPath("/virtualpath") 方法，将虚拟路径当作参数，并返回文件的物理路径和文件名。

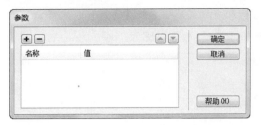

⑩ 单击 URL 文本框后面的【参数】按钮，弹出【参数】
对话框，如下图所示。

⑪ 在【名称】列中输入 "ID"，然后转到相应的【值】
所在列，如下图所示。

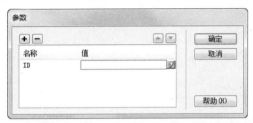

❸ 可以在页面表格的【主题】列中选中动态数据，然后
单击【属性】面板【链接】下拉列表框后的【浏览
文件】按钮，可以查看帖子的内容，如下图所示。

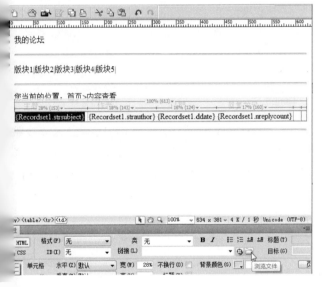

⑫ 单击【动态数据】按钮，在弹出的对话框中选择
主题帖的 ID，单击【确定】按钮，如下图所示。

在弹出的【选择文件】对话框中选择内容显示页面，
如下图所示。

⑬ 返回【选择文件】对话框，可以发现 URL 参数从 "?"
开始，以 "名称=值" 的形式添加到了目标页地址
后面，如下图所示。

创建对特定数据库的 OLE DB 连接，可以消除 Web 应用程序和数据库之间的 ODBC 层，从而提高连接的速度。OLE
仅在 Windows NT、2000、XP 或更高版本上可用。在 Dreamweaver 中，可以通过在连接字符串中包含 Provider 参数

⑭ 使用类似的方法制作 PostView 页面，用来显示帖子的具体内容。注意在新建记录集时选取正确的连接、名称和表格，还需要将【筛选】项设置为 "ID=URL 参数 ID"，如下图所示。

21.2.7 制作搜索栏、搜索帖子功能

当论坛上的帖子很多时，有必要提供一个帖子的搜索功能，以方便对网页内容的查询与定位。

操作步骤

① 先制作好 ASP 搜索页面，这里要用到一个表单，用以提交查询的条件。可以将搜寻的结果直接放在本页面中，或是以一个新的页面来显示查询结果，如下图所示。

② 现在要根据这些查询的条件来生成记录集，并将数据显示出来。建立好数据源的连接后，进入【绑定】面板，单击 + 按钮并选择【记录集(查询)】命令，设置好用户自定义记录集的筛选条件，如右上图所示。

根据所提交的参数来选择数据

③ 从【绑定】面板中将动态数据拖动到【设计】视图中的适当位置，并依上面介绍的方法为动态数据所在的表格行添加一个【重复区域】服务器行为，如下图所示。

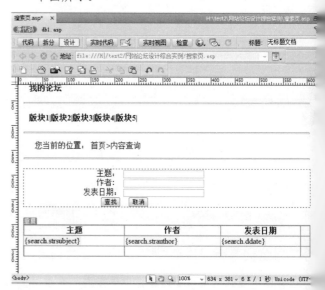

④ 选取整个用于显示查询结果的表格(<table>)，单击【服务器行为】面板中的 + 按钮，从弹出的菜单选择【显示区域】|【如果记录集不为空则显示区域】命令，如下图所示。

⑤ 在弹出的对话框中选择查询结果的记录集，单击【确定】按钮，如下图所示。

如果【记录集】对话框中【筛选】条件设为【无】，那么这里所定义的记录集中将包括所有的数据。而熟悉 SQL 的读者更是可以在【代码】视图中自己书写更详尽的查询控制条件，以得到更好的结果(事实上，这也是在实际应用中比较常见的方法)。

6 这样，当搜索到的内容不为空时，将在网页上显示出查询结果所在的表格和所有的内容，如下图所示。

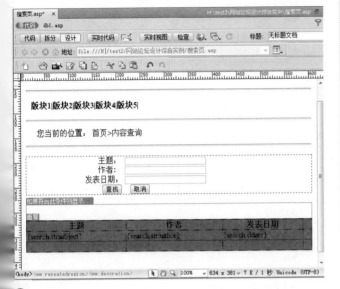

7 若提示没有找到相关内容，可以进入【服务器行为】面板，单击 + 按钮并选择【显示区域】|【如果记录集为空则显示区域】命令，在弹出的对话框中选择查询记录集，如下图所示。

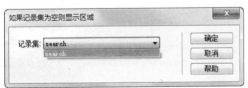

8 当搜索结果为空时就会给出区域中的提示文本了。来看一下搜索页面完成后的情况，如下图所示。

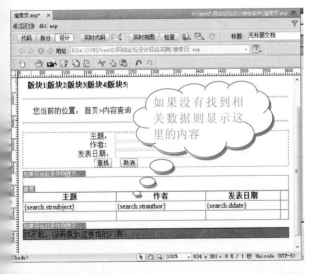

21.2.8　制作发表新帖页面

论坛中实用的部分就是发表信息的页面了，下面一起来制作一个吧！

操作步骤

1 在此之前，数据库的准备工作是必不可少的，需要将帖子的相关信息，包括其内容、主题、作者、发表日期等进行存储。设计完成后在控制面板中将其添加到系统 DSN，并在 Dreamweaver 中建立起到该数据源的连接，如下图所示。

2 在 Dreamweaver 中制作好帖子的发布页面，注意合理使用表单，对各个表单对象进行命名。还可以考虑添加一定的隐藏域来包括更多的信息(如帖子的发表时间)，如下图所示。

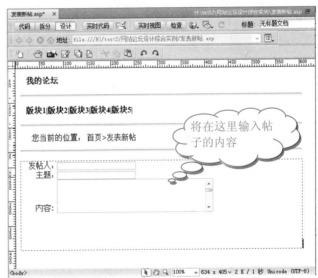

3 现在进入【应用程序】面板组，设置好数据源连接和绑定的记录集，将用户名的动态数据拖动到发帖页面的适当位置，如下图所示。

网页不能直接访问数据库中存储的数据，而是需要与记录集进行交互。记录集是通过数据库查询从数据库中提取的信息(记录)的子集，查询是一种专门用于从数据库中查找和提取特定信息的搜索语句。

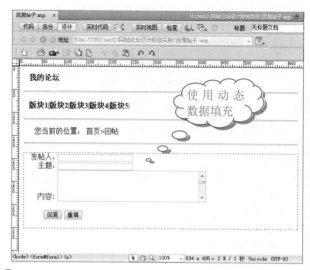

❹ 然后选中表单(<form>)，进入【服务器行为】面板后单击 ➕ 按钮并选择【插入记录】命令，在弹出的对话框中选择数据源连接、插入数据的表格、跳转页面、数据源表单和表单元素与表格列的对应关系，如下图所示。这样在新帖子写好并提交表单后服务器会把它作为新记录存入数据库，在进行论坛内容的管理时即可从中取出并显示。

❷ 由于是回复已发表的帖子，在【绑定】面板中新建一个记录集后，将这里的【发帖人】和【主题】文本字段在【属性】面板中的初值设为动态数据，如下图所示。

21.2.9 制作帖子回复页面

如果只是发布一条消息后就没了下文，这个站点当然不能称之为论坛。正是因为有了回帖功能的存在，才使得论坛成为了大家相互交流的好地方。

操作步骤

❶ 回复留言的页面布局与发表帖子的相似，可以把它当成是一个信息发布的页面(也可以将它整合在帖子的发布与显示页面中)，制作完成的页面如右上图所示。

❸ 现在只须将这里的回复帖子保存到数据库中就可以了。进入【服务器行为】面板，单击 ➕ 按钮并选择【插入记录】命令，在弹出的对话框中将表单中的元素与数据表中的字段名称进行对应并单击【确定】按钮，如下图所示。

创建数据库连接后，Dreamweaver 会将连接信息存储在站点本地根文件夹下的"Connections"子文件夹中的一个含文件中，可以手动编辑或删除文件中的连接信息，或直接在【数据库】面板中操作。若要避免在删除连接后出错，以在【绑定】面板中双击记录集的名称并选择新的连接，以更新每个使用旧连接的记录集。

注意

如果是制作帖子的管理页面，可以在网页中添加一个删除帖子的功能。进行必要的页面设计与数据源连接后，在【服务器行为】面板中单击 ✛ 按钮并选择【删除记录】选项，在此可设置删除数据所涉及的数据源连接、表格、记录集以及唯一的键值列等，如下图所示。

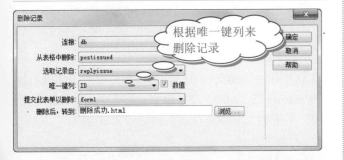

根据唯一键列来删除记录

21.2.10　创建权限管理功能

对于论坛的不同用户，其权限自然不尽相同。除了普通的浏览用户，一个论坛还包括相应的管理员。现在的一些站点更是增加了积分制度，这使得伴随而来的各个头衔能够赋予用户不同的权利。

设计一个供管理员进行论坛维护的页面，以提供给管理员进行登录后的跳转。接下来在统一的登录系统中对管理员的用户名进行判定（熟悉 SQL 的读者可以很轻易地做到这一点），然后根据判定的结果指向不同的网页：普通的内容浏览页或是进行帖子管理的页面。

当然，可以制作一个管理员信息表，用于存储所有管理员的信息，并为之准备一个专用的管理员登录页面，以与普通的注册用户进行区分。

听起来很麻烦？哈，事实上，Dreamweaver 提供了可视化的用户权限管理方法。

操作步骤

1 首先需要在用于存储用户个人信息的数据表格中设置一个用于标识权限的字段，如 "Authority"，将管理员的权限设为特定的字符，而对于普通用户，则将其设为空值。

2 在 Dreamweaver 中打开设计好的用户登录页面，进入【服务器行为】面板，单击 ✛ 按钮并选择【用户登录】|【用户身份验证】|【登录用户】命令，弹出【登录用户】对话框，使用前面介绍过的方法进行登录验证设置。

3 在弹出对话框的【基于以下项限制访问】中选中【用

户名、密码和访问级别】单选按钮，并从【获取级别自】下拉列表框中选择用户权限字段，如下图所示。

进行访问级别限制

注意

这里只能够根据权限的"是"与"否"来进行判断，无法依照多个不同的情况跳转至相应的页面（多条件判断），事实上并没有做到对用户权限比较完善的支持。如果对于脚本代码掌握得不错，可以在【代码】视图中直接编写不同权限下的不同跳转页面。

4 下面介绍另一种管理用户权限的方法。分别制作好登录后不同的跳转页面，并在它们各自的【服务器行为】面板中单击 ✛ 按钮，选择【用户登录】|【用户身份验证】|【限制对页的访问】命令，如下图所示。

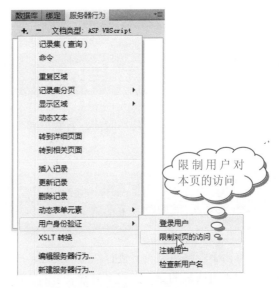

限制用户对本页的访问

如果数据库位于 Windows 7 系统的计算机上，并且在尝试从网页浏览器或以"动态数据"模式查看动态页时收到错误信息，则该错误可能是由权限问题引起的。此时需要向用户账户提供文件夹和数据库文件的控制权限，这样网页服务才能访问该数据库文件。

❺ 弹出【限制对页的访问】对话框，在【基于以下内容进行限制】中选中【用户名、密码和访问级别】单选按钮，如下图所示。

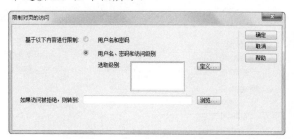

❻ 单击【定义】按钮，在弹出的对话框中添加访问级别的名称(需要精确匹配存储在数据库中的字符串)，单击【确定】按钮保存，如下图所示。

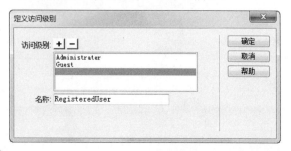

❼ 返回上级对话框，在【选取级别】列表框中按住 Ctrl 键并单击可选择多个允许的访问级别，再选择访问被拒绝时的跳转页面，然后单击【确定】按钮以完成对本页面的访问限制，如下图所示。

21.3 答疑与技巧

好了，现在是答疑与技巧时间，看看能够学到什么新东西。

21.3.1 如何建立电子邮件的表单处理方式

表单由于能够与浏览者进行信息的交互，成为了动态网页中不可或缺的元素。很多时候表单的处理往往涉

及编程语言的使用，而通过 Dreamweaver 提供的可视化编辑工具，用户已经知道如何使用表单来进行与数据库的简单互动，那么，有没有办法使它与电子邮件进行交互呢？

这里介绍一种比较简单的做法。在表单的【属性】面板中的【动作】文本框中输入"mailto:电子邮件地址"，将【方法】选择为 POST，如下图所示。

这样在用户提交表单时，如果所使用的计算机上装有 Windows Live Mail 程序，网页会将表单用 E-mail 进行发送，在目标邮箱中将接收到相应的文本内容。

21.3.2 如何制作规范的电子邮件链接

在浏览网页时单击一些链接后会出现邮件发送程序，有些甚至已经将主题、发送邮件地址、内容等都写好了，这是怎么办到的呢？

操作步骤

❶ 比较简单的做法是选择发送邮件的文本链接后单击【常用】工具栏中的【电子邮件链接】按钮 ，在弹出的对话框中输入目标电子邮件地址即可，如下图所示。

❷ 也可以先选中文本，然后在【属性】面板的【链接】栏中输入"mailto:邮件地址"，这样单击该链接即可调出邮件端程序，如下图所示。

❸ 另一种方法是在这里的【链接】栏中加入一些参数，它们与邮件地址之间用问号"?"分隔，而用"&"连接多个参数，格式为：Maito:UserName@ sina.com?Subject=邮件的标题&CC=抄送邮件地址&BCC=密送邮件地址&Body=邮件正文内容。其中 UserName@sina.com 为自定义邮箱地址。

连接数据库时提示"未找到数据源名称并且未指定默认驱动程序"，对于此故障，需要首先确保已在 Web 服务器和本地计算机上创建了系统 DSN。如果使用 Microsoft Access，则可能数据库文件 (.mdb) 已锁定，只需删除数据库所在文件夹中的.ldb 文件，关闭打开数据库的程序，或删除指向同一数据库的 DSN 连接并重启计算机即可。

21.3.3 为什么调整浏览器窗口时页面布局会改变

在全屏状态下浏览网页内容时，整体布局一点问题也没有。当需要调整浏览器窗口大小时，问题就慢慢出现了：页面上的内容会慢慢地"挤"到一块儿，而且显示出来的结果真是糟透了，这是怎么回事？

首先需要注意的是自动换行。当网页上的内容不能在一行中全部显示时，浏览器会自动安排其另起一行。在 Dreamweaver 中可以按 Enter 键，形成一个段落，其作用是在 HTML 中加入了"<p></p>"标签对。而在按 Enter 键的同时按住 Shift 键以进行换行，它将在 HTML 中生成一个换行标签"
"。这是手动控制的换行，会显示出来。

另一个问题就是使用表格时对于宽与高的单位设定。先看一下表格所在的【属性】面板，如下图所示。

注意到了吗？这里表格的尺寸有两种单位。当表格以百分比来显示时，网页上的内容就会随着浏览器窗口的变化而自行调整，以致出现意想不到的情况。解决的办法很简单，只需将这里的单位改为绝对单位，即"像素"就可以了。

21.3.4 如何链接到多个网页

网页中的超链接真的一次只能链接到一个页面吗？有没有办法单击一下链接后打开多个页面呢？当然可以了！先在网页中添加一个框架集，然后在要跳转的链接文本【属性】面板中的【链接】栏中输入"#"以激活，选择这个链接文本，进入【行为】面板，添加一个【转到 URL】行为，在这里列出了当前可用的所有框架。为不同的框架指定不同的跳转页面，然后单击【确定】按钮即可，如右上图所示。

21.4 拓展与提高

这次的拓展与提高提到了几个用户需要注意的地方，一起看看吧！

21.4.1 实现网页的自动刷新或跳转

一些时效性要求较强的网页，如新闻发布页面，常要求网页能够自动刷新。而且，在很多网站上注册成功后，所出现的提示注册成功的页面会自动进行跳转，在一定程度上方便了用户的使用。下面就来看看如何实现网页的自动刷新或跳转。

操作步骤

1 在 Dreamweaver 中的【插入】面板中将工具栏切换到【常用】工具栏并单击【文件头】选项，从弹出的菜单中选择【刷新】命令，如下图所示。

2 在弹出的对话框中设定刷新的延迟时间(以秒为单位)和需要执行的操作：跳转到指定的 URL 或刷新本页面，单击【确定】按钮即可，如下图所示。

21.4.2　隐藏不必要的标签

当在网页中插入大量的不可见元素时，在【设计】视图中会显示相应的元素标识符。虽然它们并不妨碍网页在浏览器中的显示效果，但或多或少会影响我们对于网页的编辑。其实，可以将它们从【设计】视图中去掉，操作步骤如下。

操作步骤

❶ 在菜单栏中选择【编辑】|【首选参数】命令，或直接按下 Ctrl+U 组合键，打开【首选参数】对话框。

❷ 在【分类】列表框中选择【不可见元素】选项，然后取消选中要隐藏的元素，再单击【确定】按钮即可，如下图所示。

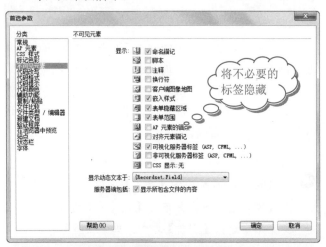

21.4.3　IIS 的设定

对于动态页面，需要使用 Web 服务器来运行上面的脚本，而在使用 ASP 时可以用 Windows 自带的 IIS。对于 Windows 7 系统，需要在控制面板中添加系统组件。

操作步骤

❶ 打开控制面板，单击【程序和功能】图标，在弹出的窗口中单击【打开或关闭 Windows 功能】链接，如下图所示。

❷ 在弹出的【Windows 功能】对话框中选中【Internet 信息服务】复选框，然后单击【确定】按钮，等待片刻即可开启功能，如下图所示。

提示

Windows 7 系统下需要详细定制需要安装的 IIS 子组件及相关组件，如果要使用服务器端脚本，可以选中【万维网服务】|【应用程序开发功能】下面的相关选项，如下图所示。

❸ 返回控制面板，单击【管理工具】图标，即可在查看到【Internet 信息服务(IIS)管理器】选项，双以运行，如下图所示。

  JSP 全称 Java Server Page，使用 Java 语言编写，由 Sun 公司推出，运行时需要先编译；结合 JavaBean 技术，能够效处理复杂事务；采用 JDBC 技术存取数据库；对不同操作系统平台均提供良好的支持。

下的【浏览*：80(http)】选项，如下图所示。

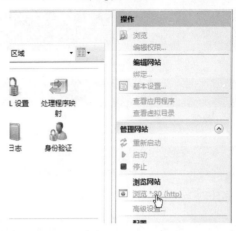

❹ 打开 IIS 控制台，依次展开 USER-PC|【网站】|Default Web Site，右击并从弹出的快捷菜单中选择【管理网站】|【启动】命令以启动网站，如下图所示。

❼ 浏览器打开，显示所选择的默认目录下的文件夹内容，如下图所示。

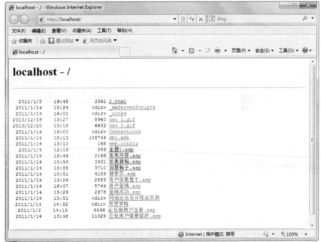

❺ 选择 Default Web Site 并右击，从弹出的快捷菜单中选择【添加虚拟目录】命令，在弹出的【添加虚拟目录】对话框设置向导中输入别名(这将应用到浏览器的 URL 中)和网页所在的物理目录，单击【确定】按钮，如下图所示。

❽ 在其中点击文件，可直接打开之前创建的动态页面，如下图所示。

❻ 返回 IIS 控制台，在右边菜单栏中选择【浏览网站】

显示数据库记录涉及检索储存在数据库或其他内容源中的信息，并将这些信息呈现到网页上。Dreamweaver 提供了许多显示动态内容的方法，并提供了若干内置的服务器行为，可以增强动态内容的表现方式，并使用户能够更轻松地查找和导航从数据库返回的信息。

参考答案

第1章

1. D　2. C　3. ABCD　4. ACD

第2章

1. AB　2. A　3. C

第3章

1. D　2. A　3. D

第4章

1. A　2. ABC　3. D　4. ACD　5. ABCD

第5章

1. C　2. A　3. C　4. D　5. ABCD

第6章

1. ABCD　2. A　3. ABC　4. ABC　5. A

第7章

1. ABC　2. ACD　3. ABC　4. ABC　5. ABC

第8章

1. D　2. C　3. D　4. B　5. B　6. AD
7. ABD　8. AB

第9章

1. AB　2. ABCD　3. C　4. AD

第10章

1. BD　2. C　3. ABC

第11章

1. ABCD　2. ABC　3. ABCD　4. C　5. D
6. B　7. D　8. C

第12章

1. A　2. AC　3. ABD　4. B

第13章

1. C　2. AB　3. AC　4. B

第14章

1. C　2. A　3. AB　4. C　5. ABCD　6. C

第15章

1. D　2. ABCD　3. ABC　4. ABCD

第16章

1. C　2. ABD　3. B　4. B　5. D

第17章

1. D　2. ABC　3. ACD　4. ABC　5. AB

读者回执卡

欢迎您立即填妥回函

您好！感谢您购买本书，请您抽出宝贵的时间填写这份回执卡，并将此页剪下寄回我公司读者服务部。我们会在以后的工作中充分考虑您的意见和建议，并将您的信息加入公司的客户档案中，以便向您提供全程的一体化服务。您享有的权益：

★ 免费获得我公司的新书资料 ；　　　　　　★ 免费参加我公司组织的技术交流会及讲座 ；

★ 寻求解答阅读中遇到的问题 ；　　　　　　★ 可参加不定期的促销活动，免费获取赠品 ；

读者基本资料

姓　　名 _____	性　　别 □男　□女	年　　龄 _____
电　　话 _____	职　　业 _____	文化程度 _____
E-mail _____	邮　　编 _____	

通讯地址 _____

请在您认可处打√ （6至10题可多选）

1、您购买的图书名称是什么？_____
2、您在何处购买的此书？_____
3、您对电脑的掌握程度：　　　　□不懂　　　　□基本掌握　　　　□熟练应用　　　　□精通某一领域
4、您学习此书的主要目的是：　　□工作需要　　□个人爱好　　　　□获得证书
5、您希望通过学习达到何种程度：□基本掌握　　□熟练应用　　　　□专业水平
6、您想学习的其他电脑知识有：　□电脑入门　　□操作系统　　　　□办公软件　　　　□多媒体设计
　　　　　　　　　　　　　　　　□编程知识　　□图像设计　　　　□网页设计　　　　□互联网知识
7、影响您购买图书的因素：　　　□书名　　　　□作者　　　　　　□出版机构　　　　□印刷、装帧质量
　　　　　　　　　　　　　　　　□内容简介　　□网络宣传　　　　□图书定价　　　　□书店宣传
　　　　　　　　　　　　　　　　□封面，插图及版式　□知名作家（学者）的推荐或书评　　□其他
8、您比较喜欢哪些形式的学习方式：□看图书　　□上网学习　　　　□用教学光盘　　　□参加培训班
9、您可以接受的图书的价格是：　□ 20 元以内　□ 30 元以内　　　□ 50 元以内　　　□ 100 元以内
10、您从何处获知本公司产品信息：□报纸、杂志　□广播、电视　　　□同事或朋友推荐　□网站
11、您对本书的满意度：　　　　　□很满意　　　□较满意　　　　　□一般　　　　　　□不满意
12、您对我们的建议：_____

← 请剪下本页填写清楚，放入信封寄回，谢谢！

1	0	0	0	8	4

贴　邮
票　处

北京100084—157信箱

读者服务部　　　　　　收

邮政编码：□□□□□□

技术支持与资源下载：http://www.tup.com.cn　http://www.wenyuan.com.cn

读 者 服 务 邮 箱：service@wenyuan.com.cn

邮 　购 　电 　话：(010)62791865　(010)62791863　(010)62792097-220

组 　稿 　编 　辑：章忆文

投 　稿 　电 　话：(010)62770604

投 　稿 　邮 　箱：bjyiwen@263.net